人工智能专业人才培养系列教材

深度学习原理与TensorFlow实践

主　编　闭应洲　周　锋　王满堂

副主编　林煜东　安　雷　张永华　迟　剑

電子工業出版社

Publishing House of Electronics Industry

北京 · BEIJING

内 容 简 介

本书采用“理论+实践”的方式，全面系统地讲授了深度学习的基本原理以及使用 TensorFlow 实现各类深度学习网络的方法。全书共 10 章，第 1～3 章主要介绍深度学习的基础知识，包括深度学习的概念和应用、深层神经网络的训练和优化、TensorFlow 的内涵和特点等内容；第 4、5 章主要介绍 TensorFlow 的安装，以及计算模型、数据模型、运行模型等 TensorFlow 编程的基础知识；第 6～10 章主要围绕 TensorFlow 介绍各类深度学习网络，包括单个神经元、多层神经网络、卷积神经网络、循环神经网络、深度学习网络进阶等。全书在各个章节设置有大量的实验和实操案例，兼具知识性和实用性。

本书适合人工智能相关专业的学生和技术人员，以及人工智能领域兴趣爱好者阅读。

图书在版编目（CIP）数据

深度学习原理与 TensorFlow 实践 / 闭应洲，周锋，王满堂主编. —北京：电子工业出版社，2022.8
ISBN 978-7-121-44159-2

Ⅰ. ①深… Ⅱ. ①闭… ②周… ③王… Ⅲ. ①人工智能－算法－研究 Ⅳ. ①TP18

中国版本图书馆 CIP 数据核字（2022）第 151362 号

责任编辑：赵玉山
印　　刷：三河市君旺印务有限公司
装　　订：三河市君旺印务有限公司
出版发行：电子工业出版社
　　　　　北京市海淀区万寿路 173 信箱　邮编：100036
开　　本：787×1092　1/16　印张：17.25　字数：442 千字
版　　次：2022 年 8 月第 1 版
印　　次：2023 年 2 月第 2 次印刷
定　　价：54.00 元

凡所购买电子工业出版社图书有缺损问题，请向购买书店调换。若书店售缺，请与本社发行部联系，联系及邮购电话：（010）88254888，88258888。

质量投诉请发邮件至 zlts@phei.com.cn，盗版侵权举报请发邮件至 dbqq@phei.com.cn。

本书咨询联系方式：zhaoys@phei.com.cn。

前　言

2016年，由Deep Mind（现谷歌子公司）创建的AlphaGo在围棋比赛中击败了世界冠军李世石。AlphaGo应用神经网络学习围棋，并逐步优化。2017年，人形机器人索菲娅在沙特阿拉伯被授予公民身份，成为历史上第一个被授予公民身份的机器人。2018年，Google（谷歌）Waymo在亚利桑那州凤凰城推出自动驾驶出租车服务，自动驾驶汽车开始真正上路。2019年，卡内基-梅隆大学和Facebook（脸书）合作开发的人工智能系统Pluribus在六人桌德州扑克比赛中击败多名世界顶尖选手，成为机器在多人游戏中战胜人类的一个里程碑。人工智能技术发展速度之快吸引了越来越多的目光，而使人工智能产生革命性突破的技术正是深度学习（Deep Learning）。

深度学习是机器学习（Machine Learning）领域中一个新的研究方向，它被引入机器学习使其更接近于最初的目标——人工智能。深度学习本质上可以理解为一个模拟人脑进行分析、学习的神经网络，使机器模仿视听和思考等人类活动，让机器能够像人一样具有分析、学习能力，能够识别文字、图像和声音等数据，解决了很多复杂的模式识别难题。深度学习在语音和图像识别方面取得的效果，远远超过了先前的相关技术，让我们切实地领略到人工智能给人类生活带来改变的潜力。

在深度学习领域，TensorFlow是一个非常优秀、使用广泛的框架工具，是Google开源的第二代用于数字计算的软件库，含有完整的数据流向与处理机制，封装了大量高效可用的算法及神经网络搭建方面的函数，且对深度学习的各种算法提供了非常友好的支持，被广泛用于语音识别或图像识别等众多深度学习领域。

本书以TensorFlow为实现框架，采用“理论+实践”的方式，在理论知识中穿插实验和实操案例，全面而系统地讲授了深度学习的基本原理以及使用TensorFlow实现各类深度学习网络的方法，兼具知识性和实用性。本书共分为三个部分：

第一部分是“深度学习的基础知识”，包括引言、深度学习的原理和深度学习框架，帮助读者对深度学习的概念和应用、深层神经网络的训练和优化、TensorFlow的内涵和特点等形成初步印象，为学习后面的知识打下良好的基础。

第二部分是“TensorFlow简介”，包括TensorFlow的安装及TensorFlow编程基础，详细介绍了TensorFlow的安装过程，以及TensorFlow的计算模型、数据模型、运行模型等编程的基础知识。这一部分的学习能够帮助读者快速上手TensorFlow，掌握TensorFlow中的基本函数，并使用TensorFlow进行一些简单程序的编写。这是使用TensorFlow实现深度学习神经网络的基本功。

第三部分是“TensorFlow实现深度学习网络”，包括单个神经元、多层神经网络、卷积神经网络、循环神经网络和深度学习网络进阶。这一部分是本书的核心，从概念、原理、实现、训练、优化、应用等角度，详细、系统地讲解了神经网络的各类基础模型。其中，深度学习网络进阶部分对基础网络模型进行了灵活运用和自由组合，而深层神经网络和对抗神经网络的内容具有非常显著的综合性和高阶性。通过这一部分的学习，读者可具备使用TensorFlow从简单到高级构建和训练深度学习模型的能力，并且能够应用各种模型开展深度学习相关的综合实践项目。

本书适合人工智能相关专业的学生和技术人员，以及人工智能领域兴趣爱好者阅读。

由于编者水平有限，编写时间较为仓促，书中难免存在一些疏漏和不足之处，恳请广大读者批评指正。

编　者

目　录

第1章 引言

1.1 人工智能简介

人工智能（Artificial Intelligence，AI）又称智械、机器智能，指由人制造出来的机器所表现出来的智能。通常，人工智能是指通过普通计算机程序来呈现人类智能的技术。人工智能的定义也指出了研究这样的智能系统是否能够实现，以及如何实现。

人工智能是计算机科学的一个分支，它企图了解智能的实质，并生产出一种新的能以与人类智能相似的方式做出反应的智能机器，该领域的研究包括机器人、语言识别、图像识别、自然语言处理和专家系统等。人工智能从诞生以来，理论和技术日益成熟，应用领域也不断扩大，可以设想，未来人工智能带来的科技产品，将会是人类智慧的“容器”。人工智能可以对人的意识、思维的信息过程进行模拟。人工智能不是人的智能，但能像人那样思考，也可能超过人的智能。

人工智能大致可以分为4个应用场景：

（1）以增强人类脑力为目标，用于代替人类工作的人工智能，如机器视觉、机器听觉、机器博弈可以代替人类的眼睛去看、耳朵去听、舌头去说。

（2）以增强人类脑力为目标，用于辅助人类工作的人工智能，如基于用户个性化定制产生的页面（千人千面）和基于客户的偏好特征产生的超细分的个性化精准推荐等。

（3）以增强人类体力为目标，用来取代人类工作的人工智能，如自动驾驶、各种机器人、机械臂等应用。

（4）以增强人类体力为目标，用来辅助人类工作的人工智能，如可穿戴设备等。

人工智能是一门极富挑战性的科学，从事这项工作的人必须懂得计算机知识、心理学和哲学。人工智能是包括十分广泛的科学，它由不同的领域组成，如机器学习、计算机视觉等。总的来说，人工智能研究的一个主要目标是使机器能够胜任一些通常需要人类智能才能完成的复杂工作。但不同的时代、不同的人对这种“复杂工作”的理解是不同的。

可以说，人工智能是一个目标、一个愿景，它研究的范围非常广，包括演绎、推理和解决问题，以及知识表示、学习、运动和控制、数据挖掘等众多领域。人工智能的研究是高度技术性和专业性的，各分支领域都是深入且各不相通的，因而涉及范围极广。人工智能学科研究的主要内容包括：知识表示、自动推理和搜索方法、机器学习和知识获取、知识处理系统、自然语言理解、计算机视觉、智能机器人、自动程序设计等方面。

机器学习是实现人工智能的一种方法。机器学习的概念来自早期的人工智能研究者，已经研究出的算法包括决策树学习、归纳逻辑编程、增强学习和贝叶斯网络等。简单来说，机器学习就是使用算法分析数据，从中学习并做出推断或预测。与传统的使用特定指令集手写软件不同，在机器学习中使用大量数据和算法来“训练”机器，以此让机器学会如何完成任务。

接下来，我们对机器学习的本质和原理进行学习。

1.2 机器学习简介

1.2.1 机器学习的概念

机器学习是机器从经验中自动学习的过程，不需要人为编写运行规则和逻辑。即一个程序可以在一个任务上随着经验的增加，效果随之增强，就说它实现了自动学习。

学习是为了获得知识，机器学习的目的是使机器从用户输入的数据中获得知识，以便后续在真实场景中，能够做出判断和预测，从而帮助人们提高生活品质与工作效率。

机器学习早期试图模仿人的大脑学习。大脑的生物神经元包括树突和轴突，树突负责感知自然界信息；轴突负责加工和传送信号，轴突末端负责输出信号。

人工神经元与生物神经元类似，如图 1-1 所示，人工神经元的输入（$x_1,x_2,\cdots,x_n$）类似于生物神经元的树突，输入经过不同的权值（$w_{k1},w_{k2},\cdots,w_{kn}$），求和再加上偏置项，得到一个加权结果 v_k，然后经过激活函数得到输出，最后将输出传输到下一层神经元进行处理。

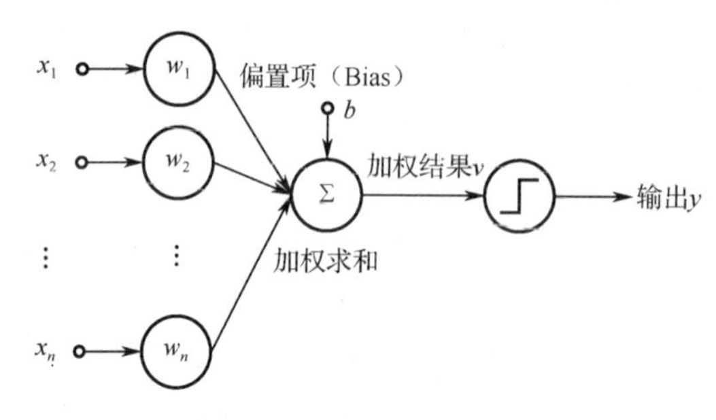

图 1-1　人工神经元示例

接下来以一个例子来说明人工神经元是如何工作的。现在有两类图片，一类是鸡，另一类是鸭。人工神经元是如何进行图片识别的呢？图片的每个像素都作为一个输入变量 x，如果任何一张鸡的图片，计算得到的加权结果 v_k 都为负数，而鸭的图片计算得到的加权结果 v_k 都为正数。那么只要设定激活函数在输入数据 v_k 为负数时输出“鸡”，v_k 为正数时输出“鸭”，就实现了这两类图片的图片识别。

1.2.2 机器学习的本质

机器到底是怎么学习的？机器学习的本质是什么？

机器学习的核心逻辑：从历史数据中自动分析获得认知模型，利用认知模型对未知数据进行预测。

例如，对于一只从未见过的狗，人是怎么认知的？人在以前看见狗时，自动记录了它的一些特征：体形、脸型、鼻型、花色、叫声、行为举止等。根据这些特征与这只狗进行匹配，便可知道这是一只狗，且还是远近闻名的拆家小能手：哈士奇。

机器又是怎么认知的？同人类认知事物一样，机器抽取出历史数据中那些显著的特征点，取值、记录，形成模型，再有新的数据传入时，根据其特征值进行比对，就会知道这是一只狗。

机器学习就是从猫和狗的图片中分析其特征点，形成对猫和狗认知的模型。

机器学习本质上就是找到一个功能函数，这个函数能够实现很多功能。例如，当输入一张狗的图片时，这个函数返回的结果是“狗”；当输入一段语音时，这个函数能够返回准确的语音内容；当输入一盘围棋的状态时，这个函数能够说明下一步棋应该怎么走。

找到这个功能函数就是机器学习的核心任务之一。除此之外，还需要找到计算该函数所需的参数。

归根结底，机器学习的核心任务有两个：

（1）找到合适的算法。

（2）计算该算法所需的参数。

1.2.3 机器学习的步骤

下面通过一个最简单的函数 $y = ax + b$，也就是最经典的线性回归算法，来说明一下机器学习的具体步骤。

根据机器学习的核心任务，算法已经确定为线性回归算法，接下来就需要计算该算法所需的参数。函数 $y = ax + b$ 只有两个参数：参数 a 和参数 b，如果知道了 a 和 b，这个函数也就确定了，机器学习的过程也就完成了。那么，如何确定这两个参数？

在开始求参数之前，为了便于理解，先将参数 a 和参数 b 统一命名为 w 和 b，w 代表权重（Weight），它是变量 x 的系数；b 代表偏置项（Bias），是一个常量。

现在，如何通过机器学习计算出参数 w 和参数 b？

首先，已知多组 x 和 y 的数据，如表 1-1 所示。

表 1-1　x 和 y 的值

x	y
18	15
5	9
10	5
26	22
42	48
100	90
72	60
29	22

接着选择算法，这里选择的是最简单也是最经典的算法——线性回归算法。

这也是机器学习的第一步：算法选择 $y = wx + b$。

确定了算法后，第二步便是初始化参数，也就是给 w、b 设置初始值，可以设置为两个随机数。为了后续计算方便，这里假设 w、b 的初始值都为 1。

设置完 w、b 的初始值后，就可以将已知的所有 x 值代入函数 $y = wx + b$ 中，这样就可以计算出相应的 y 值，即可得到预测的 y 值，记做 $\hat{y}$。如表 1-2 所示，已经知道了真实的 y 值，就可以计算出真实值和预测值之间的差值。由于求得的差值有正有负，为了避免正负抵消，采用 $(\hat{y} - y)^2$ 作为误差计算依据，最后再将所有的 $(\hat{y} - y)^2$ 相加，就能得到真实值和预测值之间总的误差。

表 1-2　误差计算过程示例

x	y	$\hat{y}$	$\hat{y}-y$	$(\hat{y}-y)^2$
18	15	17	2	4
5	9	6	−3	9
10	5	3	−2	4
26	22	22	0	0
42	48	45	−3	9
100	90	101	11	121
72	60	47	13	169
29	22	28	6	36
		误差求和	24	352

所以，机器学习的第三步是：用公式来计算误差函数。即

$$J(w,b)=\sum_{i=1}^{n}[(wx+b)-y]^2$$

计算完误差函数后，需要用本次计算出来的误差与上一次的误差进行对比，如果总的误差变动不超过 0.0001，则机器学习就完成了。所以机器学习的第四步为：判断是否学习完成。

但是，如果总的误差变动超过了 0.0001，机器学习就还没有完成，需要根据计算出的误差来继续调整参数 w 和参数 b 的值。为了将误差降到最低，需要求出误差函数的最小值。已知误差函数是一个关于 w 和 b 的二次方程，且已知它是一条抛物线，有最小值。求出该损失函数的最小值后，就可以反解出未知数 w 和 b 。

如何求该函数的最小值呢？可以用中学学过的函数求导法则来解决，当导函数等于 0 时就可以找到函数的最小值。首先用误差公式求对参数 w 的偏导数，以及对参数 b 的偏导数，就能得到 Δw 、Δb ；其次沿着误差函数的导数方向调整参数，即用原来的参数 w 、b 减去 Δw 、Δb ，就实现了沿着误差函数的导数方向对参数的调整。为了谨慎起见，这里设置学习率 η 为 1%，也就是每次只调整 1%。

综上所述，机器学习的第五步为：调整参数。采用下面两个公式分别对参数 w 、b 进行调整：

$$w=w-\eta\Delta w$$

$$b=b-\eta\Delta b$$

已知 Δw 是误差函数对参数 w 的偏导数， Δb 是误差函数对参数 b 的偏导数。复合函数的求导公式为

$$f(g(x))'=f'(x)g'(x)$$

令 $g(x)=wx+(b-y)$ ， $f(g(x))=\sum_{i=1}^{n}[wx+(b-y)]^2$ ，上述误差的偏导数分别为

$$\Delta w=\frac{\partial J(w,b)}{\partial w}=\sum_{i=1}^{n}2(wx+b-y)x$$

$$\Delta b=\frac{\partial J(w,b)}{\partial b}=\sum_{i=1}^{n}2(wx+b-y)$$

注意：关于偏导数的计算功能已经被设置在 TensorFlow 中，可以直接调用。

第六步：反复迭代。如果总的误差还是超过了 0.0001，则需要重新回到第三步去计算误差，再依次执行第四步、第五步，经过多轮迭代，直到总的误差变动不超过 0.0001，此时的参数 w 和参数 b 的值就是机器学习要找的参数。确定了参数 w 和参数 b 的值后，就可以用这两个参数去计算任意一个新的 x 对应的 y 值。

1.2.4 机器学习的关键点

机器学习过程中有一些关键点，具体如下。

（1）选择算法：选择机器学习算法时，没有一种适合所有情况的解决方案或算法。例如，回归算法是试图采用对误差的衡量来探索变量之间关系的一类算法，是统计机器学习的利器。通常，回归常被用于信用评分、度量营销活动的成功率、预测某一产品的收入等。卷积神经网络（Convolutional Neural Network，CNN）是一个判别模型，它既可以用于分类问题，也可以用于回归问题，并且支持多分类问题，多用于对图像进行识别。循环神经网络（Recurrent Neural Network，RNN）也是一种常用的算法，它的应用领域有很多，可以说只要考虑时间先后顺序的问题都可以使用 RNN 来解决。该算法几个常见的应用领域有：自然语言处理（Natural Language Processing，NLP）、机器翻译、语音识别、图像描述生成等。因此，需要根据不同的应用场景选择不同的算法。

（2）初始化参数：为所有参数指定一个随机数。初始化参数往往是模型训练前比较重要的一步，主要是因为其可以加快梯度下降收敛的速度，并且应尽量地使其收敛于全局最优。确定算法后，参数的个数就能够随之确定了。绝大多数的开发语言中都内置了生成随机数的功能，可直接调用。

（3）计算误差：在给定参数的情况下，计算当前误差与最优状态的模型之间有多大的差距。机器学习中算法模型的误差计算是一个重要的课题。模型训练完成后，通常通过测试集来计算准确率（Accuracy），从而评价模型的优劣。而在模型选择、训练和优化过程中，常常使用偏差/方差（Bias/Variance），或者欠拟合和过拟合（Underfitting/Overfitting）作为优化模型的依据。当遇到偏斜类（Skewed Class）问题时，又需要新的误差评估量度（Error Metrics），如查准率和召回率（Precision/Recall），来权衡（Trade Off）模型参数的选取。一般来说，在给定算法的前提下，误差函数也就确定了（也可以自定义误差函数）。TensorFlow 中已经内置了常用的误差函数，直接调用即可。

（4）判断学习是否完成：一般根据误差函数变动的大小，或者参数变动的大小来判断。如果误差函数变动足够小，即计算出的误差足够小，则学习完成，模型就可以输出。

（5）调整参数：如果误差函数变动不够小，则需要对两个关键参数进行调整。第一个是误差函数的偏导数，第二个是学习率。在 TensorFlow 中已经设置了误差函数的偏导数，直接调用即可。如何设置学习率是关键，需要把学习率的值设定在合适的范围内。学习率决定了参数移动到最优值的速度快慢。如果学习率过大，很可能会越过最优值；如果学习率过小，优化的效率可能过低，算法长时间无法收敛。所以，学习率对于算法性能的表现至关重要。

（6）反复迭代：不断地重复执行步骤（3）、（4）、（5），不断地调整参数，直到误差足够小。

1.2.5 机器学习的实战

这里通过一个例子来讲解如何开发一个机器学习的程序。代码如下：

```
#!/usr/local/bin/python3
# -*- coding: UTF-8 -*-
# 这个机器学习的例子虽然简单，但却包含了参数调整、学习率设置等
# 之后的深度学习的图像识别、语言识别等基本上类似于这个程序，只是每个函数都
# 更加复杂而已
import numpy as np
def generate_sample_data(numPoints=100, bias=26, weight=10):
    """ 生成样本数据。使之符合 y = weight * x + bias * x0 ，其中 x0 永远等于 1
    numPoints: 样本数据的个数，默认是 100 个
    bias：偏置项
    weight: 权重
    """
    # 矩阵 100 * 2
    x = np.zeros(shape=(numPoints, 2))
    # 矩阵 100 * 1，numpy 也可以看作是 1 * 100 的矩阵
    y = np.zeros(shape=(numPoints))
    # 基本的直线函数  y = x0 * b + x1 * w，其中 x0 永远等于 1
    for i in range(0, numPoints):
        # x0 永远等于 1
        x[i][0] = 1
        # x1 序列增长，1，2，3，4，…
        x[i][1] = i
        # 根据直线函数，同时增加随机数，生成样本数据的目标标量，随机波动幅度为 bias 的一半
        y[i] = weight * x[i][1] + bias + np.random.randint(1, bias * 0.5)
    return x, y
def caculate_loss(x, y, m, theta):
    """ 通过梯度下降法，对参数进行调整
    x: 样本数据中的（x0, x1）
    y：样本数据中的目标标量
    m：样本数据的个数，本例中是 100 个
    theta：参数 θ，一个 1 × 2 的矩阵，分别是参数 b、w
    """
    # np.dot(x,  theta) 是矩阵乘法。x 是 100 × 2 的矩阵；theta 是一维的，可以看成是 1 × 2 的矩阵
    # np.dot(x,  theta) 的矩阵乘积是 100 × 1 的矩阵，y 也是 100 × 1 的矩阵，所以直接相减
    loss = np.dot(x,  theta) - y
    # 代入损失函数，求出平均损失。因为要乘以学习率，所以把学习率设置成原来的 0.5 倍
    return loss
def gradient_descent(x, y, theta, learn_rate, m, num_Iterations):
    """ 通过梯度下降法，对参数进行调整
    x：样本数据中的（x0, x1）
    y：样本数据中的目标标量
    theta：参数 θ，一个 1 × 2 的矩阵，分别是参数 b、w
    learn_rate：学习率。学习率的设置也很关键，为简单起见，这里依然采用常数
```

```
        m：样本数据的个数，本例中是 100 个
        num_Iterations：最大迭代次数。一般地，我们判断模型是否可以输出，是根据误差函数是否足够小。但是，为了防止因为误差函数无法收敛导致的死循环，我们会设置最大迭代次数
        """
        for i in range(0, num_Iterations):
            # 计算损失函数
            loss = caculate_loss(x, y, m, theta)
            # loss 是一个 1 × 100 的矩阵，x 是一个 100 × 2 的矩阵
            gradient = np.dot(loss, x) / m
            # 更新参数
            theta = theta - learn_rate * gradient
            if i % 100 == 0:
                print("θ ：{0}，cost：{1} ".format(theta, np.sum(loss ** 2) / (2 * m)))
        return theta
    def linear_regression():
        """ 线性回归函数，入口函数    """
        # 随机生成 100 个样本数据，总体上服从权重为 10、偏执项为 25
        x, y = generate_sample_data(100,  25,  10)
        m, n = np.shape(x)
        numIterations = 100000
        learn_rate = 0.0005
        theta = np.ones(n)
        theta = gradient_descent(x, y, theta, learn_rate, m, numIterations)
        print("y = {0} x + {1} ".format(round(theta[1], 2),  round(theta[0], 2)))
    linear_regression()
```

执行以上程序，读取最后 5 行，可以发现机器完美地学习到了这个直线函数。程序的日志如下（由于样本数据是通过随机数生成的，所以每次的执行结果很可能无法完全一致）：

```
θ : [30.10505428 10.01727115], cost: 5.024944315558448
θ : [30.10505547 10.01727113], cost: 5.024944315530207
θ : [30.10505664 10.01727111], cost: 5.024944315502687
θ : [30.1050578 10.01727109], cost: 5.024944315475847
y = 10.02 x + 30.11
```

1.2.6 机器学习的教材

从 1.2.5 节的例子中可以看出，机器学习的对象就是样本数据。根据用途，样本数据往往会被分成三部分：训练数据、验证数据和测试数据。这三部分一般按照 80% : 10% : 10%的比例进行分配。

（1）训练数据：被用来对一个或多个模型进行训练，是必备的部分。

（2）验证数据：能进行模型选择（Model Selection），能对训练数据训练出的多个模型进行交叉验证，从而挑选出误差最小的模型。验证数据不一定是必需的。

（3）测试数据：一般用来评估机器学习的模型效果是否达到了业务需求。

测试数据另一个更重要的功能是防止过拟合（Overfitting）。过拟合是在统计模型中，由于使用的参数过多而导致模型对观测数据（训练数据）过度拟合，以至于用该模型来预测其

他测试样本输出的时候与实际输出或者期望值相差很大的现象。人们总是希望在机器学习训练时，机器学习模型能在新样本上有很好的表现。过拟合时，通常是因为模型过于复杂，学习器把训练样本学得"太好了"，很可能把一些训练样本自身的特性当成所有潜在样本的共性，这样一来模型的泛化性能就下降了。在之后的章节中我们会介绍如何避免出现过拟合的问题。

机器学习最终的目的是将训练好的模型部署到真实的环境中，希望训练好的模型能够在真实的数据上得到好的预测效果，换句话说，就是希望模型在真实数据上预测的结果误差越小越好。样本数据划分完成后，可以使用训练数据集来训练模型，然后使用测试数据集上的误差作为最终模型在应对现实场景中的泛化误差。有了测试数据，想要验证模型的最终效果，只需将训练好的模型在测试数据集上计算误差，即可认为此误差就是泛化误差的近似，且只需让训练好的模型在测试数据上的误差最小即可。

注意，样本数据的划分，必须保证样本数据在三份数据集中均匀分布。否则，最终模型在生产应用中的效果和在测试数据集上的效果，会有巨大的差距，导致模型无法应用于生产环境。

1.3 机器学习的分类

根据数据类型的不同，人们对一个问题的建模有不同的方式。在机器学习或者人工智能领域，人们首先会考虑算法的学习方式。在机器学习领域，有几种主要的学习方式。将算法按照学习方式分类是一个不错的想法，这样可以让人们在进行建模和算法选择时考虑根据输入数据选择最合适的算法来获得最好的结果。根据所学习的样本数据中是否包含目标特征变量（Target Feature），机器学习可以分为有监督学习、无监督学习、半监督学习。还有一种比较特殊的学习类型，就是强化学习。

1.3.1 有监督学习

有监督学习（Supervised Learning，SL）是指学习的样本中同时包含输入变量和目标特征变量的学习方式。有监督学习的主要目标是从有标签的训练数据中学习模型，以便对未知或未来的数据做出预测。"监督"一词指的是已经知道样本所需要的输出信号或特征变量。

例如，想要知道某个地区有个房子能够卖多少钱。或者说，如何预测该地区其他待售房源的价格呢？

监督学习意指给一个算法一个数据集，在这个数据集中正确的答案已经存在了。如给定房价数据集，对于里面的每一个例子，算法都知道正确的房价，即这个房子实际卖出的价格，算法的结果就是计算出更多的正确的价格，如想要卖出的那个房子的价格。因此，房屋价格就是目标特征变量，也就是输出变量（Output Variable）；房屋的面积是自变量，也就是输入变量（Input Variable）。样本数据中带有目标变量的，则称为有标记训练样本数据（Labeled Training Data），简称有标记数据，利用有标记训练样本数据进行学习的过程就是有监督学习。表 1-3 所示为某地区房屋面积和房屋价格数据示例。

表 1-3 某地区房屋面积和房屋价格数据示例

房屋面积/m^2	房屋价格/元
91	901 400

续表

房屋面积/m²	房屋价格/元
98	934 504
120	1 126 056
101	1 012 812
109	1 014 690
150	1 321 288
80	796 453
105	971 480
88	896 685
96	867 500
112	1 145 010

有监督学习又称回归问题（应该说回归问题是监督学习问题的一种），意指要输出一个连续的值。例如，房价实际上是一个离散值，但是通常将它作为实际数字，是一个连续值的数。回归问题是对于连续性数据，从已有的数据分析中，来预测结果。

另一个有监督学习的例子是根据医学记录来预测胸部肿瘤的恶性良性。例如，有一个数据集，里面有 5 个良性肿瘤与 5 个恶性肿瘤，有人得了肿瘤，但是不知道是恶性的还是良性的，机器学习的问题是，能否算出一个概率，即肿瘤为恶性或者良性的概率。专业地说，这是一个分类的问题，分类问题是要预测一个离散的输出，这里是恶性或者良性，分别用 0 或 1 表示。事实证明，在分类问题中会有超过两个的值，输出的值可能会超过两个，如胸部肿瘤可能有三种类型，所以要预测的离散值是 0、1、2。0 代表良性，1 代表 1 号癌症，2 代表 2 号癌症，依次类推。

1.3.2 无监督学习

无监督学习（Unsupervised Learning，UL），顾名思义，就是不受监督的学习，是一种自由的学习方式。该学习方式不需要先验知识进行指导，而是不断地自我认知、自我巩固，最后进行自我归纳。在机器学习中，无监督学习是指样本数据中不包含目标特征变量和分类标记的学习方式。无监督学习也称为无指导学习。

例如，一家广告平台需要根据相似的人口学特征和购买习惯将美国人口分成不同的小组，以便广告主可以通过有关联的广告接触到他们的目标客户；Airbnb 需要将自己的房屋清单分组成不同的社区，以便用户能更轻松地查阅这些清单；一个数据科学团队需要降低一个大型数据集的维度，以便简化建模和降低文件大小等。

无监督学习是一类用于在数据中寻找模式的机器学习技术。无监督学习算法使用的输入数据都是没有标注过的，这意味着数据只给出了输入变量（自变量 x）而没有给出相应的输出变量（因变量）。按照数据的性质将它们自动分成多个小组，每个小组内的数据尽可能的相似，而不同小组之间则尽可能不同。可以说，无监督学习的核心是找到一个相似度计算函数。最常见的就是距离函数（距离与相似度成反比），如欧氏距离函数。

无监督学习中最常见的算法是 k-means 聚类算法。图 1-2 展示了 k-means 聚类算法的计算过程。

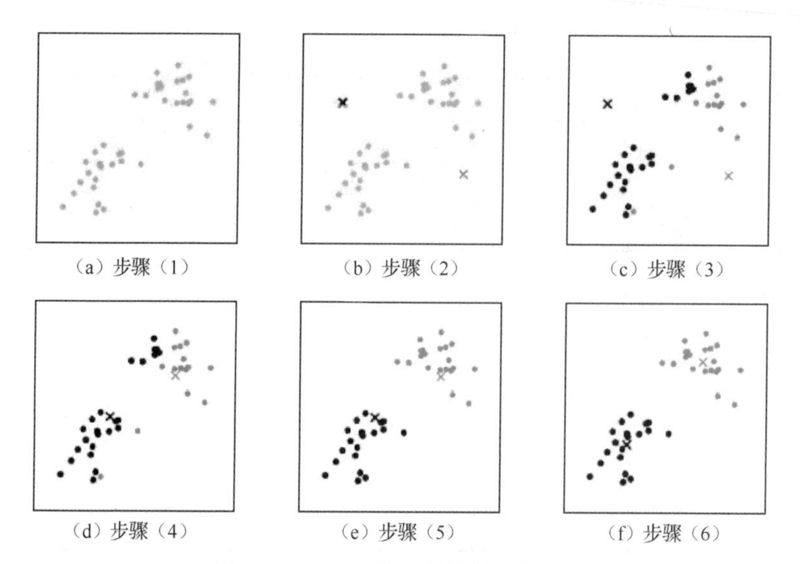
(a) 步骤（1） (b) 步骤（2） (c) 步骤（3）
(d) 步骤（4） (e) 步骤（5） (f) 步骤（6）

图 1-2 k-means 聚类算法的计算过程

具体步骤如下：

（1）观察原始的样本数据，从图 1-2（a）中可以直观地看到数据分成了两个类别。

（2）随机选取两个质心（Centroid），即中心点，作为每个类别的中心点，如图 1-2（b）所示。

（3）选取一个相似度计算函数，计算所有数据点和两个质心之间的相似度，将每个数据点划分到最相似的中心点类别中。这里选取欧氏距离函数，然后计算所有数据点和两个中心点之间的欧氏距离，最后将每个样本点划分到最近的（欧氏距离最小的）中心点类别中，如图 1-2（c）所示。

（4）计算每个类别中数据点的均值，得到两个均值，将两个均值作为新的中心点，这样一来，所有数据点到新的质心的相似度会更高。这个步骤完成了质心的移动，如图 1-2（d）所示。

（5）重复执行步骤（3）、（4），不断调整中心点的位置，根据新的质心重新分组，如图 1-2（e）所示，直到质心不再移动。

（6）如图 1-2（f）所示，得到收敛后的两个质心（此时质心不再变化），数据分组完成。

1.3.3 半监督学习

半监督学习（Semi-Supervised Learning，SSL）是模式识别和机器学习领域研究的重点问题，是有监督学习与无监督学习相结合的一种学习方法。半监督学习使用大量的未标记数据，以及同时使用标记数据，来进行模式识别工作。当使用半监督学习时，将会要求尽量少的人员来从事工作，同时又能够带来比较高的准确性。因此，半监督学习正越来越受到人们的重视。

在许多实际问题中，有标签样本和无标签样本往往同时存在，且无标签样本较多，而有标签样本则相对较少。虽然充足的有标签样本能够有效提升学习性能，但是获取样本标签往往是非常困难的，因为标签样本可能需要专家知识、特殊的设备以及大量的时间。相比于有标签样本，大量的无标签样本广泛存在且非常容易收集。但是，有监督学习方法无法利用无标签样本，且在有标签样本较少时，难以取得较强的泛化性能。虽然无监督学习方法能够使用无标签样本，但准确性较差。

半监督学习应日益强烈的、解决实际问题的需求而产生，在少量标签样本的引导下，半监督学习能够充分利用大量无标签样本提高学习性能，避免了数据资源的浪费，同时解决了有标签样本较少时有监督学习方法泛化能力不强和缺少标签样本引导时无监督学习方法不准确的问题。

在实际问题中，半监督学习有着很广泛的应用，比较典型的就是在自然语言处理领域的应用。由于互联网的日益发达，网络资源呈指数级增长，而能进行人工标记的网页等资源微乎其微，因此半监督学习技术在这方面得到了很广泛的应用。

半监督学习还有一个典型的应用，就是生物学领域对蛋白质序列的分类问题（蛋白质结构预测）。对一种蛋白质的结构进行预测或者功能鉴定需要耗费生物学家很长的工作时间，知道了一个蛋白质表示序列，如何利用少有的有标记样本以及大量的蛋白质序列来预测蛋白质的结构成了一个问题。半监督学习技术则是为了解决这类问题而设计的，这使得半监督学习在这个问题上被广泛研究。

由于能够同时使用有标签样本和无标签样本，半监督学习已成为近年来机器学习领域的热点研究方向，并被应用于图像识别、自然语言处理和生物数据分析等领域。

1.3.4 强化学习

强化学习（Reinforcement Learning，RL），又称再励学习、评价学习或增强学习，是机器学习的范式和方法论之一，用于描述和解决智能体（Agent）在与环境的交互过程中通过学习策略以达成回报最大化或实现特定目标的问题。

在强化学习中，有两个可以进行交互的对象：智能体和环境（Environment）：

（1）智能体：可以感知环境的状态（State），并根据反馈的奖励（Reward）学习并选择一个合适的动作（Action），来最大化长期总收益。

（2）环境：会接收智能体执行的一系列动作，对这一系列动作进行评价并转换为一种可量化的信号反馈给智能体。

综合而言，强化学习的关键要素有：智能体、奖励、动作、状态、环境。

如图 1-3 所示的智能体强化模型，智能体在进行某个任务时，首先与环境进行交互，产生新的状态，同时环境给出奖励，如此循环下去，智能体和环境不断交互产生更多新的数据。强化学习就是通过一系列的动作策略与环境交互，产生新的数据，再利用新的数据去修改自身的动作策略，经过数次迭代之后，智能体就会学习到完成任务所需要的动作策略。

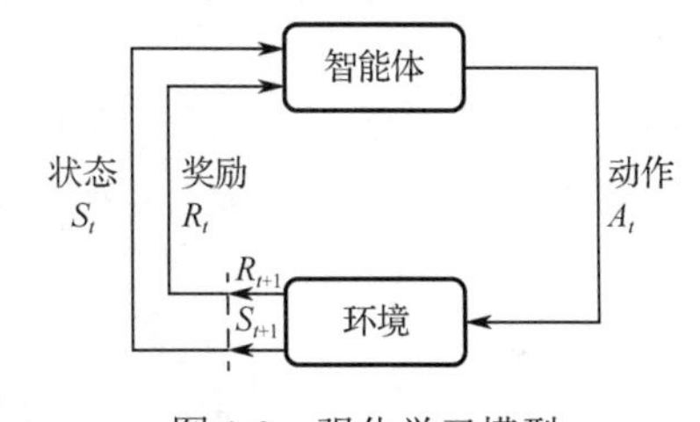

图 1-3　强化学习模型

例如，可以将小朋友看作一个智能体，家长就是这个智能体的环境，家长会针对小朋友的动作给予奖励或惩罚。小朋友有两个动作，一个是学习，另一个是玩游戏。小朋友有两种状态，一种是愉悦，另一种是很累。如果小朋友很愉悦地学习，家长奖励小朋友 5 分；如果小朋友很愉悦地玩游戏，家长奖励小朋友 0 分；如果小朋友很累地学习，家长奖励小朋友 1 分；小朋友在很累的状态下玩游戏放松，家长奖励小朋友 3 分。这样一来，为了获得最大的分值，小朋友在很累的状态下，会玩游戏放松自己，而在愉悦的状态下，小朋友会开始学习。

由于强化学习需要大量的数据，因此它最适用于容易获得模拟数据的领域，如游戏与机器人领域。强化学习被广泛用于构建用于玩计算机游戏的人工智能。AlphaGo Zero 是第一个在古代中国的围棋游戏中击败世界冠军的计算机程序，它包括 ATARI 游戏、西洋双陆棋等。在机器人技术和工业自动化中，强化学习用于使机器人自己创建有效的自适应控制系统，该系统从自身的经验和行为中学习，DeepMind 在“通过异步策略更新进行机器人操纵的深度强化学习”方面的工作就是一个很好的例子。

1.4 本章小结

本章首先介绍了人工智能和深度学习的概念，它们都是深度学习的基础。接着介绍了机器是怎么学习的，重点在于机器学习的本质和步骤。机器学习的本质就是找到一个功能函数，机器学习的核心目标就是找到合适的算法，并计算出该算法所需的参数。计算参数的关键点在于如何根据误差函数，不断调整参数，使调整后的参数既能快速地完成模型的构建，又能使其损失函数足够小，从而实现较高的精确性。

机器学习的对象就是样本数据。样本数据根据用途往往会被分成训练数据、验证数据和测试数据。训练数据被用来进行模型训练，是必备的部分；验证数据能帮人们进行模型选择，从而挑选出最好的模型，它不一定是必需的；测试数据一般用来评估机器学习的模型效果是否达到了业务需求。

根据所学习的样本数据中是否包含目标特征变量，机器学习可以分为有监督学习、无监督学习、半监督学习。还有一种比较特殊的学习类型，就是强化学习。有监督学习是从外部监督者提供的带标注训练集中进行学习（任务驱动型），无监督学习是一个典型的寻找未标注数据中隐含结构的过程（数据驱动型），强化学习是与前两者并列的第三种机器学习范式。强化学习带来了一个独有的挑战——“试探”与“开发”之间的折中权衡，智能体必须开发已有的经验来获取收益，同时也要进行试探，使得未来可以获得更好的动作选择空间（即从错误中学习）。

那么，什么是深度学习呢？深度学习与机器学习又有何不同呢？这些都将在下一章中进行学习。

第 2 章　深度学习的原理

本章引入深度学习的概念，首先介绍深度学习的产生、特点及其与人工智能、机器学习、神经网络之间的关系。其次介绍深度学习的基础模型架构——深层神经网络的发展历程、结构特征和计算原理。最后介绍深层神经网络训练的关键步骤，以及深层神经网络训练中常见的问题和优化方法。

2.1　深度学习简介

2.1.1　深度学习的概念

在人工智能领域，起初是进行神经网络的研究，并且将人工神经网络应用在机器学习算法中。随着人工神经网络算法的发展，模型越来越庞大，结构也越来越复杂，逐渐进化出深层神经网络（Deep Neural Network）。

2006 年，加拿大多伦多大学教授、机器学习领域的泰斗杰弗里•辛顿（Geoffrey Hinton）和他的学生鲁斯兰•萨拉赫丁诺夫（Ruslan Salakhutdinov）在《科学》杂志上发表了一篇基于神经网络深度学习理念的突破性文章 *Reducing the dimensionality of data with neural networks*，文章中论证了两个观点：

（1）多隐藏层的神经网络具有优异的特征学习能力，学习得到的特征对数据有更本质的刻画，从而有利于可视化或分类。

（2）深层神经网络在训练上的难度，可以通过“逐层初始化”来有效克服。

这样不仅解决了神经网络在计算上的难度，同时也说明了深层神经网络在学习上的优异性。从此，神经网络重新成为机器学习界中主流又强大的学习技术。

自此，我们将具有多个隐藏层的神经网络称为深层神经网络，基于深层神经网络的学习研究称为深度学习（Deep Learning）。

具体来说，人工智能、机器学习和深度学习是具有包含关系的几个领域。人工智能涵盖的内容非常广泛，它需要解决的问题可以被划分为很多种类。机器学习是在 20 世纪末发展起来的一种实现人工智能的重要手段。人工神经网络作为机器学习中的一个重要算法则是一种计算模型，它的出现甚至比机器学习的出现更早；深度学习则是机器学习的一个延伸，更大、更复杂的深层神经网络的运用，使其具有相对于其他典型机器学习方法更强大的能力和灵活性。

2.1.2　深度学习的特点

根据深度学习的定义，深度学习可认为是机器学习的一个子集。同时，与一般的机器学习不同，深度学习主要具备了以下特点。

（1）深度学习强调了模型结构：深度学习所使用的深层神经网络算法中，包含多个隐藏层，组成了“深层神经网络”，这也正是“深度学习”名称的由来。

（2）深度学习注重非线性处理能力：线性函数的特点是具有齐次性和可加性，这就意味着如果使用线性函数进行神经元计算，多层神经元的叠加仍然是线性的。如果不采用非线性转换，多层线性神经网络就会退化成单层的神经网络，最终导致学习能力低下。深度学习引入激活函数，实现对计算结果的非线性转换，避免多层神经网络退化成单层神经网络，极大地提高了学习能力。

（3）深层神经网络具备特征提取和特征转换能力：深层神经网络可以对特征进行自动提取，并且有能力对特征进行复合转换。也就是说，通过逐层特征转换，将样本空间的特征转换为更高维度空间的特征的组合，从而使特征分类更加符合业务需求。与人工提取复杂特征的方法相比，利用大数据来学习特征，能够更快速、方便地刻画数据丰富的内在信息。

2.2 深度学习的现实意义

与传统的机器学习相比，深度学习的多层、非线性、特征提取和特征转换等特点有什么现实意义呢？

2.2.1 深层神经网络的模型结构

相比于宽度神经网络，深层神经网络具备结构性优势。在相同数量的神经元组成的神经网络结构中，深层神经网络比宽度神经网络具备更多的输出可能性。如图 2-1 所示，两个神经网络均由 8 个神经元构成，宽度神经网络只能产生 8（1 × 8）个输出，而深层神经网络却可以表达 16（4 × 4）种输出。

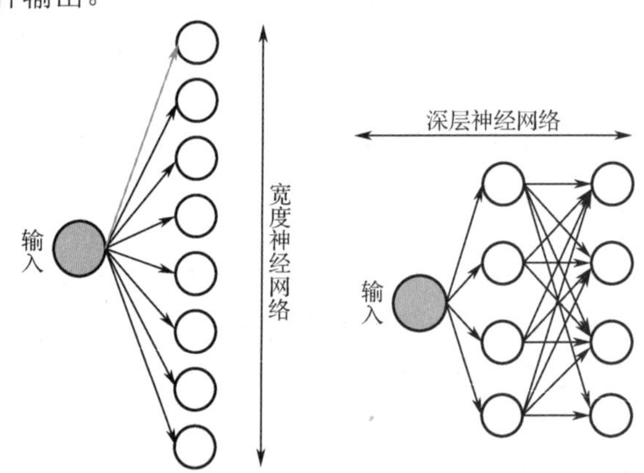

图 2-1 宽度神经网络和深层神经网络模型结构

简而言之，在需要表达相同复杂度的输出结果时，深层神经网络需要更少的神经元。这就意味着需要使用的参数和样本数量也更少，也意味着能进行更快的模型训练、获取更少的样本成本，这在实际生产环境中非常重要。所以，在工程实践中，深度学习逐步取得压倒性优势，应用越来越广泛。

2.2.2 非线性处理能力

深层神经网络强大的表达能力不仅仅是模型结构带来的提升，更重要的是其神经元具备非线性处理能力。由于线性模型的齐次性和可加性，深层线性神经网络的叠加组合仍然是线性的，而线性模型能够解决的问题非常有限。让神经网络具备非线性处理能力，可以让模型的表达能力得到极大的提升。

非线性处理能力是通过激活函数来实现的。下面分别使用线性激活函数和非线性激活函数（ReLU）通过一个结构相同的深层神经网络在同一个非线性数据集上进行分类训练，观察二者产生的差异。

图 2-2 所示为线性模型对非线性问题的分类示例，其采用了线性（Linear）激活函数。从图像上可以看到，数据无法被分类，模型拟合的分界线是一条直线，无法将不同颜色的数据点区分开来。训练误差和验证误差更是达到 0.490 和 0.503，说明模型完全无效。

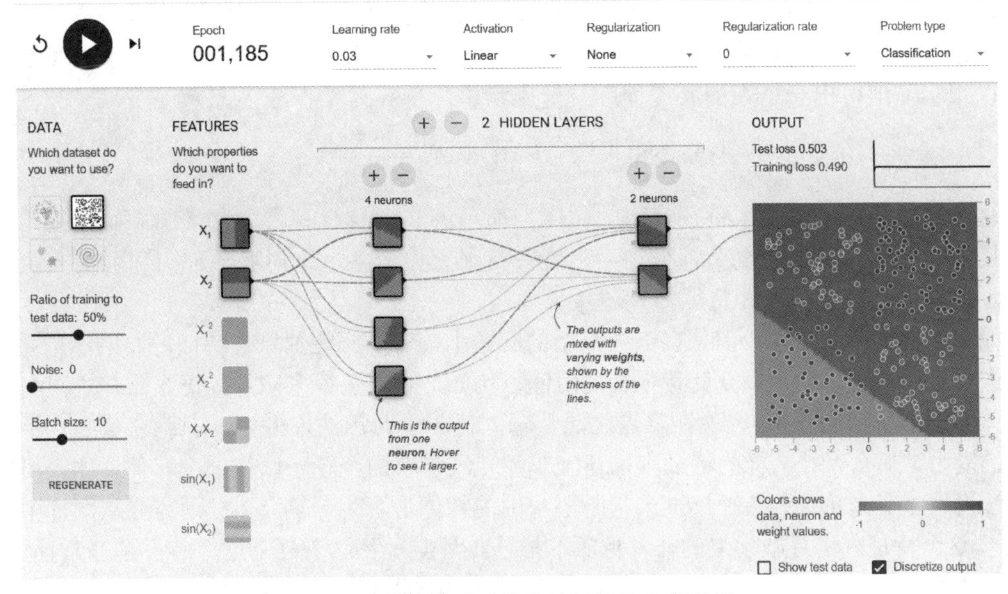

图 2-2 线性模型对非线性问题的分类示例

图 2-3 所示为非线性模型对非线性问题的分类示例，其采用了非线性激活函数（如 ReLU），在完全一样的神经网络模型中对数据进行训练和分类。从图像上可以看出，数据被正确地分类，并且在训练数据上的误差和在测试数据上的误差均只有 0.000 和 0.004。

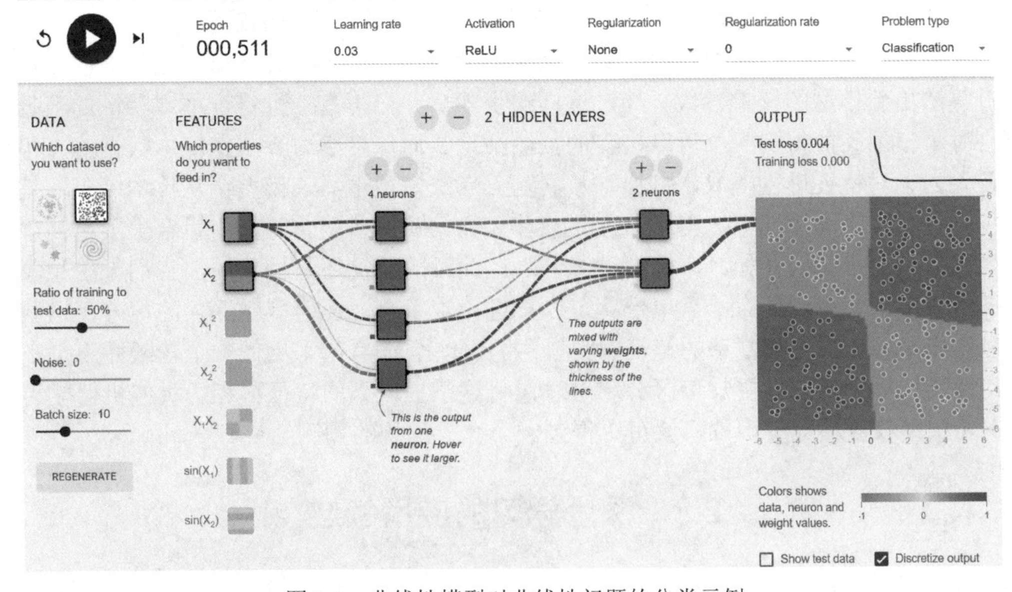

图 2-3 非线性模型对非线性问题的分类示例

非线性处理能力在深度学习中是至关重要的。在深度学习神经网络中的神经元包含一个非线性激活函数，用来对加权求和之后的数据进行非线性转换，避免梯度消失和过拟合等问题，而正是有了非线性激活函数，深度学习的深层神经网络才有了意义。

2.2.3 特征自动提取和转换

很多业务问题，简单的原始特征无法做出判断，但是将简单的特征组合之后，却能很容易地做出判断。以身高体重指数（Body Mass Index，BMI）为例，依靠单独的身高或体重数据，无法判断一个人的胖瘦程度及健康状态。但是，把身高和体重组合成身高体重指数后，就可以很容易地得出一个人的胖瘦程度及健康状态。身高体重指数公式为

$$\text{身高体重指数（BMI）}=\frac{\text{体重（kg）}}{[\text{身高（m）}]^2}$$

这个例子很好地展示了特征提取的作用。简单的、本身没有太大意义的原始特征，通过特征提取、特征组合形成复杂特征之后，就变得很有价值了，这对业务部门和业务人员意义重大，也是进行特征提取和特征转换的重要原因。

简单的特征易于提取，但是在一些复杂的问题上，对于一些抽象的特征，如果还是通过人工的方式进行收集整理，需要耗费很长的时间。例如，收集了很多照片，每张照片中只包含一个物体（不同型号的汽车）。现在将这些照片输入机器学习算法模型中，训练它从照片中识别汽车的能力。那么以什么样的特征来描述汽车呢？汽车有四个轮子以及一个车体，如果机器学习算法模型以有无轮子为特征标准来判断图片中的物体是否为一辆汽车，则需要从图片中抽取“轮子”这个特征并进行数学上的非常形象的描述。但实际上，“轮子”这个特征是非常抽象的，要从图片的像素中描述一个轮子的模式是非常困难的。因为轮子也有着形态各异的特点，一些光学因素（如阴影、强光甚至遮挡等）都会成为提取特征时要考虑的因素，而这些因素的出现都是充满不确定性的。到后来，当遇到这些提取抽象特征的问题时，能够自动提取实体中的特征，且做到准确而高效的方法便成了迫切的需要。深度学习就是这样的一种方法。简单来说，深度学习会自动提取简单而抽象的特征，并组合成更加复杂的特征。深度学习是机器学习的一个分支，它除了可以完成机器学习的学习功能外，还具有特征提取的功能。

传统的机器学习算法需要在样本数据输入模型前经历一个步骤，即人工特征的提取，之后通过算法更新模型的权重参数。经过这样的步骤后，当再有一批符合样本特征的数据输入模型中时，模型就能得到一个可以接受的预测结果。而深度学习算法在样本数据输入模型前不需要人为地对特征进行提取，将样本数据输入算法模型中后，模型会从样本中提取基本的特征（如图像的像素）。之后，随着模型的逐步深入，从这些基本特征中组合出了更高层的特征，如线条、简单形状（如汽车轮毂边缘）等。此时的特征还是抽象的，我们无法想象将这些特征组合起来会得到什么。简单形状可以被进一步组合，在模型越深入的地方，这些简单形状也逐步地转化成更加复杂的特征（特征开始具体化，如看起来更像一个轮毂而不是车身），这就使得不同类别的图像更加可区分。这时，将这些提取到的特征再经历类似机器学习算法中的更新模型权重参数等步骤，就可以得到一个令人满意的预测结果。

2.3 深度学习的应用领域

2000 年后互联网行业飞速发展，形成了海量数据。同时数据存储的成本也快速下降，使

海量数据的存储和分析成为可能。图形处理器（Graphics Processing Unit，GPU）的不断成熟提供了必要的算力支持，提高了算法的可用性，也降低了算力的成本。在各种条件成熟后，深度学习发挥出了强大的能力，在语音识别、图像识别、自然语言处理等领域不断刷新纪录，人工智能技术与产品真正达到了为人所用的效果与作用。深度学习架构，如深层神经网络、深度置信网络和递归神经网络，已应用于计算机视觉、语音识别、自然语言处理、音频识别、社交网络过滤、机器翻译、生物信息学、药物设计、医学图像分析等领域。其中，计算机通过深度学习在材料缺陷检测和棋盘对弈游戏方面的应用可与人类专家相媲美，在某些情况下甚至优于人类专家。本节会通过几个不同应用领域的案例来说明深度学习的典型应用场景。

2.3.1 计算机视觉

计算机视觉是一门研究如何使机器“看”世界的科学，更进一步地说，就是用摄影机和计算机代替人眼对目标进行识别、跟踪和测量等，并进一步进行图形处理，使计算机处理成为更适合人眼观察或传送给仪器检测的图像。计算机视觉是一个跨学科的科学领域，它研究如何使计算机从数字图像或视频中获得高层次的理解。从工程学的角度来看，它试图自动化完成人类视觉系统需要完成的任务，包含画面重建、事件监测、目标跟踪、图像识别、索引建立、图像恢复等众多分支。计算机视觉的概念在很多情况下会与机器视觉发生混淆，其实这两者是既有区别又有联系的。

机器视觉是人工智能正在快速发展的一个分支。简单来说，机器视觉就是用机器代替人眼来做测量和判断。机器视觉是一项综合技术，包括图像处理、机械工程技术、控制、电光源照明、光学成像、传感器、模拟与数字视频技术、计算机软硬件技术（图像增强和分析算法、图像卡、I/O 卡等）。一个典型的机器视觉应用系统包括图像捕捉、光源系统、图像数字化模块、数字图像处理模块、智能判断决策模块和机械控制执行模块。机器视觉应用系统最基本的特点就是提高生产的灵活性和自动化程度。在一些不适于人工作业的危险工作环境或者人工视觉难以满足要求的场合，常用机器视觉来替代人工视觉。同时，在大批量重复性工业生产过程中，用机器视觉检测方法可以大大提高生产的效率和自动化程度。

计算机视觉和机器视觉具有很多的相同点，只是在实际中根据具体应用目标的不同而不同。例如，机器视觉与计算机视觉都要从图像或图像序列中获取对目标的描述，因此，最好不要在这两者之间划分出清晰、明显的界限。

计算机视觉得到了研究者长期、广泛的关注，而且每年都会举办很多著名的比赛。

ILSVRC（ImageNet Large Scale Visual Recognition Challenge，ImageNet 大规模视觉识别挑战赛）是近年来机器视觉领域最受追捧也是最具权威的学术竞赛之一，代表了图像领域的最高水平。ILSVRC 主要评价算法在大尺度上对物体检测和图像分类的效果。竞赛的一个主要目的是通过大量的人工标记训练数据，刺激研究者们来比较他们的算法在多种多样的物体检测上的效果。另一个主要目的是检验计算机视觉技术在大尺度图像的检索和标注方面的进步。

ImageNet 数据集是 ILSVRC 使用的数据集，由斯坦福大学李飞飞教授主导，包含了超过 1400 万张全尺寸的有标记图片。ILSVRC 每年从 ImageNet 数据集中抽出部分样本，以 2012 年为例，比赛的训练集包含 1 281 167 张图片，验证集包含 50 000 张图片，测试集为 100 000 张图片。

自 2010 年以来，ILSVRC 研究团队在给定的数据集上评估其算法，并在几项视觉识别任务中争夺更高的准确性。2010 年，ILSVRC 在图像处理方面取得了显著进展。2011 年左右，ILSVRC 分类错误率为 25%。2012 年，深层卷积神经网络的错误率降至 16%。在接下来的几年中，错误率下降到几个百分点。虽然 2012 年的突破是“前所未有的组合”，但大幅度量化的改进标志着全行业人工智能繁荣的开始。到 2015 年，研究人员报告指出，软件在狭窄的 ILSVRC 任务中超出人类能力。2017 年，38 个竞争团队中有 29 个的错误率低于 5%。

在每年举办的 ILSVRC 上都会出现纪录被刷新的情况。图 2-4 展示了历年 ILSVRC 图像分类比赛中最佳算法创造的最低 top-5 错误率（错误率排名前五）。图像分类的效果经常用 top-5 错误率来描述。

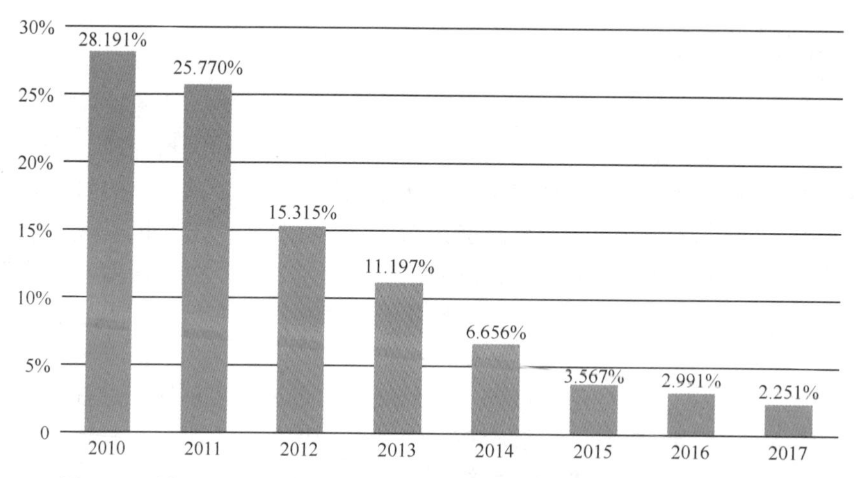

图 2-4　历年 ILSVRC 图像分类比赛中最佳算法创造的最低 top-5 错误率

2012—2015 年期间，在 ILSVRC 比赛上提出了一些经典网络，如 AlexNet、ZFNet、OverFeat、VGG、Inception、ResNet。

2012 年，Alex Krizhevsky、Ilya Sutskever 和 Geoffrey Hinton 创造了一个“大型的深层卷积神经网络”，即现在众所周知的 AlexNet，赢得了当年的 ILSVRC 冠军。这是史上第一次有模型在 ImageNet 数据集表现得如此出色。正是因为 AlexNet 的横空出世，全球范围内掀起了一波深度学习的热潮，2012 年也被称作“深度学习元年”。此后，深度学习被众多的学者持续地研究，不断有新的网络被提出，参加 ILSVRC 的深度学习算法不断地将图像分类的错误率刷新到一个新的水平。这些都极大地繁荣了深度学习的理论和实践，使得深度学习逐渐发展、兴盛起来。

图 2-5 展示的是应用了深度学习算法的 AlexNet 卷积神经网络在 2012 年参加 ILSVRC 时得到的部分 top-5 错误率实例。可以看出，分类时得到概率最高的一类会被作为最终的分类结果进行输出。

图 2-6 是 2013 年 ILSVRC 物体检测竞赛的样例图片，每一张图片中所有可以被识别的物体用不同的方框圈起来，方框右侧还会生成标注性的说明，以便区分不同的物体。多标签图像分类（Multi-label Image Classification）任务中图片的标签不止一个，因此不能用单标签图像分类的标准去评价对分类效果的好坏，而需要采用和信息检索中类似的评估方法——mAP（mean Average Precision）。mAP 表示的是平均精度，该值在 2013 年时只有 0.23；2016 年，集成了 6 种不同深度学习模型的算法（Ensemble Algorithm）成功地将 mAP 提高到了 0.66；

2017 年，该值更是达到了最高——0.73。

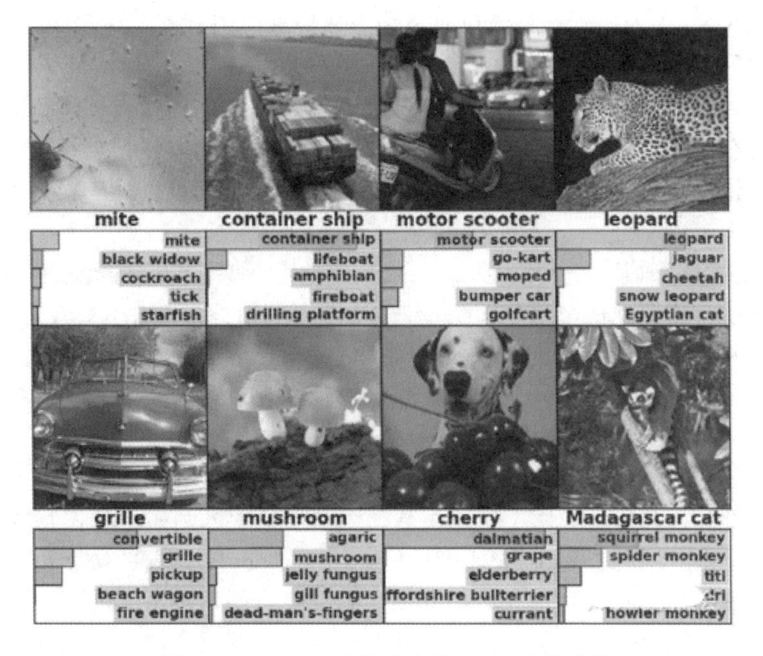

图 2-5　AlexNet 在比赛中的 top-5 分类结果

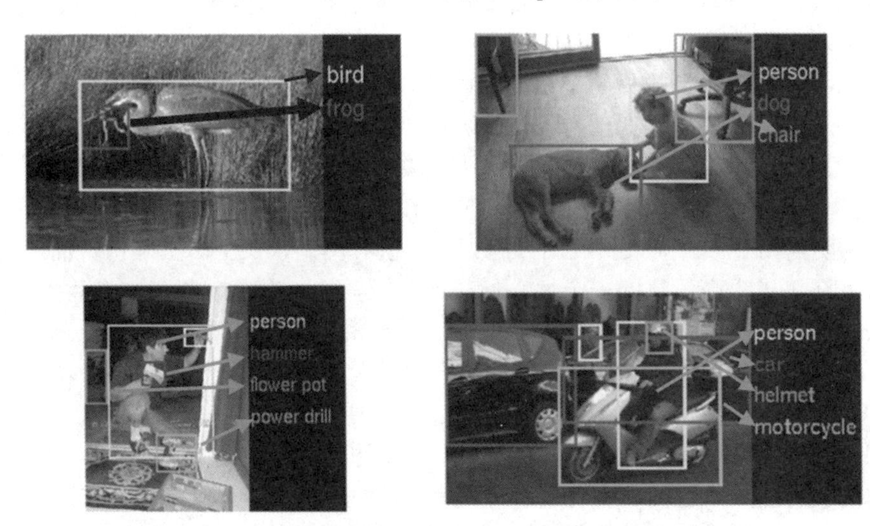

图 2-6　2013 年 ILSVRC 物体检测竞赛的样例图片

实际上，ILSVRC 在后来又划分出了很多子赛事，在 2013 年有检测、分类、分类 + 定位三种；2014 年，ILSVRC 共分为两个赛事，即对象检测、图像分类+对象定位；2015—2017 年，ILSVRC 在 2014 年的两个赛事的基础上又增加了视频中的对象检测比赛。由于深度学习技术的日益发展，使得机器视觉在 ILSVRC 中的成绩屡创佳绩，其错误率已经低于人类视觉，再继续举办类似比赛已无意义，因此 2017 的 ILSVRC 是最后一届。2018 年起，由 WebVision（Challenge on Visual Understanding by Learning from Web Data）来接棒。WebVision 所使用的数据集取自浩瀚的网络，由于未经过人工处理与标注，难度很大，但更加贴近实际运用场景。

深度学习在计算机视觉领域获得的突破，使得该领域下的光学字符识别（Optical Character Recognition，OCR）、人脸识别等技术可以更加容易地被应用到真实场景中。

1．光学字符识别

光学字符识别是利用光学技术和计算机技术对文本资料的图像文件进行分析识别处理，获取文字及版面信息的过程。在这个过程中，手写的、打印的等多种类型的图像被转换为机器编码的文本，这些含有文字信息的图像可以由扫描而来，也可以是场景文本，如电视节目中常见的字幕等。

1998 年 Yann LeCun 等学者提出了 LeNet-5，一种用于识别数字的卷积神经网络，并且取得了高于当时其他常用算法的准确率，因此被成功应用到银行识别手写体支票数额的问题上。目前光学字符识别在收据识别、支票识别等领域的应用已经十分成熟，它们可以用于商业文件的数据输入、车辆信息自动识别、保险单据关键信息自动提取、名片信息提取到联系人列表、印刷文件的文本版本制作、盲人和视障用户的辅助技术等。

经过数以万计的测试、训练，光学字符识别已成功实现了通用文字识别、卡证识别、票据识别、车牌识别等，并广泛应用于实际生活、工作场景中。例如，Google 将基于光学字符识别的数字识别技术应用到了 Google 地图的开发中。Google 开发的数字识别系统可以识别 Google 街景图中任意长度的数字。目前，银行、保险、金融、税务、海关、公安、边检、物流、电信工商管理、图书馆、户籍管理、审计等很多行业都已经应用了光学字符识别技术。光学字符识别技术使很多行业减少了设备配置，降低了人力成本，提高了工作效率。

2．人脸识别

深度学习在物体识别上的另一个重要突破是人脸识别。人脸识别是基于人的脸部特征信息进行身份识别的一种生物识别技术。人脸识别产品已广泛应用于金融、司法、军队、公安、边检、政府、航天、电力、工厂、教育、医疗及众多企事业单位等领域。随着技术的进一步成熟和社会认同度的提高，人脸识别技术将应用在更多的领域。例如，人脸识别门禁考勤系统、人脸识别防盗门等。公安人员利用人脸识别系统和网络，在全国范围内搜捕逃犯。另外，人脸识别技术还可以提高信息的安全性。如在计算机登录、电子政务和电子商务等领域，当前的交易或者审批的授权都是靠密码来实现的，如果密码被盗，就无法保证安全。但是使用生物特征，就可以做到当事人在网上的数字身份和真实身份的统一，从而大大提高电子商务和电子政务系统的可靠性。

人脸识别的最大挑战是如何区分由于光线、姿态和表情等因素引起的类内变化和由于身份不同产生的类间变化。这两种变化的分布是非线性的，且极为复杂，传统的线性模型无法将它们有效区分开。深度学习的目的是通过多层的非线性变换得到新的特征表示。这些新特征须尽可能多地去掉类内变化，而保留类间变化。通过人脸辨识任务学习得到的人脸特征包含较多的类内变化。DeepID2（DeepID 的第二代，主要用于人脸验证）联合使用人脸确认和人脸辨识作为监督信号，得到的人脸特征在保持类间变化的同时使类内变化最小化，从而将 LFW（Labeled Faces in the Wild，是一种常用的人脸数据集）上的人脸识别率提高到了 99.15%。在后续工作中，DeepID2 通过扩展网络结构、增加训练数据，以及在每一层都加入监督信息，使 LFW 上的人脸识别率达到了 99.47%。

2.3.2　自然语言处理

自然语言处理是计算机科学领域与人工智能领域中的一个重要方向。它研究能实现人与计算机之间用自然语言进行有效通信的各种理论和方法。自然语言处理包含多个方面，基本有认知、理解、生成等部分。自然语言认知和自然语言理解是使计算机把输入的语言变成有意思的符号和关系，然后根据目的再处理；自然语言生成则是把计算机数据转化为自然语言。自然语言处理一般包括自然语言建模、机器翻译、语音识别、图片理解与描述以及词性标注等方向。

自然语言处理的难点有：语言是没有规律的，或者说规律是错综复杂的；语言是可以自由组合的，可以组合为复杂的语言表达；语言是一个开放集合，人们可以任意地发明、创造一些新的表达方式；语言需要联系到实践知识，有一定的知识依赖；语言的使用要基于环境和上下文。而在进行自然语言建模时最难描述的是字词间的相似性。例如，在通过稀疏编码的方式记录“Cat”和“Dog”两个单词时，编码仅仅记录了两个单词本身的信息。也就是说，编码并没有捕获词的意思或语义环境。这就意味着词与词之间潜在的关系，如内容上的相近（二者都指的是一种动物），并不能被获知。所以，当字词连缀成句时，计算机无法较好地理解其所表达的含义。

深度学习在解决自然语言处理领域的问题时也可以更加主动、智能地提取复杂的特征。单词向量（Word Vector）技术的出现为使用深度学习实现智能语义特征提取提供了重要的保障。本质上，传统的自然语言处理方式不能获得词的句法和语义关系，只能用一种非常简单的方式来表示语言。相对的，单词向量使用多维连续浮点数来表示词汇，相近词汇在几何空间中也被映射到相近的位置。简单来讲，单词向量是一行有实际值的数字，其中每个点都捕获了词汇一个维度的意思，并且语义相似的词汇其单词向量也相似。这就意味着，“wheel”和“engine”有着和“car”相似的词向量（因为它们语义中有相似的部分），但是和“banana”就不同。换句话说，可用于同一语义的词汇应该被映射到相近的向量空间中。另外，单词的向量值是通过深度学习算法一步一步学习得到的，而不需要通过人工的方式设定，它相当于单词的特征向量。

2.3.3 语音识别

语音识别，通常称为自动语音识别，主要是将人类语音中的词汇内容转换为计算机可读的输入，一般都是可以理解的文本内容，也有可能是二进制编码或者字符序列。但是，一般理解的语音识别都是狭义的语音转文字的过程，简称语音转文本识别。

语音识别是一项融合多学科知识的前沿技术，覆盖了数学与统计学、声学与语言学、计算机与人工智能等基础学科和前沿学科，是人机自然交互技术中的关键环节。但是，语音识别自诞生以来的半个多世纪，一直没有在实际应用过程中得到普遍认可。这与语音识别的技术缺陷有关，其识别精度和速度都达不到实际应用的要求。在 2009 年以前，处理语音识别任务使用的是已经在学术界研究了近 30 年的隐马尔可夫模型（Hidden Markov Model，HMM）和混合高斯模型（Gaussian Mixture Model，GMM）的结合，即 HMM-GMM 模型。深度学习在 TIMIT（一种声学-音素连续语音语料库）数据集上创造的最低错误率是 21.7%。

深度学习技术自 2009 年兴起之后，已经取得了长足的进步。在当时，深度学习技术的引入解决了困扰业界已久的实现高效率语音识别所面临的诸多难题。在使用了深度学习方法后，当数据量不断增大时，深度学习可以自动从海量数据中提取出复杂且有效的特征，它在 TIMIT 数据集上创造的最低错误率被降至 17.9%。也就是说，深度学习模型克服了 HMM-GMM 模型的性能瓶颈，因为随着数据量的逐步增加，深度学习模型相比 HMM-GMM 模型而言，正确率有着更大幅度的提高。

基于深度学习的语音识别在很多场合下都有着广泛的应用，在语音输入控制系统中，它使得人们可以甩掉键盘，通过识别语音中的要求、请求、命令或询问来做出正确的响应，如用于声控语音拨号系统、声控智能玩具、智能家电等领域。例如，现在非常流行的智能语音音响，当对音响说出听歌、天气情况、听广播等指令时，经过语音识别后，智能音响就可以播放出来。更高级的智能音响还可以分辨人的声纹，从而可以防止其他人使用。

在智能对话查询系统中，人们通过语音命令，可以方便地从远端的数据库系统中查询与提取有关信息，享受自然、友好的数据库检索服务，如信息网络查询、医疗服务、银行服务等。2011 年，苹果公司在其手机中推出了 Siri 智能语音控制系统。在开放的 Android 平台，各大手机厂商以及第三方软件开发商都纷纷开始了其智能语音助手的开发。其中知名度比较高的有百度语音助手、讯飞语音助手、小米官方推出的“小艾同学”，以及 Google 推出的谷歌语音搜索（Google Voice Search）等，它们都实现了与 Siri 类似的功能。

语音识别技术还可以应用于自动口语翻译，即通过将口语识别技术、机器翻译技术、语音合成技术等相结合，可将一种语言的语音输入翻译为另一种语言的语音输出，实现跨语言交流。同声传译可以看作是对语音识别技术最综合的应用。同声传译，即计算机被要求能够通过算法识别出输入的语音，还要将识别出来的结果翻译成另外一门语言，翻译好的结果会被合成为另一段语音（与输入语音的声音相同）并进行输出。2012 年 10 月，微软首席研究官 Rick Rashid 在“21 世纪的计算大会”上公开演示了一个全自动同声传译系统，他的英文演讲被实时转换成与其音色相近、字正腔圆的中文。在微软的网络电话 Skype 中，还可以体会到同声传译系统的强大。

在深度学习被引入到语音识别领域之前，使用传统的机器学习算法实现这些功能基本是不可能的。随着深度学习的不断发展，实现同声传译需要的语音识别、机器翻译以及语音合成等技术才有了较大的进步。

2.4 深层神经网络简介

2.4.1 神经元模型

人工神经网络（Artificial Neural Network，ANN），简称神经网络（NN）或连接模型（Connection Model），是一种模仿动物神经网络行为特征，进行分布式信息处理的数学算法模型。近代对 ANN 的研究，始于 1890 年美国著名心理学家威廉詹姆士（W.James）对人脑结构与功能的研究，过了半个世纪才逐渐形成星星之火。

1943 年，心理学家麦卡洛克（W.S.McCulloch）和数理逻辑学家皮茨（W.Pitts）建立了神经网络的数学模型，称为 M-P 模型（以二人的名字命名，又称 MP 神经元模型）。所谓 M-P 模型，其实是按照生物神经元的结构和工作原理构造出来的一个抽象和简化了的数学模型。图 2-7 展示了生物神经元细胞结构。

神经元细胞有多个树突，用来接收传入信息；而轴突只有一条，轴突尾端有许多轴突末梢，可以给其他多个神经元传递信息。轴突末梢跟其他神经元的树突产生连接，从而传递信号。这个连接的位置在生物学上称为“突触”。单个神经元的工作机制非常简单，其接收来自“树突”的信号，来决定是否要“激发”，并且将状态通过“轴突”传递到神经末梢的突触进行输出，可以用简单的数学模型来描述这个过程，如图 2-8 所示。

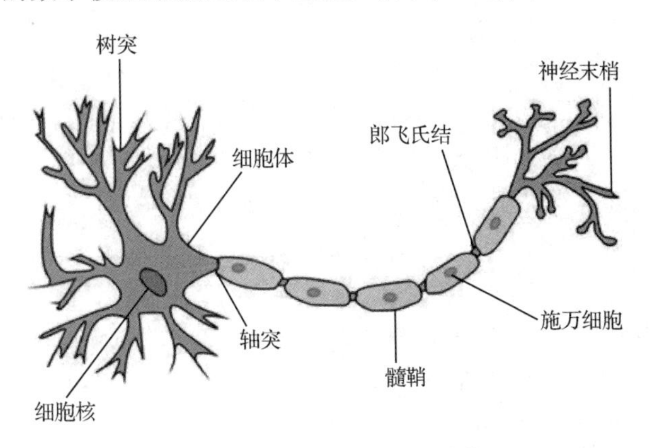

图 2-7　生物神经元细胞结构

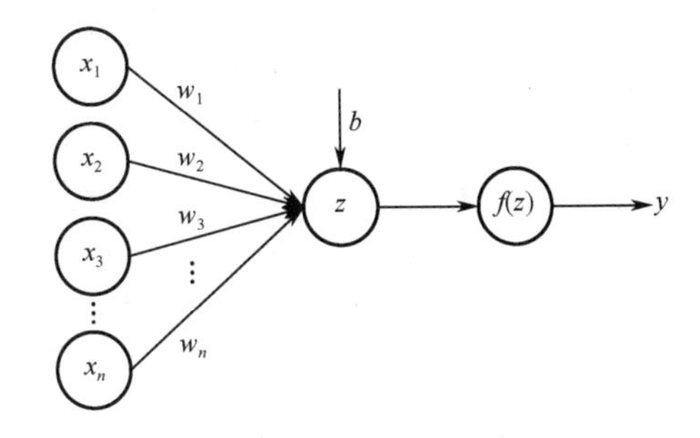

图 2-8　神经元的数学模型

将神经元的多个树突接收到的信号设为 $x_1 \sim x_n$，不同的树突传递信号的能力是不同的，因此给每一个输入加上一个权重。权重 $w_1 \sim w_n$ 的大小决定了输入的信号对输出结果的影响力，因此其至关重要。对于神经网络的训练往往就是调整权重的过程。信号被神经元细胞处理后通过轴突向后传递，但只有足够强度的信号能传递到神经末梢，完成整个传递的过程称为神经元的激活。这样，一个神经元的计算过程可以用以下数学方式来表达。

（1）加权平均：计算输入信号对神经元的“刺激”，其表达式为

$$z = w_1 x_1 + w_2 x_2 + \cdots + w_n x_n + b$$

（2）激活函数：计算对神经元的“刺激”是否被传递下去以及如何被传递下去，其表达式为

$$y = f(z)$$

2.4.2　单层神经网络

1958 年，计算科学家罗森布拉特（Frank Rosenblatt）提出了由两层神经元组成的神经网络，并将其命名为“感知器”（Perceptron）。

感知器中有两层，分别是输入层和输出层。输入层里的神经元只负责传输数据，不进行计算；输出层里的神经元则需要对前面一层的输入进行计算。我们把需要计算的层称为“计算层”，把拥有一个计算层的网络称为“单层神经网络”。

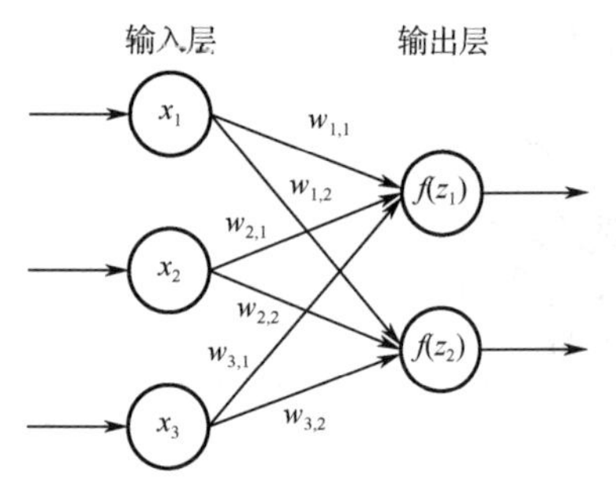

图 2-9　带有两个输出单元的单层神经网络

假设要预测的目标不再是一个值，而是一个向量，如(2,3)，则可以在输出层再增加一个“输出单元”。

图 2-9 显示的是带有两个输出单元的单层神经网络。

与神经元模型不同，感知器中的权值是通过训练得到的。因此，根据以前的知识可知，感知器类似一个逻辑回归模型，可以使用其完成线性分类任务。

我们可以用决策边界来形象地表达分类的效果。决策边界就是在二维的数据平面中画出一条直线，当数据的维度是 3 时，就会画出一个平面；当数据的维度是 n 时，就会画出一个 n−1 维的超平面。

2.4.3　深层神经网络

如果在输入层和输出层之间增加一些神经元节点组成新的神经网络层，让这些神经元节点接收其前一层神经元节点的输出作为下一层的输入，并且将这一层的输出连接到后一层的神经元节点的输入，依次类推，这样就构成了深层神经网络结构。输入层和输出层之间新增的结构被称为隐藏层，深层神经网络中往往包含了多个隐藏层。以图 2-10 展示的深层神经网络为例，它包含一个输入层、两个隐藏层和一个输出层。输入层有三个节点，两个隐藏层各有四个节点，输出层有两个节点。它的每一个神经元节点都接收来自前一层所有节点的输出，因此也称为全连接神经网络。

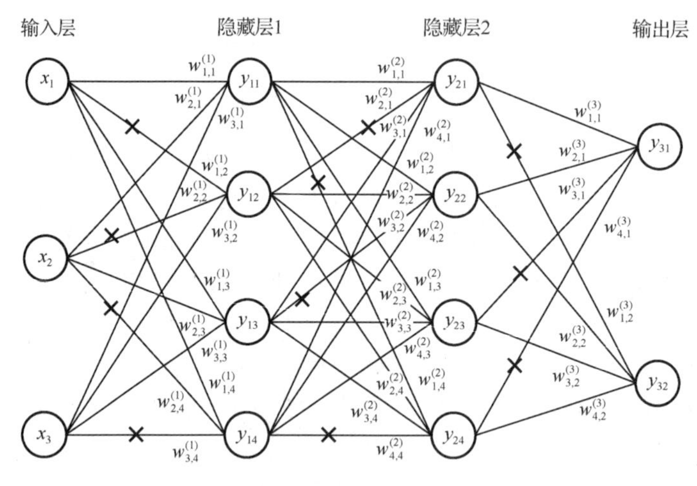

图 2-10　深层神经网络

2.4.4　深层神经网络节点

输入层代表的是输入的自变量，输出层代表的是目标变量，所以输入层的节点数是与样本数据中自变量的个数相关的，输出层的节点数是与目标变量所有可能的类别数相对应的。以经典的手写数字识别数据集为例，每一个手写数字图片都被转换成一个包含像素灰度的行向量作为输入，由于图片分辨率为 28 像素 × 28 像素，所以每一张图片包含 28×28 = 784 个输入，对应的输入层的节点数应该为 784。对数字的分类结果为数字 0～9，共 10 种可能。因此，输出层的节点数应该为 10。

隐藏层的数量通常根据模型的复杂度来调整。一般来说，层数越多，整个网络的误差也就越小，但会使得整个网络复杂化，会增加网络的训练时间，也有可能出现“过拟合”（太适应于训练集，在测试集上效果不好）的情况。单隐层和双隐层已经能够解决很多问题了，如果数据量多，可以在防止出现过拟合的情况下适当地增加层数。

隐藏层中神经元节点数量一般和输入输出的维度相关。根据一般经验，隐藏层神经元的数量可以参考以下原则：

（1）隐藏神经元的数量应在输入层的大小和输出层的大小之间。

（2）隐藏神经元的数量应为输入层大小的 2/3 加上输出层大小的 2/3。

（3）隐藏神经元的数量应小于输入层大小的两倍。

在隐藏层中使用太少的神经元将导致训练效果不佳，而过多的神经元则带来过拟合等问题，而且会增加训练时间。在实际应用中，最佳的隐藏层神经元数量是通过不断试验得出的。针对不同的模型和数据样本，隐藏层的层数和隐藏层的节点数也是不同的。

2.4.5 深层神经网络参数

为了方便对神经网络中的节点以及节点之间的联系进行描述，可以用下面的方式来表达神经网络中的参数。

（1）$x_i(1<i<n)$：输入层节点。图 2-10 中输入层的节点分别用 x_1，x_2，x_3 来表示。

（2）使用 $y_{ij}(1<i<n,\ 1<j<m)$：隐藏层和输出层节点，其中 i 表示节点层数，j 表示该节点在本层中的序列。如图 2-10 所示，隐藏层 1 的节点分别用 y_{11}，y_{12}，y_{13}，y_{14} 来表示。同理，隐藏层 2 的节点分别用 y_{21}，y_{22}，y_{23}，y_{24} 来表示。输出层的节点分别用 y_{31}，y_{32} 来表示。

（3）$w_{i,j}^{(n)}\ (1<i<n,1<j<m)$：从第 $n-1$ 层第 i 个节点到第 n 层第 j 个节点的权重，其中 n 表示目标节点所在层数，i 表示来源节点在来源层中的序列，j 表示目标节点目标层中的序列。

如图 2-10 所示，节点 y_{11} 的输入节点有三个，分别是 x_1，x_2，x_3，权重分别是这三个节点到 y_{11} 的连接，分别是 $w_{1,1}^{(1)}$，$w_{2,1}^{(1)}$，$w_{3,1}^{(1)}$。节点 y_{32} 的输入节点有四个，分别是 y_{21}，y_{22}，y_{23}，y_{24}，权重分别是这四个节点到节点 y_{32} 的连接，分别是 $w_{1,2}^{(3)}$，$w_{2,2}^{(3)}$，$w_{3,2}^{(3)}$，$w_{4,2}^{(3)}$。

2.4.6 节点输出值计算

根据神经元模型输出的计算公式，可以得到：

$$z = w_{1,1}^{(1)}x_1 + w_{2,1}^{(1)}x_2 + w_{3,1}^{(1)}x_3 + b_1$$

$$y_{11} = f(z) = f(w_{1,1}^{(1)}x_1 + w_{2,1}^{(1)}x_2 + w_{3,1}^{(1)}x_3 + b_1)$$

依次类推，可以求出第一层所有节点的输出：

$$y_{12} = f(w_{1,2}^{(1)}x_1 + w_{2,2}^{(1)}x_2 + w_{3,2}^{(1)}x_3 + b_2)$$

$$y_{13} = f(w_{1,3}^{(1)}x_1 + w_{2,3}^{(1)}x_2 + w_{3,3}^{(1)}x_3 + b_3)$$

$$y_{14} = f(w_{1,4}^{(1)}x_1 + w_{2,4}^{(1)}x_2 + w_{3,4}^{(1)}x_3 + b_4)$$

并将输出传递到下层神经网络进行计算，可得到下层神经网络的输出，最后计算到输出层。如：

$$y_{21} = f(w_{1,1}^{(2)}y_{11} + w_{2,1}^{(2)}y_{12} + w_{3,1}^{(2)}y_{13} + w_{4,1}^{(2)}y_{14} + b_1^{(2)})$$

$$y_{31} = f(w_{1,1}^{(3)} y_{21} + w_{2,1}^{(3)} y_{22} + w_{3,1}^{(3)} y_{23} + w_{4,1}^{(3)} y_{24} + b_1^{(3)})$$

如果将输入表示为一个向量 $\boldsymbol{X} = [x_1, x_2, x_3]$，设 $\boldsymbol{W}^{(n)}$ 为第 n 层神经网络的所有权重参数的矩阵，则隐藏层 1 的权重参数表示为

$$\boldsymbol{W}^{(1)} = \begin{bmatrix} w_{1,1}^{(1)} & w_{1,2}^{(1)} & w_{1,3}^{(1)} & w_{1,4}^{(1)} \\ w_{2,1}^{(1)} & w_{2,2}^{(1)} & w_{2,3}^{(1)} & w_{2,4}^{(1)} \\ w_{3,1}^{(1)} & w_{3,2}^{(1)} & w_{3,3}^{(1)} & w_{3,4}^{(1)} \end{bmatrix}$$

隐藏层 1 的输出向量 $\boldsymbol{y}^{(1)} = [y_{11}, y_{12}, y_{13}, y_{14}]$ 可以表示为

$$\boldsymbol{y}^{(1)} = f(\boldsymbol{X}\boldsymbol{W}^{(1)} + \boldsymbol{b}^{(1)})$$

依次类推，可得到隐藏层 2 和输出层 3 的输出向量为

$$\boldsymbol{y}^{(2)} = f(\boldsymbol{y}^{(1)}\boldsymbol{W}^{(2)} + \boldsymbol{b}^{(2)})$$

$$\boldsymbol{y}^{(3)} = f(\boldsymbol{y}^{(2)}\boldsymbol{W}^{(3)} + \boldsymbol{b}^{(3)})$$

通过以上步骤，就可以将信号正向传播过程与矩阵乘法关联起来，只要将输入变量、神经元之间的参数、偏置项等用矩阵表示，信号正向传播就可以利用矩阵乘法实现。在 Python 语言中，可以通过 NumPy 来实现矩阵乘法，这也是进行 TensorFlow 开发时需要重点关注的。

2.5 深层神经网络的训练与优化

2.5.1 深层神经网络的训练

深层神经网络的训练过程一般包含算法选择、初始化参数、计算误差、判断学习是否完成、调整参数、反复迭代等步骤。其中，算法选择、计算误差、调整参数等是在神经网络训练中的关键操作步骤。

（1）算法选择（选择激活函数）：对于深层神经网络而言，模型架构本身即算法，设置适当的隐藏层数量和隐藏层节点数量本身就是对深层神经网络的算法选择。而对于深层神经网络中的神经元，需要设置一个激活函数来实现非线性转换。这个激活函数的选择也是算法选择的关键步骤。选择、确定相关函数后，需要为所有参数指定一个随机数，通常初始化参数的取值会限定在[0,1]区间。

（2）计算误差：和传统的机器学习过程不同的是，计算误差的过程不再是简单地使用均方差，而是在当前参数的条件下，通过深层神经网络节点的计算，逐层推导并计算出期望的分类概率分布，然后计算其与样本中的概率分布之间的差异，这个过程是使用交叉熵（Cross Entropy）来计算的。

（3）调整参数：参数调整涉及两个关键目标，第一个是通过计算误差函数的偏导数来调整学习的方向，第二个是通过设置学习率来调整学习的幅度。

（4）反复迭代：和机器学习过程类似，就是不断地进行算法选择、参数调整，以期减少误差。

下面对深层神经网络训练过程中的各个步骤进行详细的介绍。

1. 选择激活函数

选择激活函数需要考虑以下几个问题。

（1）非线性：当激活函数是非线性函数时，可以证明，两层的神经网络就是一个通用函数逼近器，即从理论上来说，两层的神经网络就可以解决任何分类问题。如果激活函数是线性的，则多层神经网络实际上等效于单层神经网络模型。

（2）连续可微：这个特性是使用梯度下降算法逼近的必要条件。常用的激活函数包括连续随处可导的激活函数（Sigmoid、Tanh、ELU、Softplus 和 Softsign）、连续但不随处可导的激活函数（ReLU、ReLU6、CReLU）和随机正则化函数（Dropout）。

（3）取值范围：激活函数的输出应该被限定在有限区间内，这样有助于得到稳定的基于梯度下降算法的训练结果。

（4）单调：激活函数是单调的，则理论上能保证误差函数是凸函数，从而模型能找到最优解（极值）。

（5）在原点处接近线性函数：这样在初始训练时参数调整的幅度较大，从而可以提高效率。

常用的激活函数有 Tanh、Sigmoid、ReLU 和 ELU 等。

2．计算当前误差

通过信号前导传播计算出的输出层的原始输出向量，通常还需要通过 Softmax 层来表达。Softmax 层是输出层的一部分，它的作用是通过归一化指数函数运算，将多分类结果以概率分布的形式展示出来。Softmax 函数的计算公式为

$$\delta(z_j)=\frac{\mathrm{e}^{zj}}{\sum_{k=1}^{K}\mathrm{e}^{zk}}$$

对于一个实现手写数字识别的神经网络经典案例，其原始输出层得到的输出并非是最终输出，程序还应该明确给出结论，从原始输出到图片具体是哪个数字的转换是通过 Softmax 层来实现的。如图 2-11 所示，原始输出层的 10 个输出值经过 Softmax 函数转换，输出了一个概率分布向量[0,0,0,0,1,0,0,0,0,0]，向量中每一个取值代表了手写数字图片对应数字 0～9 的概率。

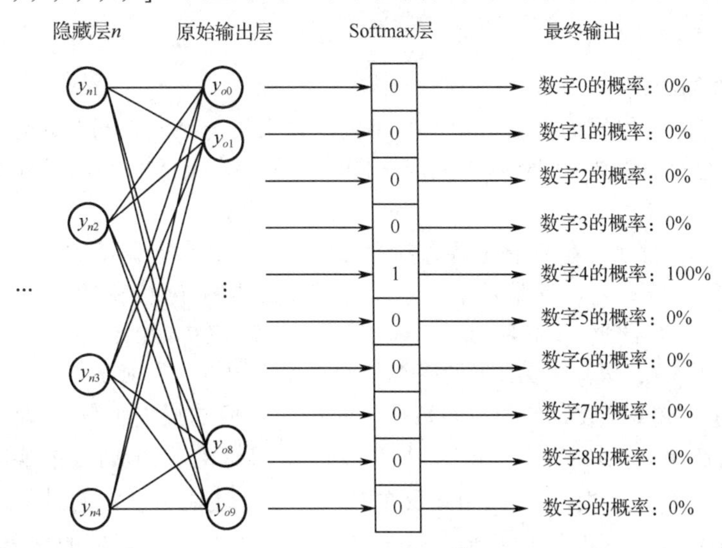

图 2-11　Softmax 层对手写数字输出向量的转换

图 2-11 中，数字 4 的概率为 100%，这是非常明确的。但是 Softmax 层有可能无法给出肯定的答案，例如，给出数字 4 的概率为 88%，数字 9 的概率为 12%，对应的输出向量为

[0,0,0,0,0.88,0,0,0,0,0.12]，那么这个概率分布的误差应该如何计算呢？

在信息论中，两个概率分布之间的距离可以用交叉熵来计算。在样本数据中，对于每个图片上的手写数字，都有明确的正确答案。样本中给出的明确的概率分布用 y 表示，通过 Softmax 函数得到的预期概率分布用 $\hat{y}$ 表示。概率分布误差的公式为

$$H(y,\hat{y}) = -\sum y\log(\hat{y})$$

对于上面的例子，样本图片的数字为 4，则给定的概率分布为[0,0,0,0,1,0,0,0,0,0]，通过神经网络的分类输出的预测向量为[0,0,0,0,0.88,0,0,0,0,0.12]。预测数据和验证数据的误差可以通过下面的代码来计算。

```
import numpy as np
# 样本数据的概率分布
y = [0,0,0,0,1,0,0,0,0,0]
# 识别结果的概率分布
y_hat = [0,0,0,0,1,0,0,0,0,0]
y_loss = 0.0
flag = 0
for i in range(1,10):
    # 如果 y[i]==0，则 y[i]*log(y_hat[i])必等于 0；如果 y_hat[i]==0，则 log(y_hat[i])不存在
    if y[i] != 0 and y_hat[i] != 0:
        y_loss += - y[i] * np.log(y_hat[i])
        flag = 1
if flag == 0:
    y_loss = 1
print("概率分布的误差为：{}".format(round(y_loss,4)))
```

计算结果为：

```
概率分布的误差为：0.2231
```

3．参数调整的原理

参数调整的目的是更好地拟合数据，减小模型输出值与预期之间的误差。因此，可以通过减小误差的途径来进行参数调整。“梯度下降法”是最常用的一种通过训练来减小误差的方法。

在使用梯度下降法时，有两个问题需要考虑：第一个是参数调整的方向，即确定是增大还是减小参数才能降低误差，这是基于误差计算对参数的偏导数来实现的，是一个链式求导的过程；第二个是参数调整的幅度，这是通过设置学习率来实现的。

图 2-12 展示了利用梯度下降法来调整参数的思路。假设，当前参数取值为 θ_1，沿着损失函数在 $J(\theta_1)$ 处的切线（导数）方向将参数调整为 θ_2，对应的损失函数的取值从 $J(\theta_1)$ 下降到 $J(\theta_2)$，从图中看起来就像下降了一个“阶梯”。同理，继续沿着 $J(\theta_2)$ 处的梯度，将参数从 θ_2 调整到 θ_3，又下降了一个“阶梯”。如此反复多次执行上述调整参数的过程，误差函数的值就会不断降低，最终达到梯度为 0 处即为误差的极小值。此时得到对应的 θ_x 就是理想的参数。

4．梯度计算的原理

与机器学习类似，梯度计算的过程依然是通过偏导数来实现的。误差计算对各个参数（权重）的偏导数就是参数的梯度，这个梯度表示参数的调整方向，向该方向调整参数，就能够

降低误差。通过反复执行信号正向传播、计算误差、调整参数，就能逐步地降低误差，提高模型的精度。

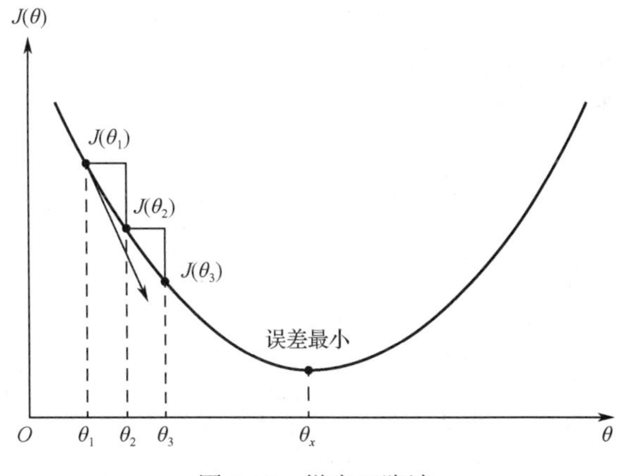

图 2-12　梯度下降法

如图 2-13 所示，通过 Softmax 层计算得到期望的分布概率向量，利用交叉熵函数计算出期望的分类概率与样本的分类概率之间的差异，即误差；然后通过偏导数将总误差传递到 Softmax 层的输出值 S，再从 S 传递到原始输出层的输出值 O；最后从 O 传递到原始输出层的参数 $w^{(o)}$ 。

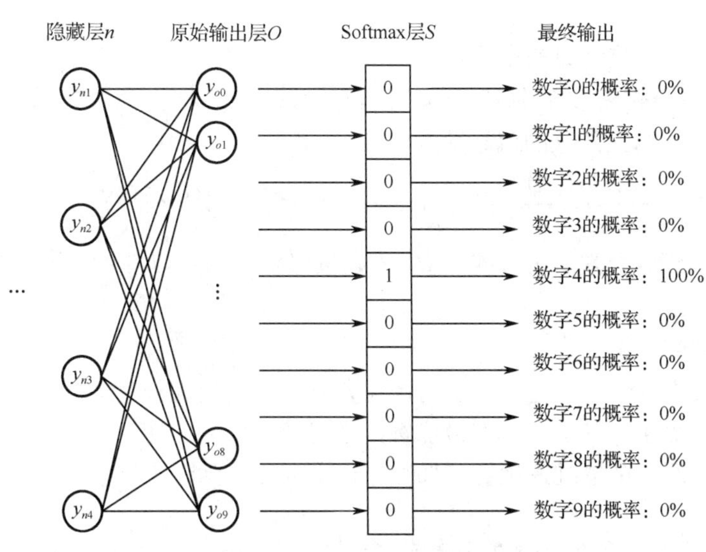

图 2-13　基于误差反向传播调整参数的过程

通过样本数据的概率 y 和当前计算的期望分布概率 $\hat{y}$，可以使用损失函数计算当前的误差：

$$\text{Loss} = H(y,\hat{y}) = -y \times \log(\hat{y})$$

误差对权重参数的偏导数，即梯度计算可以通过链式求导法则表示为

$$\frac{\partial \text{Loss}}{\partial w^{(o)}} = \frac{\partial \text{Loss}}{\partial \hat{y}} \cdot \frac{\partial \hat{y}}{\partial O} \cdot \frac{\partial O}{\partial w^{(o)}}$$

分别对上式右侧的三个部分进行求导：

（1）误差计算对期望分布概率的偏导数：

$$\frac{\partial \text{Loss}}{\partial \hat{y}} = \frac{\partial}{\partial \hat{y}}(-y\log(\hat{y})) = -\frac{y}{\hat{y}}$$

（2）预期分类概率对原始输出的偏导数：

由于 $\hat{y}$ 是通过 Softmax 函数计算得出的，记作 $S(O_j)$，套用 Softmax 函数可以将第二部分换算为

$$\frac{\partial \hat{y}}{\partial O} = \frac{\partial S(O_j)}{\partial O_i} = \frac{\partial}{\partial O_i}\frac{\mathrm{e}^{o_j}}{\sum_{k=0}^{K}\mathrm{e}^{o_k}}$$

得：

$$\frac{\partial S(O_j)}{\partial O_i} = \frac{(\mathrm{e}^{o_j})'^{\sum_{k=0}^{K}\mathrm{e}^{o_k}} - \mathrm{e}^{o_j}\left(\sum_{k=0}^{K}\mathrm{e}^{o_k}\right)'}{\left(\sum_{k=0}^{K}\mathrm{e}^{o_k}\right)^2}$$

$$= \frac{\mathrm{e}^{o_j}\sum_{k=0}^{K}\mathrm{e}^{o_k}}{\left(\sum_{k=0}^{K}\mathrm{e}^{o_k}\right)^2} - \frac{\mathrm{e}^{o_j}(\mathrm{e}^{o_0} + \cdots + \mathrm{e}^{o_j} + \cdots + \mathrm{e}^{o_k})'}{\left(\sum_{k=0}^{K}\mathrm{e}^{o_k}\right)^2}$$

（3）原始输出对权重参数的偏导数：

由于原始输出 O 是神经网络激活函数计算得出的，设 f 为激活函数，则有 $O = f(w^{(o)}y^{(o)} + b^{(o)})$。这样可以求得第三部分的偏导数为

$$\frac{\partial O}{\partial w^{(o)}} = \frac{\partial}{\partial w^{(o)}}f(w^{(o)}y^{(o)} + b^{(o)}) = f'(w^{(o)}y^{(o)} + b^{(o)})y^{(o)}$$

式中：$f'(w^{(o)}y^{(o)} + b^{(o)})$ 为激活函数的导数，常用的激活函数可以参考前面的“选择激活函数”的内容。

5．设置学习率

学习率的设置不应过大或过小。学习率设置过小，会出现经过长时间大批量的训练，误差依然很大，无法快速、有效地达到最优解，学习效率低的问题；学习率设置过大，有可能出现误差过大，从而直接越过最优解，梯度在最小误差值附近来回震荡，无法收敛到最优解的情况。

图 2-14 展示了误差函数 $J(\theta)$ 在过大或过小学习率的条件下随参数 θ 变化的情况，当误差逼近 $J(\theta)$ 最小值即为模型的最优解。训练的目标就是达到最优解的状态。

假设初始状态的误差 $J(\theta)$ 在曲线上的 a 点，当前参数为 θ_a。参数 θ 沿着梯度下降的方向调整，学习率即为参数调整的步长。

若学习率设置过大，则对应参数调整的幅度过大，可能出现参数从 θ_a 直接越过最优解调整到 θ_b 的情况。而 θ_b 所对应的 b 点的梯度依然很大，且根据 b 点梯度下降的方向继续向反方向调整，此时若学习率仍然很大，则参数会在 a、b 之间反复调整，来回震荡，始终无法接近最优解，模型也无法收敛。

若学习率设置过小，则参数调整的幅度太小，可能经过 100 万次训练才从 θ_a 调整到 θ_c，

距离最优解仍然遥遥无期，每一次的参数调整都需要大量的算力，这样的模型在实际项目中是无效的。

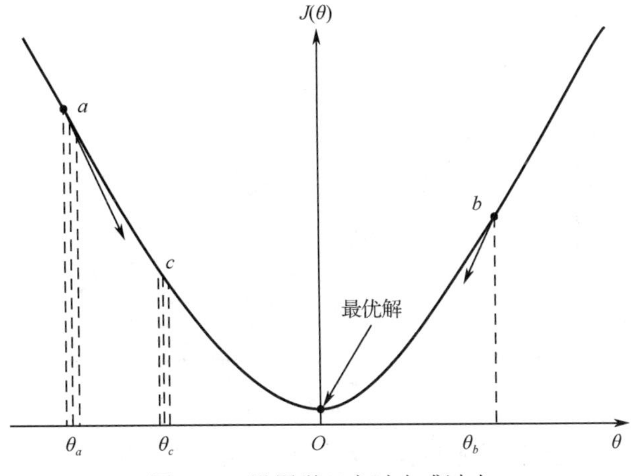

图 2-14　设置学习率过大或过小

那么学习率应该如何设置呢？一般来说，在训练初期，应该设置较大的学习率，以得到较快的收敛速度；而在训练后期，应设置较小的学习率，以便模型能够被精密调整，这样能同时达到训练过程快速和训练结果精准的目的。“指数衰减法”便是这样的一种学习率设置的方法，也是目前最常用的方法。在模型训练刚开始时设置一个较大的学习率，这个学习率会随着迭代次数的增加而不断进行衰减，从而在后期得到一个较小的学习率。“指数衰减法”可以用以下公式来表示：

$$\eta = \eta_s \text{decay\_rate}^{\frac{\text{step\_count}}{\text{decay\_count}}}$$

式中：η 为衰减后的学习率；η_s 为初始学习率；decay_rate 为衰减率，衰减率小于 1；step_count 为全局迭代次数；decay_count 为衰减间隔迭代次数，意味着每经过 decay_count 次迭代，学习率按衰减率的指数级逐渐缩小。

如图 2-15 所示，图中横坐标是训练的迭代次数，纵坐标是学习率，初始学习率设置为 0.10，随着模型迭代训练的不断进行，学习率按指数级进行衰减。图中曲线是指数衰减法，每次迭代都进行学习率衰减。图中折线是梯度衰减法，每经过 1000 次迭代，学习率衰减一次。可以看出，训练初期学习率衰减量幅度较大，随着训练的进行，学习率逐渐趋近于 0，同时学习率的衰减也趋近于 0，这恰好实现了对学习率进行“粗调和精调”相结合的目标。

6．调整参数取值

调整参数的计算过程就是利用梯度 $\frac{\partial \text{Loss}}{\partial w}$ 和学习率 η 更新参数权重的过程，如以下公式所示：

$$w_{\text{new}} = w_{\text{old}} - \eta \frac{\partial \text{Loss}}{\partial w}$$

7．反复迭代

通过反复执行以上过程，不断更新参数并不断降低误差，最终得到参数最优解。此时，误差足够小，也就是说，模型预测结果足够准，就可以把当前的模型作为最终的输出模型，也就完成了模型训练。

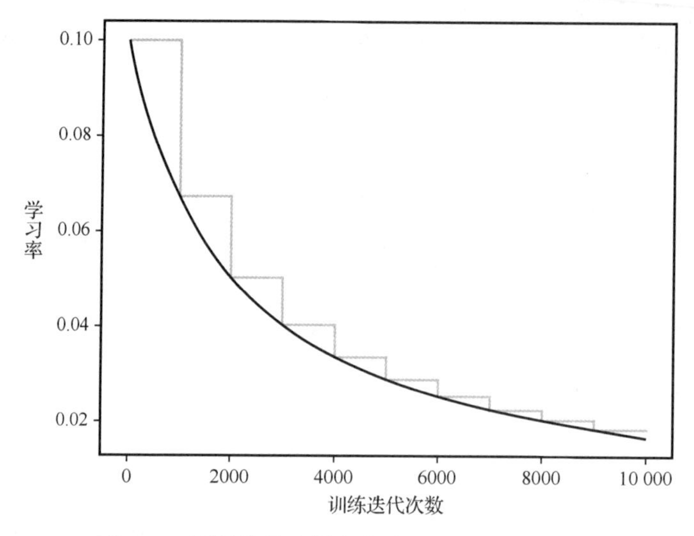

图 2-15　通过指数和梯度衰减对学习率进行调整

2.5.2　深层神经网络的优化

上一节介绍了深层神经网络的训练方法，整个过程看起来十分简单，然而在工程实战中，深层神经网络的训练面临着各种挑战，包括有可能无法找到最优解、容易出现过拟合，以及超参过多模型无法选择等诸多问题。

1．梯度下降的局部最优解问题

梯度下降法并不能总是得到损失函数的最优解。由于神经网络是复杂函数，存在大量的非线性变换，由此得到的损失函数通常是非凸函数。如图 2-16 所示，损失函数常常存在多个局部梯度为 0 的极小值，这些值对应着不同区间内的局部最优解。梯度下降法是由梯度驱动的，一旦函数收敛到局部梯度为 0 的极小值，梯度下降法将无法逃离这个陷阱。例如，当参数随机初始化时，落在区间一或区间三内，通过梯度下降法，参数只能达到该区间内局部最优解一或局部最优解三，而无法达到全局最优解。只有当参数随机初始化时恰好落在了区间二内，如 θ_2 点，才能达到全局最优解。

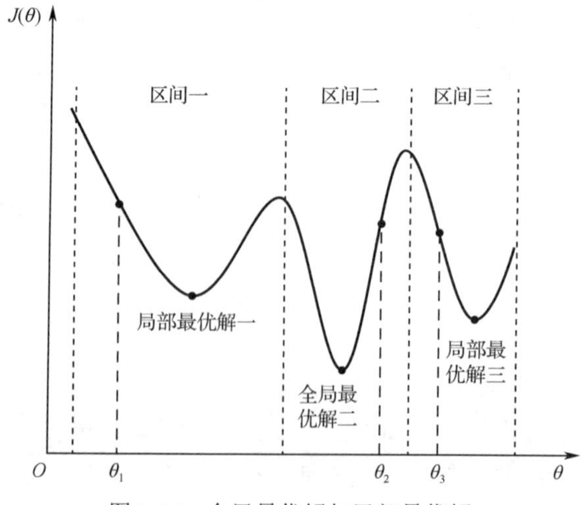

图 2-16　全局最优解与局部最优解

针对上述问题，一种解决的方法是进行多次参数初始化，即反复获得多个初始化参数对模型进行训练，这些参数将随机分布到不同的区间内，从而找到不同区间取值的最优解，然后对不同区间的最优解进行对比以找出它们的比较最优解，这个最优解有很大概率就是全局最优解。这个过程就是模型选择的过程，即同时训练出多个模型，选择最好的一个作为最终的模型输出。

这种方法的优点是有很大概率找到全局最优解，缺点有两个：一是无法保证百分之百找到全局最优解，只能是“很大概率”找到，当然，只要随机初始化的参数数量足够多，找到全局最优解的概率就有可能接近百分之百；二是随机初始化参数的数量增多，虽然会使找到全局最优解的可能性增大，但所需要的训练时间也会变长。所以，在实际生产环境中，要在优点和缺点之间做好平衡。

2．过拟合与欠拟合问题

对于深度学习或机器学习模型而言，不仅要求它对训练数据集有很好的拟合（训练误差），同时也希望它可以对未知数据集（测试集）有很好的拟合结果（泛化能力），所产生的测试误差被称为泛化误差。度量泛化能力的好坏，最直观的表现就是模型的过拟合和欠拟合。

1）过拟合与欠拟合简介

过拟合与欠拟合是模型训练过程中经常出现的两类典型问题。过拟合是指过于依赖训练数据集的特征，将数据的规律复杂化，以至于模型对训练集的拟合表现很好，但是无法泛化到测试数据集上；欠拟合是指对训练数据集的特征规律未能正确表达，以至于模型对数据集的拟合效果欠缺，因此也无法泛化到测试数据集上。

通常情况下，如果模型在训练数据集上的误差很小，但是在测试数据集上的误差很大，我们就可以说这个模型过拟合了。过拟合的原因通常是模型过于复杂，或者参数过多，导致模型记住了训练数据中的“噪声”。也就是说，通过“死记硬背”的形式记住了数据集的大量特征规律，然而其中某些特征往往并不是规律出现的，而是将一些随机出现的特征当作了规律。所以，当模型应用于生产环境或测试数据集时，模型试图重现那些错误的规律时，就会出现在测试数据集上误差很大的情况。

欠拟合的情况下，模型在训练数据集和测试数据集上的误差都很大，这种情况的原因主要是模型过于简单或训练不足、参数设置不当、参数调整不足等，所以模型并没有学习到数据集的内在规律，从而对训练数据集和测试数据集都无法有效地拟合。解决欠拟合最常用的手段就是加强模型训练，最大限度地优化模型的参数，让误差尽可能减小。

如图 2-17 所示，当模型过于简单，对于训练数据集和测试数据集均无法有效表达时，模型处于欠拟合状态；当模型过于复杂，虽然在训练数据集上有更好的表现，但是对于测试数据集却无法有效预测，模型无法泛化，处于过拟合状态。在测试数据集上的误差最小时，模型处于理想状态。

2）过拟合与欠拟合示例

图 2-18 展示了过拟合与欠拟合在回归问题和分类问题中的典型表现。图 2-19 的上半部分展示了在满足正弦函数规律的数据集上，欠拟合、过拟合均无法正确展示其本质规律；下半部分展示了分类场景的欠拟合、理想拟合、过拟合的三种情况。从图中可以直观地看出，欠拟合对应的情况是模型过于简单粗暴，在分界线附近会存在过多的错误分类；而在过拟合的情况下，模型过于复杂、灵活，针对训练数据集进行过度优化，对训练数据集拟合得非常好，将例外点也作为数据规律记录了下来。

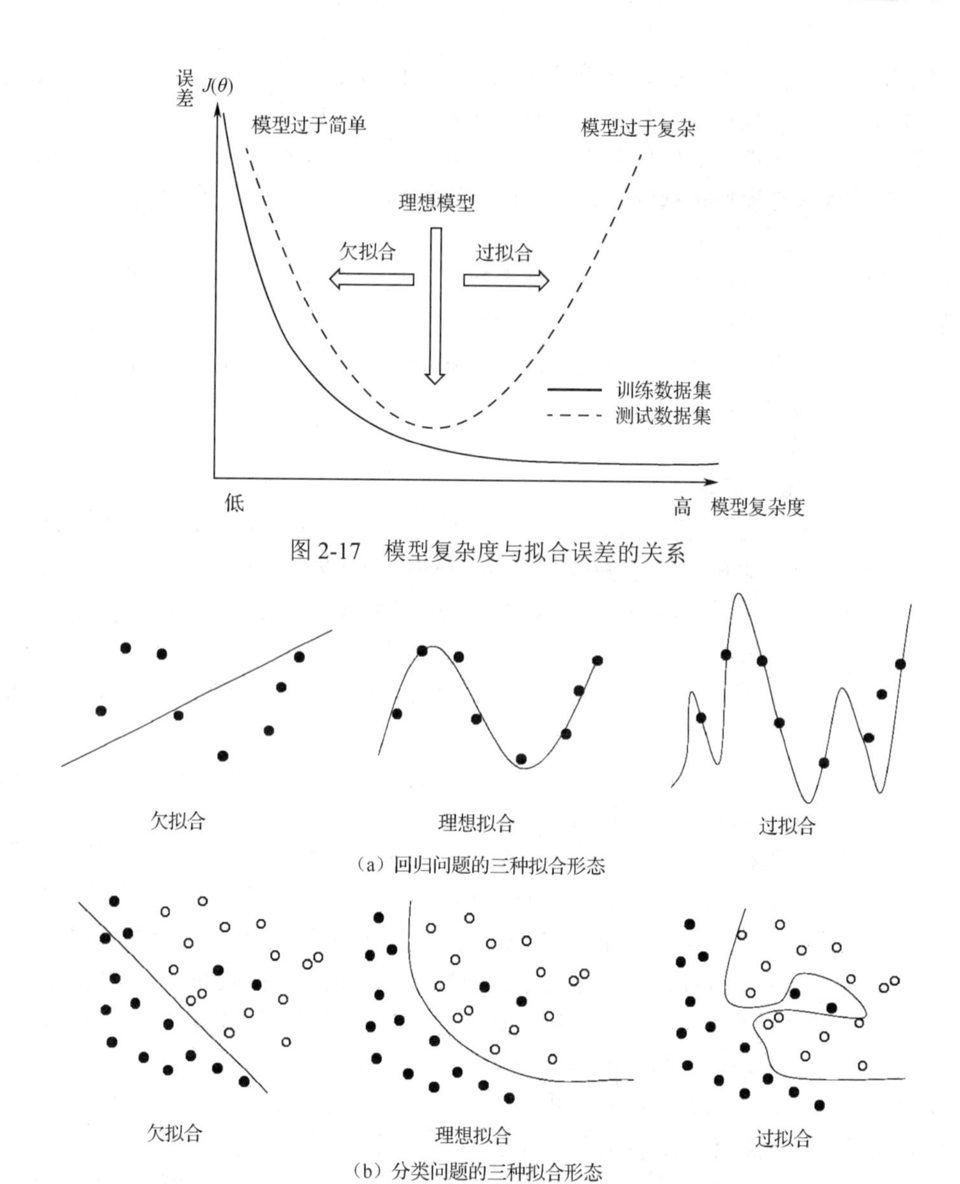

图 2-17 模型复杂度与拟合误差的关系

（a）回归问题的三种拟合形态

（b）分类问题的三种拟合形态

图 2-18 过拟合与欠拟合示例

3）如何避免过拟合与欠拟合

产生欠拟合的原因一般有二：一是模型过于简单，二是模型训练不足。针对模型过于简单的问题，目前在分类识别、趋势预测等多种应用场景中已经有了大量成熟的模型，选择合适的模型进行训练是避免模型过于简单的通常做法。在实际工作中，欠拟合更多的是模型训练不足的问题。这个问题可以通过加大模型训练量来优化。

欠拟合的问题通常较容易解决，实际工作中过拟合问题的解决相对复杂一些。解决过拟合的常用方法是进行正则化处理，即优化误差函数，增加正则项用以对过多的参数进行“惩罚”，这样可以避免由于参数过于复杂而导致的过拟合。在神经网络模型中，通常使用 Dropout 正则化技术，将神经网络中的一些连接丢弃，从而减少参数的数量，防止模型参数对训练数据进行复杂协同，同样可以避免由于参数过于复杂而导致的过拟合。

正则化处理可以用如下数学公式来表示：

$$J(\theta)=J(\theta_0)+\frac{\lambda}{2m}\sum_{j=0}^{n}\theta_j$$

式中：λ 是正则化系数；m 是样本数量；n 是参数个数；$J(\theta_0)$ 表示初始损失函数（即未添加正则项的损失函数）。

从公式中可知，当 λ 较大时，正则项 $\frac{\lambda}{2m}\sum_{j=0}^{n}\theta_j$ 部分的取值变大后，$J(\theta)$ 的取值也必然变大，从而模型无法收敛于当前参数 θ；如果 λ 太小，正则项几乎没有起到作用，也就无法解决过拟合问题；如果 λ 太大，这时除 θ_0 外的其他参数 θ_j 就会很小，最后得到的模型几乎就是一条直线，会出现欠拟合问题。所以，λ 增大时，模型过拟合的可能性变小，但欠拟合的可能性变大，合理调整正则化系数 λ 的取值可以有效地解决过拟合问题。

Dropout 是专门用于神经网络模型的正则化技术。Dropout 是通过丢弃一些参数，减少参数的数量，来防止由于参数过多造成的过拟合现象。图 2-19 展示了 Dropout 对神经网络模型的影响。

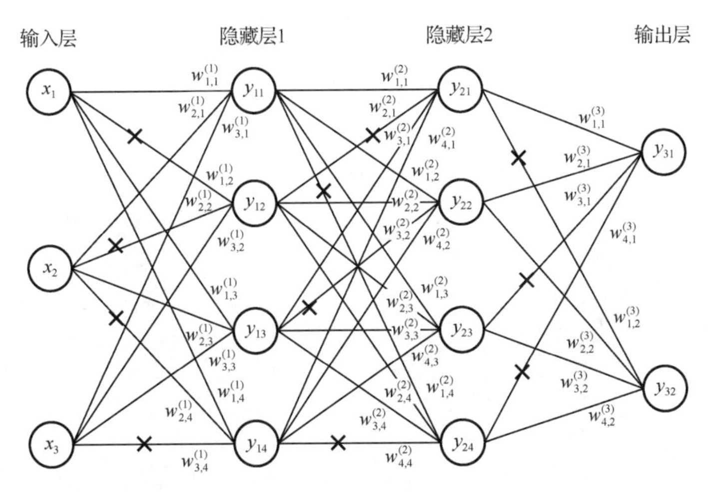

图 2-19　Dropout 对神经网络模型的影响

Dropout 不修改损失函数，也不是真的丢弃某些神经元结构，而是让一部分神经元及其参数不参与最终的输出结果的计算。每一个经过 Dropout 的不完整神经网络仍有可能过拟合，但是各自的过拟合情况是不同的，通过求平均就可以抵消。

2.6　本章小结

本章首先介绍了什么是深度学习，深度学习是如何从机器学习和神经网络发展而来的。其次介绍了深度学习的基础——深层神经网络是如何发展和构造的，深层神经网络的参数如何表达，深层神经网络的节点如何规划，网络节点的输出如何计算等。在了解了深层神经网络的基本结构及原理后，本章重点介绍了深度学习是如何训练深层神经网络的，包括深层神经网络训练的关键步骤、非线性激活函数的选择、参数如何调整、学习率如何设置等。最后介绍了深层神经网络中的常见问题，以及这些问题的常用优化方案，包括如何避免局部最优解，如何避免过拟合与欠拟合等问题。

本章作为深度学习的原理介绍，是应用各种深度学习框架的基础。后续章节将在此基础上继续深入和展开深度学习在图像识别、语音识别、自然语言处理等技术领域上的应用。理解深度学习的原理将有助于理清使用深度学习框架在实际项目中的应用思路。读者可在后面的学习中结合实际案例反复印证，加深对本章的理解。

第3章　深度学习框架简介

本章以 TensorFlow 框架为主，主要介绍什么是 TensorFlow、TensorFlow 的特点是什么，以及目前与 TensorFlow 同级的主流深度学习框架有哪些、这些框架的特点是什么、它们之间有什么关系。

3.1　TensorFlow 简介

TensorFlow 是由 Google 人工智能团队 Google Brian（谷歌大脑）为机器学习（Machine Learning，ML）和深层神经网络开发的功能强大的开源软件库。TensorFlow 的前身是被称为“第一代机器学习系统”的 DistBelief。2015 年 11 月，Google Brain 团队在 DistBelief 的基础上，完成了对“第二代机器学习系统”TensorFlow 的开发，并依据 Apache2.0 开源协议将其代码开源。相较于 DistBelief，TensorFlow 在性能上有显著改进，灵活性和可移植性也得到增强，能够支持更加广泛的应用。

TensorFlow 是一个开源的深度学习框架，它允许将深层神经网络的计算部署到任意数量的 CPU 和 GPU 的服务器、PC（个人计算机）或移动设备上，且只利用一个 TensorFlow API（应用程序接口）。在 Python 中利用 NumPy 编写神经网络代码是一件很麻烦的事情。一般来说，编写一个简单的具有一个隐藏层的前馈网络大概需要 40 行代码，当网络层数增加时，代码的编写会更加困难，且代码执行时间也会更长。TensorFlow 的出现使这一切都变得更加简单，因为它封装了大量高效可用的算法及神经网络搭建方面的函数，支持常用的神经网络架构（如递归神经网络、卷积神经网络等），并且拥有完整的数据流向与处理机制。借助 TensorFlow，研究人员可以更加方便、快捷地进行深度学习的开发与研究。

TensorFlow 是深度学习领域最受欢迎的框架之一。图 3-1 展示了 GitHub 上主流深度学习框架排名，可以看到，TensorFlow 的受欢迎程度排名第一，远高于第二名。

Top Deep Learning Projects

A list of popular github projects related to deep learning (ranked by stars automatically).

Please update list.txt (via pull requests)

Project Name	Stars	Description
TensorFlow	68684	Computation using data flow graphs for scalable machine learning
Caffe	19958	Caffe: a fast open framework for deep learning.
Keras	19190	Deep Learning library for Python. Runs on TensorFlow, Theano, or CNTK.
neural-style	14432	Torch implementation of neural style algorithm
CNTK	12240	Microsoft Cognitive Toolkit (CNTK), an open source deep-learning toolkit
incubator-mxnet	10944	Lightweight, Portable, Flexible Distributed/Mobile Deep Learning with Dynamic, Mutation-aware Dataflow Dep Scheduler; for Python, R, Julia, Scala, Go, Javascript and more
deepdream	10496	
data-science-ipython-notebooks	10021	Data science Python notebooks: Deep learning (TensorFlow, Theano, Caffe, Keras), scikit-learn, Kaggle, big data (Spark, Hadoop MapReduce, HDFS), matplotlib, pandas, NumPy, SciPy, Python essentials, AWS, and various command lines.

图 3-1　GitHub 上主流深度学习框架排名

2017 年 2 月，Tensorflow 发布了 1.0.0 版本，也标志着稳定版的诞生。2019 年 10 月，TensorFlow 发布了 2.0.0 正式版本，此版本相对 1.X 版本有了较大的改动，更加专注于简单性和易用性。截止本书编写时，TensorFlow 已发布到 2.3.0 版本。TensorFlow2.0 的主要特性有：

- 通过 Keras 和 eager execution（动态图机制，TensorFlow 的功能之一）轻松建模。
- 在任意平台上的生产环境中进行稳健的模型部署。
- 强大的研究实验。
- 通过清理废弃的 API 和减少重复来简化 API。

3.2　TensorFlow 的特点

作为深度学习领域最受欢迎的框架之一，TensorFlow 具有以下特点。

1．多语言支持

TensorFlow 是基于 C++语言开发的，并且支持多种语言的调用，如 C、Java、Python 等。基于 C++语言开发保证了 TensorFlow 的运行效率，对其他编程语言的支持为使用不同开发语言的研究人员提供了便利，也节省了大量的开发时间。目前机器学习、深度学习等领域的主流方式是使用 Python 语言来驱动应用，TensorFlow 对 Python 调用的支持也成为其受欢迎的原因之一。

2．高度的灵活性

TensorFlow 的核心是计算图，只要能将计算表示为一个数据流图，就可以使用 TensorFlow。对用户而言，只需要构建计算图，书写计算的内部循环，就可以通过图上的节点变量控制训练中各个环节的变量。TensorFlow 有很多开源的上层库工具供用户使用，极大地减少了代码重复量。另外，用户也可在 TensorFlow 上封装自己的“上层库”。

3．便捷性和通用性

TensorFlow 生成的模型具有便捷、通用的特点。TensorFlow 可以在 Mac、Windows、Linux 等系统上开发，可以在 CPU 和 GPU 上运行，也可以在台式机、移动端、服务器、docker 容器等终端上运行。TensorFlow 编译好的模型可以便捷地进行平台移植，使模型应用更加简单。

4．超强的运算性能

TensorFlow 支持线程、队列和分布式计算，可以让用户将 TensorFlow 的数据流图上的不同计算元素分配到不同的设备上，也可以根据机器的配置自动选择 CPU 和 GPU 运算，最大化地利用硬件资源。

5．成熟

目前，TensorFlow 的受欢迎度和使用度最高，其框架的成熟度也相对较高。Google 的白皮书明确指出，Google 内部的大量产品都用到了 TensorFlow，如搜索排序、自然语言处理、语音识别、Google 相册等。此外，TensorFlow 具有出色的官方文档和社区支持，为学习者提供了较好的学习平台。

3.3　其他深度学习框架

图 3-1 中展示了部分主流的深度学习框架，除 TensorFlow 外，深度学习领域还有很多其他的框架。下面介绍一些其他常见的深度学习框架。

1. Theano

Theano是最早的深度学习开源框架，它的开发始于2007年。Theano是基于Python开发的，严格来说，它是一个擅长处理多维数组的库（功能类似于NumPy）。Theano十分适合与其他深度学习框架结合起来进行数据探索，用来定义、优化和模拟数学表达式计算，从而高效地解决多维数组的计算问题。

在过去很长一段时间内，Theano是深度学习开发与研究的行业标准。而且，Theano最初是为学术研究而设计的，这使得深度学习领域的许多学者至今仍在使用Theano。但随着TensorFlow在Google的支持下强势崛起，Theano日渐式微，使用的人越来越少。

2. Caffe

Caffe（Convolutional Architecture for Fast Feature Embedding，卷积神经网络框架）是一个兼具表达式、速度和思维模块化的深度学习框架，由伯克利视觉和学习中心（Berkeley Vision and Learning Center，BVLC）开发。Caffe是用C++编写的，同时有Python和MATLAB的相关接口。

Caffe最初是一个强大的图像处理框架，广泛用于图像分类和图像分割等领域，是最容易测试评估性能的标准深度学习框架。Caffe支持多种类型的深度学习框架，支持CNN、RCNN（Regions with CNN features，基于CNN的目标检测）、LSTM（Long Short-Term Memory，长短记忆网络）和全连接神经网络设计，并且提供了很多具有复用价值的预训练模型，大大减少了现有模型的训练时间。此外，Caffe还支持基于GPU和CPU的加速计算内核库，如NVIDIA cuDNN和Intel MKL。

2017年，Facebook发布了Caffe2的第一个正式版本，并介绍，Caffe2是一个基于Caffe的轻量级和模块化的深度学习框架，在强调轻便性的同时，也保持了可扩展性和计算性能。Caffe2有很多新的特性，如可以通过一台机器上的多个GPU或具有一个及多个GPU的多台机器来进行分布式训练等。但其作者贾扬清曾解释说："目前Caffe2还不能完全替代Caffe，还缺不少东西，如CuDNN。与Caffe2相比，Caffe仍然是主要的稳定版本，在生产环境中仍然推荐使用Caffe"。2018年3月，Caffe2并入PyTorch，且随着PyTorch的发展，更多的人选择使用PyTorch。

3. Torch

Torch是一个基于Lua语言开发的开源机器学习框架，早在2002年就发布了Torch的初版。Torch一直聚焦于大规模的机器学习应用，尤其是图像或者视频等领域的应用。Torch的目标是在保证使用方式简单的基础上，最大化地保证算法的灵活性和速度。Torch的核心是流行的神经网络以及简单易用的优化库，这使得Torch能在实现复杂的神经网络拓扑结构时保持最大的灵活性，同时可以使用并行的方式对CPU和GPU进行更有效率的操作。

Torch的主要特性如下：

- 支持强大的N维数组操作。
- 提供很多对于索引/切片等的常用操作。
- 支持常见线性代数计算。
- 具有神经网络和基于能量的模型。
- 支持GPU计算。
- 可嵌入，可移植到iOS或者Android系统中。

Torch虽然具有良好的扩展性，但某些接口不全面。另外，Torch使用的是LuaJIT而不是

Python，在以 Python 为深度学习主流语言的今天，Torch 的通用性显得较差。后来的 PyTorch 可以说是 Torch 的 Python 版，并且增加了很多新的功能，逐渐受到开发者的欢迎。

4．Keras

Keras 是一个开源人工神经网络库，可以作为 TensorFlow、Microsoft-CNTK 和 Theano 的高阶应用程序接口，可用于进行深度学习模型的设计、调试、评估、应用和可视化。它的最初版本以 Theano 为后台，其设计理念参考了 Torch 但完全使用 Python 编写，可以将其理解为 Theano 框架与 TensorFlow 前端的一个组合。Keras 是一个高层神经网络 API，目前知名的深度学习框架，如 TensorFlow、CNTK、MXNet 等，都支持对 Keras 的调用。

5．CNTK

Computational Network Toolkit（CNTK）是微软出品的开源深度学习工具包，可以运行在 CPU 上，也可以运行在 GPU 上。CNTK 的所有 API 均基于 C++设计，因此在速度和可用性上很好。此外，CNTK 有良好的预测精度，其提供了很多先进算法的实现，来帮助提高准确度。CNTK 提供了基于 C++、C#和 Python 的接口，使用非常方便。

CNTK 拥有高度优化的内建模型，以及良好的多 GPU 支持。图 3-2 是微软官方公布的 CNTK 与其他工具在执行特定任务时的效率对比图。从图中可以看出，在同样四个 GPU 的配置下，针对特定的学习任务，CNTK 有速度上的优势。

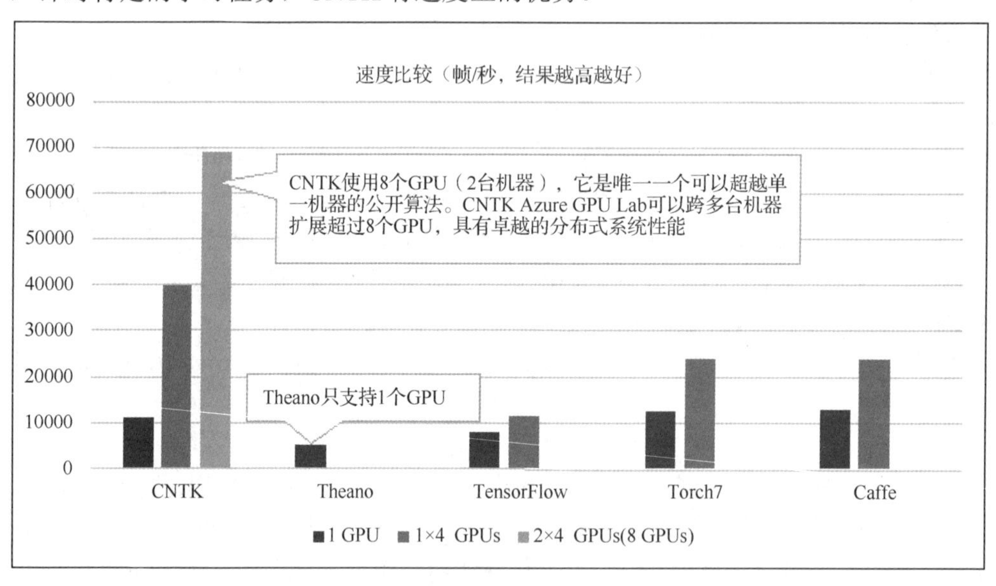

图 3-2　CNTK 与其他工具在执行特定任务时的效率对比图

虽然在微软的支持下，CNTK 具有很大的潜力和很强的竞争力，但其发行版中也有很多错误（Bug），且其成熟度远比不上 TensorFlow 的。与其他框架一样，CNTK 在文档资料上也略显不足。不过，CNTK 与 Visual Studio 工具同属于微软，具有特定的微软编程风格，熟悉 Visual Studio 工具的开发人员可以更快地上手。

6．DeepLearning4j

DeepLearning4j（简称 DL4J）是基于 Java 和 Scala 编写的首个商业级开源分布式深度学习框架。DeepLearning4j 是为商业环境所设计的，是应用于 Hadoop 和 Spark 之上的深度学习软件。DeepLearning4j 技术先进，以即插即用为目标，通过更多预设的使用，避免太多配置，让非研究人员也能够进行快速的原型制作。Skymind 是 DeepLearning4j 的商业支持机构，该机构在 DeepLearning4j 中逐步增加了不同的神经网络，如受限玻尔兹曼机、深度置信网络、堆叠式降噪自动编码器、深度自动编码器、循环神经网络和卷积神经网络等。DeepLearning4j 的实际应用情景包括金融行业的欺诈侦测、电子商务与广告业的推荐系统、制造业等行业中的异常检测、图像识别等。目前，DeepLearning4j 已与 RapidMiner 和 Prediction.io 等其他机器学习平台集成。

7．MXNet

MXNet 是旨在提高效率和灵活性的深度学习框架，拥有类似于 Theano 和 TensorFlow 的数据流图，具有 Torch、Theano、Chainer 和 Caffe 的部分特性。它允许用户混合符号编程和命令式编程，从而最大限度地提高效率和生产力。MXNet 的核心是一个动态的依赖调度，它能够自动并行符号和命令的操作。MXNet 不仅支持 Python，还提供了对 R、Julia、Scala、Java 和 C++等语言的接口。MXNet 是亚马逊（Amazon）选择的深度学习框架，也是目前比较热门的主流框架之一。

3.4 本章小结

本章介绍了 TensorFlow 及深度学习框架的一些基础知识。首先介绍了 TensorFlow 是什么以及 TensorFlow 的发展历程；其次介绍了 TensorFlow 的特点，使读者对 TensorFlow 有进一步的认识；最后简单介绍了 Theano、Caffe、Torch、Keras 等其他主流深度学习框架，使读者了解这些框架的特点以及各个框架之间的关系。有关 TensorFlow 等深度学习框架的更多知识，会在后续章节中进行学习，本章不做详细介绍。

第4章　TensorFlow的安装

俗话说“磨刀不误砍柴工”，在选用TensorFlow框架来实现神经网络进行深度学习之前，必须在本地计算机上完成软件的安装与环境的配置。从最开始的系统确定，到框架与版本的选择，以及最后环境的搭建、配置等步骤，读者可参照本教材中所阐述的方法逐一完成安装与配置。

4.1　安装准备

与其他框架的安装类似，TensorFlow的安装步骤也很简单，但在安装之前，需要了解一些内容。

第一，深度学习的任务中一般包含大量的、需要计算的内容，如需迅速地执行这些内容，则对于TensorFlow安装的相关硬件有一定要求。因此，本节从硬件开始内容的介绍。

第二，本节内容将会对前面章节的知识进行验证，主要是针对处理器的选择。这里选用GPU作为处理器进行训练，未选择CPU作为处理器并不是因为它不能用来训练数据，而是纵观历史认为选用GPU作为训练器具有一定的网络训练优势。同时，本节还介绍了CUDA（Compute Unified Device Architecture，统一并行计算架构）和cuDNN的安装方法。

在本节的最后，分别介绍了TensorFlow安装的系统选择、开发语言的选择以及Anaconda安装的相关知识。

4.1.1　硬件检查

一款不错的系统以及相配套的硬件环境是运行一个深层神经网络工程的前提条件，当然，这样的设备以及配套可能会产生一个较高的成本，且这样的成本并不是每位用户都能够承担的。所以，针对硬件而言，选择的标准（标准之下不能进行训练，必须在标准之上才能完成训练）是不固定的，读者可以根据自己的实际情况进行选择。

以下是本书案例中所使用的计算机硬件条件：

CPU：i5 4210m。

GPU：GRID P100C-6Q。

内存：4GB。

硬盘：100GB。

本书中的所有实验，均通过了本平台的测试，并且对训练所使用的时间也进行了相应的说明。此外，对于硬件设施低于目前水平的情况，不能保证可以出现相同的结果。如果想要缩短训练所需要的时间，这里推荐如下一套硬件设施。

CPU：i7 7700k。

GPU：NVIDIA GTX1070Ti。

内存：16GB DDR4 2400。

硬盘：SSD。

下面依次对相关硬件设施的选取做出相应的介绍。

1. CPU的选取

TensorFlow 所支持的训练器有 CPU 或者 GPU。在进行硬件环境搭建之前，需要选择好训练器。

由于在一个神经网络的运算中，经常会包含大批量的矩阵计算，而一些科学的矩阵计算库为了提高整体响应速度会采用多线程的方法服务于矩阵计算。所以，若选用单独的 CPU 作为训练器进行深度学习的训练，CPU 所支持的线程数以及核数越多越好，基础的频率也是越高越好。

而如果选用 GPU 作为训练器进行深度学习的训练，GPU 负责完成大批量的矩阵计算，TensorFlow 会占用一小部分的 CPU 资源向 GPU 发送一些指令。对于这种情况，普通的双核双线程的 Intel i3 CPU 就可以满足要求。

假如只运行一些基于 MNIST 数据集的 LeNet-5 网络的小型深度学习神经网络，采用一个移动端 i3 的 CPU 作为处理器足以完成训练。而相对于 i7 7700k CPU，在相对较大规模中的神经网络同样也可以拥有较高的时速，因为它配有四核八线程，能够提供最大 4.5GHz 的睿频。

2. GPU的选取

通常，习惯性地将 GPU 称为显卡。如果选取 GPU 作为处理器进行深层神经网络的训练，那么一款较为配套的显卡将是合理所需的。

值得注意的是，如果选用目前通用显卡的计算资源进行网络的训练，则在训练之前，相关底层库的安装是必要的，如 OpenCL（本书的后续会有相应的介绍）的安装和 CUDA 的安装。CUDA 库是为 NVIDIA 显卡服务的专用库，因此在之后的 TensorFlow 的安装中本书选取了专用的 CUDA 库。所以，如果需要 TensorFlow 支持 GPU，并且在配置框架功能的时候全部按照笔者的思路进行，则一定要拥有一款 NVIDIA 显卡。

通常，进行深度学习的训练时都会选取当前市面上比较常用的显卡进行处理器的计算。相对于一些一般规模的、相对小型的深度学习神经网络而言，所需要的显存一般不会超过 4GB，可以选取 GTX960、GTX970、GTX980 或者 GTX980Ti，也可以选取相对更为先进的 Pascal 架构的 GTX1070（显存为 8GB）与 GTX1080。然而对于单卡来说，如果进行训练所需的显存大于 8GB，则 GTX Titan X（显存为 12GB）也是可以选择的。

在上述介绍的所有显卡中，GTX1080 的处理速度快于 GTX1070 的处理速度，相差约 1/4；而 GTX1070 的处理速度略快于 GTX Titan X 的。在预算允许的情况下，可以考虑购买 M40。因为 M40 是一种专门为了科学计算而开发的顶级计算卡，它拥有着更大容量的显存和更快的计算速度。

当然，TensorFlow 也支持多 GPU 并行进行计算。如果有这方面的想法，则一定要注意，尽量选取型号相同的显卡。当然，TensorFlow 允许一张低速卡和一张高速卡同时进行训练，即同时进行训练的显卡可能是不同的类型，但是这样操作可能会造成资源浪费，也会大大降低高速卡的计算性能。

3. 内存的选取

受所选取的处理器是 GPU 还是 CPU 进行网络训练的相关影响，在选取内存时要多加考虑容量和速度。假设只选取了 CPU 作为训练器进行神经网络的训练，那么内存读写的速度在实现科学计算中大批量的读写内存操作时显得尤为重要，此时，安装成双通道的形式或者选取相对高频率的内存（如上述所推荐的 DDR4 2400 型内存）是非常有助于网络训练的。假设选取 GPU 作为处理器进行神经网络的训练，则 GPU 就负责完成大批量的科学计算工作。GPU

一般情况下会从内存中复制一部分数据到自己的显存中，之后再进行自身显存中数据的读取（一般情况下利用的桌面端显卡拥有2～8GB不等的显存）。即使这样，GPU还是会接收到CPU通过PCIe3.0 DMA发送的一些指令。这是因为内存的传输速度远大于PCIe3.0 DMA通道的传输速度。因此，影响速度大小的瓶颈也不再是内存频率的大小。而对于同时选取 GPU 和 CPU的混合型的训练形式，上述所提到的受限问题就需要慎重考虑。

通常来说，GPU 显存容量相当于 CPU 的内存容量。所以，这里给初学者一点建议：选取的CPU的内存容量尽量为GPU显存容量的3～4倍或者更大。如果仅使用CPU作为处理器进行神经网络的训练，需要的内存容量则是越大越好，速度也是越快越好。如果读者只是想略微感受一下深度学习的魅力，可以选用MNIST数据集，训练基于LeNet-5的神经网络，则2GB的内存容量即可；如果读者希望自己能够深入地感受深度学习的奥妙所在，则至少需要8GB的内存容量作为支撑，建议读者使用16GB或者32GB的内存容量的配置进行专业的深度学习的训练；如果读者需要进行超大型的神经网络的分布式训练，则上述建议的 32GB内存容量是不能够完成网络训练的，内存容量可能还需要进行进一步的扩增。

4．硬盘的选取

一个神经网络在运行时，程序代码会选择从硬盘中去获取相应的数据集作为最原始的数据集。若该数据集的容量不太大，则在单 CPU/GPU 的训练模式下，机械硬盘的速度勉强可以完成训练。然而，若想要从 CPU/GPU 方面提高响应速度，则首先要解决的问题就是机械硬盘读取自身数据的速度限制。当然，有些时候也存在写入数据到硬盘的情况，如部分模型会把运行的结果数据写入硬盘或者保存模型等。

硬盘的空间一定要足够大，用来存放所需要的更多数据集。在进行小型神经网络的实践时，如MNIST数据集所需的内存大约是10MB。通常情况下，这种小型的网络数据集是几十兆至一百兆，而CIFAR-10数据集所需内存容量大约是160MB。如果是更大型的网络，则需要稍大规模的数据集作为支撑，如仅仅是下载下来的数据集的压缩文件就需要100GB以上的内存空间，又如2012年某大赛使用的ImageNet2012 数据集。

总而言之，如果预算不是太充足，可以考虑选择1TB的机械硬盘，内存容量可以达到标准，且经济实惠、性价比高；如果经济能力可以，还是建议读者选取SSD固态硬盘进行深度学习。

4.1.2 处理器推荐——GPU

1．使用GPU进行训练

在GPU功能还不完善以及GPU问世之前，单台机器的处理器CPU完成了大部分传统的神经网络的训练，但如今，大部分的神经网络都是由基于图形的GPU处理器来完成训练的。

在很早以前，GPU还是为了图像的相关处理任务而开发产生的专门硬件组件，在当时被称为图形加速卡的显卡，最开始的目的是将游戏开发的动态渲染或者视频等相关图像处理的操作并行且快速地处理，以便于均衡CPU的负载。在游戏程序中，角色模型和环境的相关数据会以 3D 坐标的形式进行存储，之后该形式的大批量 3D 坐标被转换成显示器上所显示的2D坐标，这个过程需要很多的矩阵计算并行地进行，如一些乘除法等运算；然后需要在每一个像素上并行地完成相应的计算，目的是计算出每一个像素点的一些属性值，如颜色等。一般情况下，CPU很少遇到相对较为复杂的逻辑控制与分支运算。例如，大多数的操作中都会存在有多个顶点同时乘以一个相同的矩阵的情况，而很少有通过if判断语句来进一步确定每一个顶点需要相乘的矩阵是哪一个。

深层神经网络算法与上述所介绍到的图像实时算法的操作过程很相似。在进行深层神经网络的操作中，经常会提到激活值、权重值、梯度值等相关参数，而这当中的任意一个值都有可能在任意一次迭代训练中进行刷新。如果选用的处理器是 CPU，那么桌面传统计算机 CPU 的高速缓存（Cache）是远远小于这一系列的参数所需要的空间容量的，因此，限制速度的一个非常重要的影响因素就是内存带宽（这些数据需要先放入内存中，之后读入 Cache）。

图 4-1 充分展示了 CPU 与 GPU 在内部结构上的主要区别。相对而言，CPU 的缓存结构（Cache）和控制逻辑单元更为复杂一些，比较适合处理相对复杂的分支任务，进行控制转移；而 GPU 的设计使处理器拥有了更多的高带宽的显存和 ALU（Arithmetic Logic Unit，算术逻辑单元），还可以让 GPU 更好地服务于计算密集型的并且高度并行化的图像处理任务，也会使更多的晶体管服务于数据运算处理。但是，这样的设计在使显卡拥有较高的内存带宽以及高度并行特性的同时，也会导致 GPU 在其他方面的性能做出一定的让步。如相比于传统的 CPU 而言，GPU 的时钟速度很慢并且分支运算的处理能力很弱。

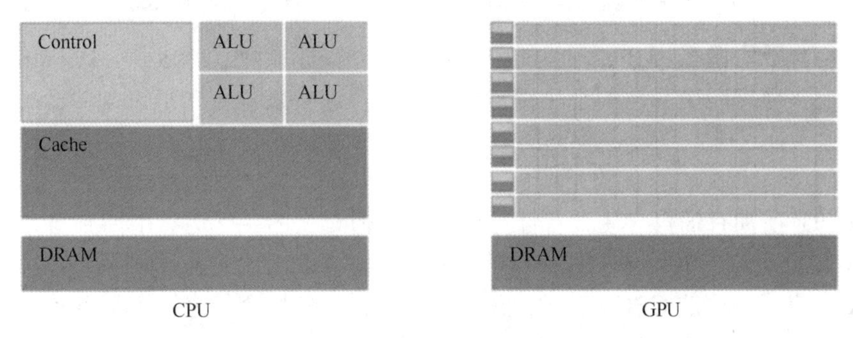

图 4-1　CPU 与 GPU 在内部结构上的主要区别

GPU 和 CPU 在结构上的区别使 CPU 在浮点计算方面的能力弱于 GPU 的。图 4-2 进一步对比了在峰值 x86 架构的 CPU 和 NVIDIA 的 GPU 双精度浮点性能情况。图 4-3 展示了峰值双精度浮点性能在两种平台上内存带宽方面的差别。

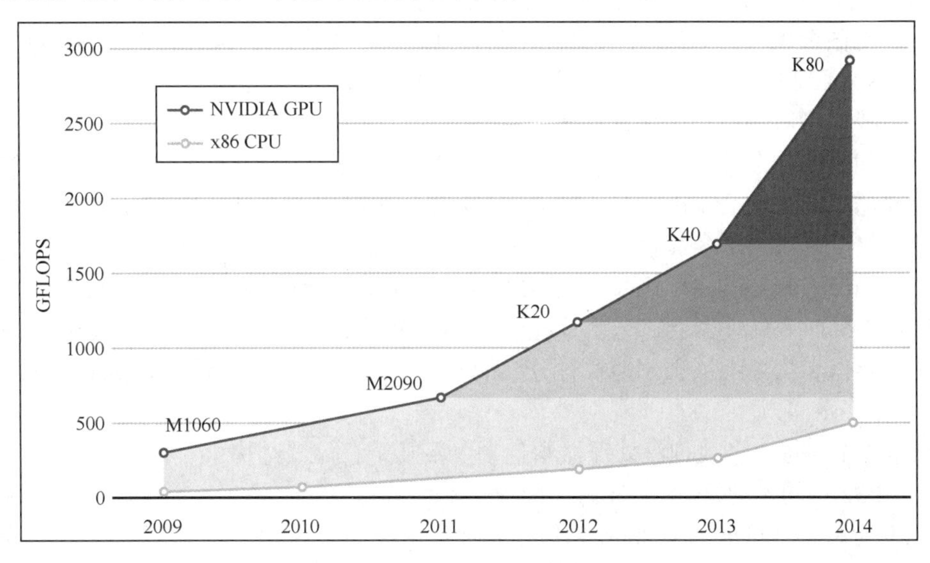

图 4-2　峰值双精度浮点性能比较图

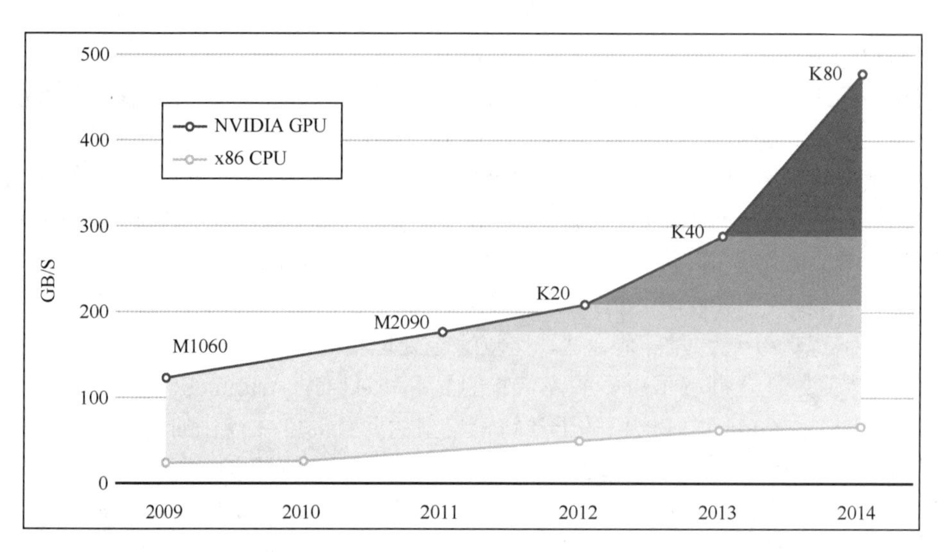

图 4-3　峰值双精度浮点性能在两种平台上内存带宽方面的差别

随着使用次数的增多，GPU 不再局限于图像计算加速任务。2005 年，Stcinkrau 等人第一次在 GPU 上实现了一个两层的全连接神经网络，在速度上是 CPU 的 4 倍多。2006 年，Chellapilla 等人在 GPU 加速卷积网络中验证了同样的技术完全可以加快监督卷积网络的训练速度。

虽然 GPU 所拥有的自身硬件特性可以在高度密集型的并行运算中拥有很高的速度和性能，但在 2007 年之前，要完成如此简单的运算操作任务依然会有很多的问题。第一，只能通过图像 API 来进行编程的 GPU 在处理非图像的应用程序时，会带来很多在目前看来根本不必要的麻烦；第二，DRAM（Dynamic Random Access Memory，动态随机存取存储器）内存限制带宽会降低数据交换的速度，甚至可能导致部分程序代码会碰到瓶颈。

2006 年，Tesla 架构被引入 NVIDIA 发布的 G80 系列显卡中，Tesla 分别对存储器分区和存储器的数量进行了扩展，并且较为强大的多线程处理器阵列也被组织在其中。自从 2006 年的 G80 系列开始，NVIDIA 加入了对 CUDA 的支持，以此来对 GPU 的功能进行了扩展，之前仅仅服务于图像领域的 GPU 不再受到限制，而是逐步迈向了更为高效的通用计算平台。此时，随着 G80 系列的发布，大众也逐步开始接受通用 GPU 的概念。

下面，我们可以领略一下所谓的 Tesla 架构。

引入 Tesla 架构的 GPU 处理器含有一组单指令多线程——SIMT 多处理器，其在一个多线程流处理器（Multithreaded Stream Processor）阵列的基础上实现了 MIMD（多指令多数据）的异步并行机制。每一个多线程流处理器都含有多个标量处理器（Scalar Processor，SP），或流处理器（Stream Processor），和共享存储器结构。为了运行和管理数十个甚至更多的线程的不同程序，SIMT 多处理器会将一个线程映射到一个标量处理器核心上，这些标量处理器利用自己的寄存器和指令地址独立地执行分配的每一个线程。图 4-4 展示了引入 Tesla 架构的 GPU 硬件。

在图 4-4 中，每个多线程流处理器均包含以下几个存储器结构：

- 一组 32 位的本地寄存器（Register）。
- 共享存储器（Shared Memory，也称并行数据缓存）：由每一个流多处理器（Streaming Multiprocessor，SM）下辖的所有标量处理器所共享，共享存储器空间就位于此处。

● 只读固定缓存（Constant Cache）：由每一个 SM 含有的所有标量处理器共享，能够提高数据从固定存储器空间进行读取操作的速度（这是一个为设备存储器提供的只读区域）。

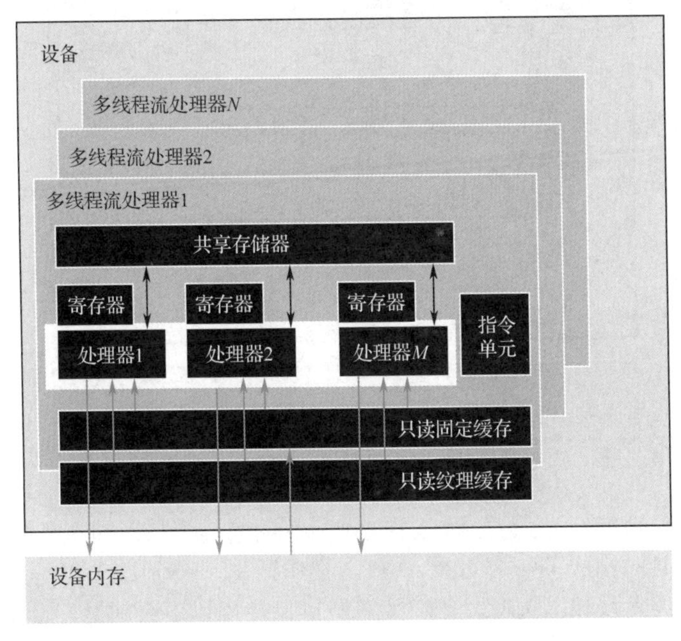

图 4-4　引入 Telsa 架构的 GPU 硬件

● 只读纹理缓存（Texture Cache）：同只读固定缓存一样，由所有标量处理器共享，可以提高纹理数据读取操作的速度（这是一个为设备存储器提供的只读区域）。

NVIDIA 在很短的时间内先后发布了 G80 系列显卡和首版 CUDA。

CUDA 可以作为一种新型的 GPU 计算硬件和软件架构或者一种并行运算平台。它改变了传统的把计算映射到图形 API，而将 GPU 看作一个将数据进行并行计算的设备。

关于软件，CUDA 包括以下几个组成部分：一个 CUDA 库（CUDA Libraries）、一个应用程序编程接口（CUDA Driver API）、CUBLAS（离散基本线性计算）、CUDA 运行时（CUDA Runtime）和两个较高级别的通用数学库 CUFFT（离散快速傅里叶变换）。

如图 4-5 所示，一个完整的 CUDA 程序主要由两大部分组成：GPU 设备（Device）和 CPU 主机（Host）。通常，宿主机所连接的 GPU 就是 GPU 设备，而宿主机的 CPU 就是主机。CPU 负责完成执行主程序，但是如果处理的数据需要进行并行计算，GPU 就会负责执行 CUDA 编译好并传送的程序。通常情况下，CUDA 编译好传送给 GPU，并且 GPU 能够完成执行的程序称为"核"（Kernel）。

通常情况下，会有很多的核线程，而且这些核线程会以线程块（Block）的形式被组织起来，其类型包括一维、二维和三维。硬件上，一个 SP 单元对应一个线程，一个 SM 单元对应一个线程块。

存在于同一个线程块中的多个线程可以通过共享存储器的形式来共享资源，并且存储器的访问是通过同步执行的形式来协调的。由于每个线程块中的所有线程存放于处理器的核心，所以，每个线程块的线程数量受到了每个多线程流处理器核心的有限存储器资源的制约。例如，在早期的设备当中，一个线程块包含 64 个线程已是上限，但是随着近几年存储器硬件的快速发展，后续发展起来的一些设备使得该数字得到了一定的提升，甚至提升至 1024 或者更多。

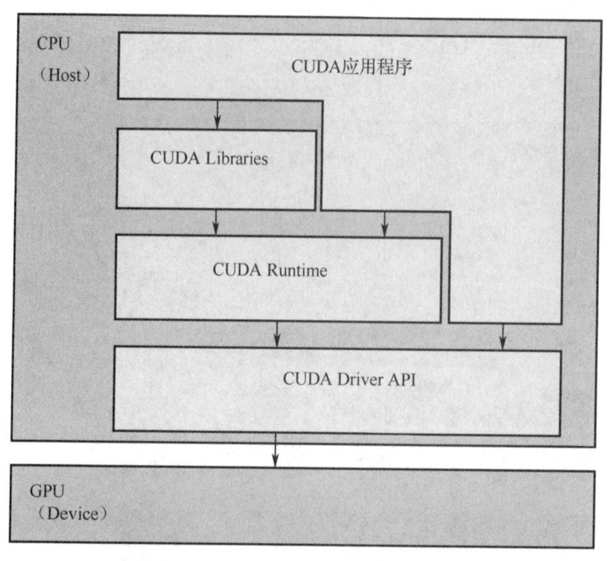

图 4-5　CUDA 的软件层次结构

虽然目前的硬件功能较为强大，但这不是把所有的线程都放到同一个线程块当中的理由。多个流处理器核心共同构成了一个 GPU 内核，换句话说，一个 GPU 内核支持多个相同大小的线程块同时进行并发操作。因此，线程的总数可以使用以下公式进行计算：

线程总数 = 每个线程块的线程总数 × 线程块的数量

可以将相同大小和维度的程序块组织起来，使其成为一个一维或者二维的线程块网格（Grid）。线程块和线程块网格的关系如图 4-6 所示。

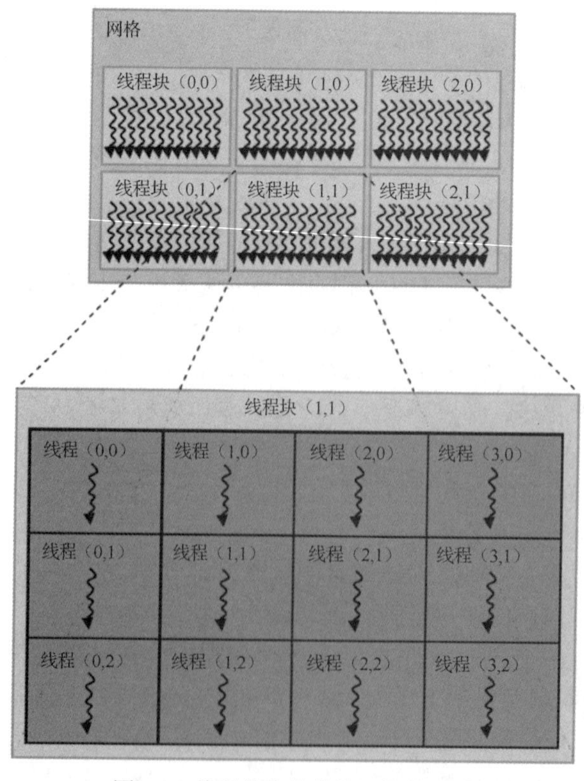

图 4-6　线程块和线程块网格的关系

程序员使用 C 语言自定义称为“核”的函数，CUDA 也是允许的。但是与单纯的 C 语言函数不同的是，在函数调用的时候，单纯使用 C 语言自定义的函数只调用一次，而它会有 *N* 个不同的 CUDA 线程并行地执行 *N* 次。在执行过程中，执行核的每一个线程都会拥有一个属于自己的唯一的线程 ID，该 ID 能够通过其内置的 Threadidx 变量完成在内核中的访问。

以 G80 为标准的通用 GPU（原本由 CPU 执行的相关通用计算被通过编程的形式进行替代处理）发布以来，使用显卡训练神经网络的趋势愈加明显。除了典型的图形渲染任务外，这种通用 GPU 可以执行完成任意数学计算的代码。在这一点上，NVIDIA 发布的 CUDA 功不可没。得益于相对简便的编程模型、强大的并行能力以及巨大的内存带宽，使用 GPU 作为训练神经网络的理想平台被越来越多的深度学习研究者所接受。

OpenCL（Open Computing Language，开放运算语言）可以看作 CUDA，但 OpenCL 是通用的。

OpenCL 作为一个统一的开放式开发平台，首次实现了并行开发的兼容、开放、免费这三个标准。OpenCL 设计的目标是为异构系统通用化提供统一的开发平台，同时为开发人员提供一套移植性强且高效运行的解决方案。OpenCL 最初是由 Apple 公司设想和开发的，随后 Apple 公司与 AMD、IBM、Intel 和 NVIDIA 等技术团队展开合作并将其初步完善，最后这些成果被移交至 Khronos Group 团队负责运行和维护。

关于 OpenCL 的详细编程细节这里不再赘述。相对于 CUDA 而言，OpenCL 提供了更广泛的平台支持，当然也有一些限制。

对于 AMD 厂商提供的显卡，OpenCL 必须搭配 x86 核心架构的 CPU，同时要求显卡必须是 AMD Radeon、AMD FirePro 和 AMD Firestream 这三种类型，更具体的要求可以浏览 AMD 的官方网页。

此外，由于 OpenCL 的运行是基于 CUDA 的，但并不是所有的 NVIDIA 显卡都具备 CUDA 能力，通常会淘汰一些年代较早的显卡，这就要求 GPU 显示具有 CUDA 的能力。所以，如果一款 NVIDIA 显示适用于 CUDA 的平台，则其同样也适用于 OpenCL。

综上所述，OpenCL 和 CUDA 拥有相类似的架构和功能，但是 CUDA 只服务于 NVIDIA 的产品，而 OpenCL 是一种通用性框架，可以使用多种品牌的产品。也正是由于 CUDA 的针对性，所以在一般情况下，CUDA 的性能要比 OpenCL 的稍高。

尽管如此，在通用 GPU 上编写高效的代码同样需要对算法编程有一定的考量。在 CPU 上编程并获得良好表现的理论与技术并不能照搬到 GPU 上。例如，在 CPU 上为了获得更快的速度，CPU 通常会设计为尽可能从高速缓存（Cache）中读取更多的数据。然而在 GPU 中，数据并不会被高速缓存，所以计算某个值多次往往比计算一次然后从显存中读取多次更快。所以编程时要注意，GPU 程序天生是多线程的，协调好不同线程之间的关系非常重要。

本书并不会教授读者们如何编写 CUDA 的代码，书中所有的程序也不会涉及 CUDA 代码的内容，但是拥有较好的 GPU 编程能力会在更加复杂的网络设计中事半功倍。

2．CUDA 和 cuDNN 的安装

CUDA 是显卡厂商 NVIDIA 推出的使用 GPU 资源进行复杂型并行计算（General Purpose GPU）的 SDK（Software Development Kit，软件开发工具包）。在前面的介绍中，我们讨论了使用 GPU 进行训练的一些优势，在安装 CUDA 之后，就可以用 C 语言或 C++等其他语言对 GPU 进行底层编程（实际上，大多数情况下并不需要编写这部分代码），读者可以切身体验到 GPU 执行这些计算的速度有多快。

CUDA 的安装包里包含有显卡的驱动，这就意味着当安装好 CUDA 后，显卡驱动的安装过程就不需要了，因为它已经被安装好了。

CUDA 目前只支持 NVIDIA 自己推出的 GPU 设备，然而这并不代表所有的 NVIDIA 显卡都能支持 CUDA。关于 CUDA 的安装过程及其需要的条件，会在后续具体进行介绍。

cuDNN 同样是由 NVIDIA 推出的。对比标准的 CUDA，cuDNN 的底层使用了很多先进的接口和技术（未开源），并且在一些常用的神经网络操作上进行了算法性能的提升，如卷积、池化、归一化以及激活层等，因此深度学习中的 CNN 和 RNN 的实现得到了高度的优化。

根据上述的解释，不难推断出配置 cuDNN 时要对 CUDA 进行一些修改，所以首先要安装 CUDA。目前绝大多数的深度学习框架都支持使用 cuDNN 来驱动 GPU 计算，TensorFlow 也不例外。关于 cuDNN 的安装过程及其需要的条件，会在接下来的章节中具体介绍。

1）CUDA

如果需要 TensorFlow 支持 NVIDIA 的 GPU，则必须安装 CUDA（版本需要大于或等于 7.0）和 cuDNN（版本需要大于或等于 2）。此外，TensorFlow 只支持 NVIDIA 计算能力（Compute Capability）大于或等于 3.0 的 GPU，如 NVIDIA 的 Titan、Titan X、K20、K40 等都满足这一要求。可去 NVIDIA 官网查看自己显卡的计算能力值。

确认显卡符合 CUDA 的安装要求后，可在官网下载 CUDA Toolkit 文件。下载完成后，打开终端并进入文件的下载目录，依次执行下述命令：

```
sudo -s
sudo dpkg -i cuda-repo-ubuntu1604-10-0-local-10.0.130-410.48_1.0-1_amd64.deb
sudo apt-get update
sudo apt-get install cuda
```

由于 dpkg 命令的执行需要 root 权限，因此在执行该命令之前先执行 sudo -s 命令。.deb 文件是 Linux 系统下的软件安装包，其基于 tar 包。处理.deb 文件的典型程序是 dpkg，这是 Linux 系统用来安装、创建和管理软件包的实用工具。dpkg 命令的-i 选项的含义是安装软件包。

执行第二条命令时，终端会提示正在准备解包、正在解包和正在设置等内容。这个命令的执行过程很快，最后会提示“OK”表示解包成功。接下来是 sudo apt-get update 命令，其目的是更新软件库，同时也会下载一些文件。最后是 sudo apt-get install 命令。如果结束时终端没有报错，则证明 CUDA 已成功安装。安装完成后，需要重启计算机使其生效。

重启之后要测试 CUDA 是否成功安装，这不是必需的，但可以帮助读者了解到本机 GPU 的更多信息。首先在终端进入 usr/local/cuda/samples 目录，之后执行以下编译命令：

```
make all
```

该命令的执行也需要 root 权限，可以先执行 sudo -s 命令获取 root 权限。make all 就是对目标进行编译。如果编译成功，则会有“Finished building CUDA samples”的提示信息。之后，在 usr/local/cuda/extras/demo suite 文件夹下，可以找到可执行文件 deviceQuery 并在终端运行该文件。如果 CUDA 安装成功，则执行 deviceQuery 文件会输出 GPU 的相关信息。图 4-7 是在终端显示的笔者所用 GPU 的信息。

```
ubuntu@gpu4:/usr/local/cuda-10.0/extras/demo_suite$ ./deviceQuery
./deviceQuery Starting...

 CUDA Device Query (Runtime API) version (CUDART static linking)

Detected 1 CUDA Capable device(s)

Device 0: "GRID P100C-6Q"
  CUDA Driver Version / Runtime Version          10.2 / 10.0
  CUDA Capability Major/Minor version number:    6.0
  Total amount of global memory:                 6144 MBytes (6442450944 bytes)
  (56) Multiprocessors, ( 64) CUDA Cores/MP:     3584 CUDA Cores
  GPU Max Clock rate:                            1329 MHz (1.33 GHz)
  Memory Clock rate:                             715 Mhz
  Memory Bus Width:                              3072-bit
  L2 Cache Size:                                 3145728 bytes
  Maximum Texture Dimension Size (x,y,z)         1D=(131072), 2D=(131072, 65536)
, 3D=(16384, 16384, 16384)
  Maximum Layered 1D Texture Size, (num) layers  1D=(32768), 2048 layers
  Maximum Layered 2D Texture Size, (num) layers  2D=(32768, 32768), 2048 layers
  Total amount of constant memory:               65536 bytes
  Total amount of shared memory per block:       49152 bytes
  Total number of registers available per block: 65536
  Warp size:                                     32
  Maximum number of threads per multiprocessor:  2048
  Maximum number of threads per block:           1024
  Max dimension size of a thread block (x,y,z): (1024, 1024, 64)
  Max dimension size of a grid size    (x,y,z): (2147483647, 65535, 65535)
  Maximum memory pitch:                          2147483647 bytes
  Texture alignment:                             512 bytes
  Concurrent copy and kernel execution:          Yes with 2 copy engine(s)
  Run time limit on kernels:                     No
  Integrated GPU sharing Host Memory:            No
  Support host page-locked memory mapping:       Yes
  Alignment requirement for Surfaces:            Yes
  Device has ECC support:                        Disabled
  Device supports Unified Addressing (UVA):      Yes
  Device supports Compute Preemption:            Yes
  Supports Cooperative Kernel Launch:            Yes
  Supports MultiDevice Co-op Kernel Launch:      Yes
  Device PCI Domain ID / Bus ID / location ID:   0 / 2 / 1
  Compute Mode:
     < Default (multiple host threads can use ::cudaSetDevice() with device simu
ltaneously) >

deviceQuery, CUDA Driver = CUDART, CUDA Driver Version = 10.2, CUDA Runtime Vers
ion = 10.0, NumDevs = 1, Device0 = GRID P100C-6Q
Result = PASS
ubuntu@gpu4:/usr/local/cuda-10.0/extras/demo_suite$
```

图 4-7　GPU 的具体信息

2）cuDNN

在 NVIDIA 官网可以下载 cuDNN 的安装包，下载之前需要进行免费注册。笔者下载到的文件是 cudnn-10.0-linux-x64-v7.4.2.24.tgz，文件名中的 10.0 指出了其对应的 CUDA 版本；v7.4.2.24 是 cuDNN 的版本；以.tgz 或者.tar.gz 为扩展名的是一种压缩文件，是用 tar 与 gzip（Linux 下一种具有较高压缩比的压缩程序）压缩得到的。在 Linux 系统下解压缩.tgz 文件的命令有很多，如 tar、gzip 和 gunzip 等。这里以常用的 tar 命令为例。使用 tar 命令可以同时保存许多文件并进行归档和压缩，还能从归档和压缩中单独还原所需文件。从终端进入该文件的目录下，运行 tar -zxvf 命令进行解压：

```
tar -zvxf cudnn-10.0-linux-x64-v7.4.2.24.tgz.tgz -C /usr/local
```

在命令选项中，-z 表示通过 gzip 过滤归档；-x 表示从归档文件中释放文件；-v 表示详细报告 tar 处理的信息：-f 表示使用归档文件或设备。此外，tar 命令还有其他的选项，这里不再加以说明。解压后，会在当前目录下产生一个名为 cuda 的文件夹。接下来使用 cd 命令进入该文件夹：

```
cd cuda
```

如果从图形界面进入该文件夹，会发现里面有一个名为 lib64 的文件夹和一个名为 include 的文件夹，在 include 文件夹下存放了一个名为 cudnn.h 文件（头文件），在 lib64 文件夹下存放了一些.so（到共享库的链接）文件。图 4-8 展示了 lib64 文件夹内的文件。

libcudnn.so.7

图 4-8　lib64 文件夹内的文件

接下来要做的就是将这两个文件夹下的文件复制到CUDA安装目录下相应的文件夹中。该操作可用下面的两行命令完成：

```
sudo cp lib64/libudnn* /usr/local/cuda/lib64/
sudo cp include/cudnn.h /usr/local/cuda/linclude/
```

使用cp命令可以复制文件和目录到其他目录中。如果同时指定两个以上的文件或目录，且最后的目标目录已经存在，则cp命令会把前面指定的所有文件或目录都复制到该目录中。在这种情况下，如果最后一个目录并不存在，将会出现错误信息。

最后，更新cuDNN库文件的软链接。在终端执行以下命令：

```
cd /usr/local/cuda/lib64/
sudo chomd +r libcudnn.so.7.4.2
sudo ln -s libcudnn.so.7.4.2 libcudnn.so.7
sudo ln -s libcudnn.so.7.4.2 libcudnn.so
sudo ldconfig
```

使用chomd命令可以更改文件和目录的模式，以达到修改文件访问权限的效果。选项+r表示对指定的文件添加读取权限。此外，该命令还有其他的选项，具体可查看命令手册。

ln命令用于创建链接文件（包括软链接文件和硬链接文件），选项-s表示创建符号链接文件而不是硬链接文件。这样就完成了cuDNN的安装，但还需要在系统环境里设置CUDA的路径。在之后安装Anaconda时，终端会提示是否把Anaconda3的binary路径加入.bashrc文件中。

要将Anaconda3的binary路径加入.bashrc文件中，首先使用vim工具打开.bashrc文件。可以在终端输入如下命令：

```
vim ~/.bashrc
```

vim是Linux和UNIX系统下一个灵巧的文本编辑器，工作在字符模式下而不需要图形界面。虽然它没有两端对齐及文字格式化输出的功能，但可以用来编写代码（如C、Html、Java等），也可以给代码加以简短的注释。

在一个新的系统中往往不会预先安装vim，因此执行vim命令后通常会出现一些类似“请尝试：sudo apt install<选定的软件包>”的提示，这意味着需要使用这个命令进行vim的安装。

vim不会占用很大的空间，且下载和安装得很快（所花费时间几乎不到1min）。安装之后就可以顺利地打开.bashrc文件。从该文件的最后一行可以看到，这里已经添加了一个PATH，值为PATH="/home/usr/anaconda2/bin:$PATH"，这是在安装Anaconda时选择添加的。

.bashrc文件是Linux下的一个启动文件，主要保存了个人的一些个性化设置，如命令别名、路径等。CUDA安装时不会将路径添加至.bashrc文件中，所以需要手动添加。

vim有两种操作模式：命令模式（也称正常模式）和输入模式。vim启动时默认进入命令模式，按i键（或者I、a、A、o、0、r、R键），即可进入vim的输入模式。

其次，将如下的环境变量写入.bashrc文件的最后一行：

```
export LD_LIBRARY_PATH=/usr/local/cuda-10.0/lib64:usr/local/cuda-10.0/extras/CPUTI/lib64:$LD_
LIBRARY_PATH
export CUDA_HOME=usr/local/cuda-10.0
export PATH=/usr/local/cuda-10.0/bin:$PATH
```

输入完成后按 Esc 键退出输入模式，回到命令模式。之后将输入切换到大写模式，连按两下 Z 键退出 vim，返回终端。

最后，在终端输入以下命令：

```
source ~/.bashrc
```

source 命令也称“点命令”，相当于一个点符号“.”，通常用于重新执行刚修改过的文件（诸如.bashrc 之类的启动文件）并使之立即生效，而不必注销并重新登录系统。

至此，CUDA 和 cuDNN 的安装过程结束。

4.1.3 系统选择——Linux

选择 Linux 的理由很多，但按照笔者的理解，大概可以总结出下面三点。首先回顾之前的学习中所涉及的主流深度学习开源框架会发现，所有深度学习框架无一例外、全部支持 Linux 系统，如果要在一个系统下学习使用更多的框架，Linux 显然是一个不错的选择；其次，Linux 自身除了拥有可以被用在终端工具内的数百条命令外，还拥有丰富的界面供用户使用，如果要较低成本地进行深层神经网络的开发，Linux 仍是一个不错的选择；最后，Linux 系统本身是开源的，许多操作系统都由 Linux 二次开发而来，如果要在学习系统命令的过程中深入了解一个系统的框架，仍可以选择 Linux。

Linux 系统的发行版本有很多，常见的有 Ubuntu、CentOS、Debian、LinuxMint、FreeBSD、Deepin 等。在此推荐使用 Ubuntu 系统，这是一个由全球化的专业开发团队（Canonical Ltd）基于 Debian GNU/Linux 打造的开源 GNU/Linux 操作系统。

笔者使用的是 16.04 版本，本书所有的实验也是在这个系统平台上完成的。不同版本的 Ubuntu 系统，其界面可能有所不同，但并不影响使用。

4.1.4 配合 Python 语言使用

Python 语法简洁而清晰，是一种动态语言［动态类型指的是编译器（虚拟机）在运行时执行类型检查。简单地说，在声明了一个变量后，能够随时改变其类型的语言是动态语言。考虑到动态语言的特性，一般在运行时需要虚拟机的支持］。在强弱类型之分中，Python 属于强类型的语言（弱类型语言对类型的检查更为严格，偏向于不容忍隐式类型转换）。除此之外，它还具有丰富且强大的类库。

Python 常被称为胶水语言，原因在于它能够把用其他语言制作的各种模块（尤其是 C/C++）很轻松地联结在一起。常见的一种应用情形是：首先使用 Python 构建程序的原型框架，其次对其中有特别要求的部分，用更合适的语言编写；最后封装为 Python 可以调用的扩展类库。

进行深层神经网络的开发并不一定必须使用 Python，其他耳熟能详的语言（如 Java、C++、JavaScript 等）都有相应的机器学习框架。然而，通过之前对其他主流深度学习框架的学习，我们发现，大多数框架都支持 Python。因此为了节省时间，从而更好地熟悉其他框架，在此推荐将 Python 语言作为深层神经网络开发的首选语言。

另外，本书中默认使用的 Python 版本为 3.6。相比于 2.7 版本，就语言本身而言，它更代表了 Python 未来的发展趋势。

4.1.5 Anaconda 的安装

使用Python编程语言开发项目之前，需要在计算机上安装Python的运行环境。在Windows系统下，这个环境需要自行安装。幸运的是，Ubuntu 系统自带 Python 环境（不只是 Ubuntu，几乎所有的 Linux 发行版都有），但这个自带的环境无法满足目前所有项目的需要。在深层神经网络的设计过程中，涉及许多复杂的数学运算，自带的 Python 环境并没有封装这么多的数学公式作为函数。

Anaconda 是一个打包的集合，里面预装好了 Conda、某个版本的 Python、众多开源的 Packages、专业的科学计算工具等，所以被当作 Python 的一种发行版。

Conda 可以理解为一个工具，或一个可执行命令，其核心功能是包管理与环境管理。Conda 会将几乎所有的工具或第三方包都当作常用的 Python 包对待(这包括 Python 和 Conda 自身)，这一特性有效地解决了多版本 Python 并存、切换以及各种第三方包安装的问题（Conda 的包管理与 pip 的使用类似，环境管理则允许用户方便地安装不同版本的 Python，并可以快速、自由地切换）。

同时，Anaconda 自动集成了最新版的 MKL（Math Kernel Library，数学核心函数库）。MKL 是 Intel 推出的底层数值计算库，提供了经过高度优化和广泛线程化处理的数学例程，主要面向性能要求极高的科学、工程及金融等领域的应用。MKL 在功能上包含了 BLAS(Basic Linear Algebra Subprograms，基础线性代数子程序库）、LAPACK（Linear Algebra PACKage，线性代数计算库）、ScaLAPACKl、稀疏矩阵结算器、快速傅里叶转换、矢量数学等。由于这些库的存在，使得 Anaconda 在某种意义上还可以作为 NumPy、Dcipy、Scikit-learn、NumExpr 等库的底层依赖，从而加速了这些库的矩阵运算和线性代数运算。

简而言之，Anaconda 是目前很好的科学计算的 Python 环境，其方便了安装，也提高了性能。所以在此强烈建议安装 Anaconda，接下来的章节也将默认使用 Anaconda 作为 TensorFlow 的 Python 环境。

Anaconda 的安装可以按照下面的步骤进行。

（1）获取 Anaconda。在 Anaconda 官网上下载 Anaconda 3.6 版（这是笔者使用的一个版本，自带 Python 版本为 3.6），推荐选用 64 位版本的下载，因为 64 位版本包含了 32 位的安装。下载到的文件全称是 Anaconda3-6.0-Linux-x86_64.sh。

（2）在终端进入保存 Anaconda 文件的目录下，执行 bash 命令（如果读者选用与笔者所用版本不同的 Anaconda，这一步要确定好文件的名称）。

```
bash Anaconda3-6.0-Linux-x86_64.sh
```

.sh 文件是 Linux 系统下的脚本文件，而 bash 命令可以从脚本文件中读取命令并执行。通常在终端进入某一个目录下可以采用 cd 命令，也可以采用图形化的方式。如进入存放 Anaconda 的文件夹，右击空白处，在弹出的快捷菜单中选择“在终端打开(Open In Terminal)”命令。

（3）按“Enter”键后会看到安装提示，这里直接按“Enter”键进入下一步。接下来会看到 Anaconda License 文档，这里展示了 Anaconda 的相关信息，如果没有兴趣阅读，可以直接按“Q”键跳过。

（4）跳过之后会询问“Do you approve the license terms？”，这里需要手动输入“yes”，

然后按“Enter”键确认。

（5）输入 Anaconda3 的安装路径。可以选择一个合适的路径粘贴到这里，也可以按“Enter”键选择默认的路径（默认的路径在 home 空间下）。

（6）安装不会花费很长的时间（在笔者的机器上大概不到 2min），在这一过程中一般也不会出现任何报错。安装完成后，程序会提示是否把 Anaconda3 的 binary 路径加入.bashrc 文件中。默认为 no，这里同样需要手动输入“yes”并按“Enter”键确认。此处的建议是添加，这样的话，以后在终端中执行 python 和 ipython 命令就会自动使用 Anaconda Python 3.6 的环境。

安装结束后，在终端执行 python 命令，可以看到 Python 以及 Anaconda 的版本信息。图 4-9 展示了笔者运行 python 命令的结果。

```
ubuntu@gpu4:~$ python
Python 3.6.5 |Anaconda, Inc.| (default, Apr 29 2018, 16:14:56)
[GCC 7.2.0] on linux
Type "help", "copyright", "credits" or "license" for more information.
>>> █
```

图 4-9　python 命令的执行情况

IPython 是一个增强的交互式 Python Shell，优于默认的 Python Shell。在功能上 IPython 有所改进，具有 Tab 补全、对象自省、强大的历史机制、内嵌的源代码编辑、集成 Python 调试器、%run 机制、宏、创建多个环境以及调用系统 Shell 的能力。Anaconda 集成了 IPython。将图 4-9 修改为执行 ipython 命令，结果如图 4-10 所示。

```
ubuntu@gpu4:~$ ipython
Python 3.6.5 |Anaconda, Inc.| (default, Apr 29 2018, 16:14:56)
Type 'copyright', 'credits' or 'license' for more information
IPython 6.4.0 -- An enhanced Interactive Python. Type '?' for help.

In [1]:
```

图 4-10　ipython 命令的执行结果

4.2　TensorFlow 的主要依赖包

TensorFlow 的依赖包有很多，这里着重介绍一下笔者认为两个比较重要的工具包——Protocol Buffer 和 Bazel。

Protocol Buffer 是 Google 公司开发的用于结构化数据处理的一款工具。在本书的相关介绍中不会直接使用该工具，但在对模型持久化内容的相关介绍中，通常会涉及 Protocol Buffer 的相关概念。故在此对 Protocol Buffer 的基本概念进行介绍，以便于读者能够很好地理解后续持久化文件中的相关内容。

Bazel 是 Google 公司开发的用于自动化构建的一款开源工具，其在 Google 公司内部很大程度上承担了编译应用的工作。相比于较为传统的 Ant、Maven 或者 Makeflie，Bazel 的优点表现在可伸缩性、对不同平台和程序设计语言的支持、速度以及灵活性上。

当选择通过编译 TensorFlow 源码进行安装的方式进行安装时，在编译的过程中会使用到 Bazel 工具。本书的 4.2.2 节中介绍了如何安装 Bazel。

4.2.1 Protocol Buffer

当今社会可称为信息的时代，大部分的数据信息均可以划分为两个类别，即非结构化数据和结构化数据。无法使用数字或者统一的结构加以表示的数据称为非结构化数据，如声音、图像等数据属于非结构化数据；结构化数据则能够使用数字或者统一的结构加以表示，如符号、数字等数据属于结构化数据。

假设存在如下使用场景：一些用户的信息需要存储到数据库并形成记录，每个用户的信息包括用户的名字、用户的性别、用户的年龄、用户的 E-mail 以及用户的生日。这些信息在数据库里可能形成以下的记录形式：

```
Name：张三
Sex：woman
Age：32
Email:zhangsan@126.com
Birth Date:1998.09.25
```

按照数据的记录形式可以判断出上面的用户信息就是一种结构化的数据，这些结构化数据以属性与属性值之间一一对应的方式存储在数据库系统中。

序列化（Serialization）是指将对象的内容转换为可以存储或传输的形式的过程。当这些结构化的用户信息需要持久存储或在网络上传输时，首要任务是序列化，也可以理解为将这些数据转换为字符串的形式。

如果将上述用户信息序列化为 JSON 格式，则将获得以下代码：

```
{
    "Name":"张三",
    "Sex":"woman",
    "Age":"32",
    "Email":"zhangsan@126.com",
    "Birth Date":"1998.09.25"
}
```

序列化的格式也可以是 XML 格式（当然，序列化的格式远不止这两种），并且获得的代码如下：

```
<user>
    <Name>张三</Name>
    <Sex>woman</Sex>
    <Age>32</Age>
    <Email>zhangsan@126.com</Email>
    <Birth Date>1998.09.25</Birth Date>
</user>
```

有很多方法可以将结构化数据序列化为 JSON 格式或 XML 格式，可以构建代码或使用某些 IDE 工具。但是，这些序列化方法不是本书的知识点，有兴趣的读者可以参考相关书籍。

结构化数据处理是指序列化结构化数据并从序列化的数据流中还原原始结构化数据的过程。

比较 XML 和 JSON 格式文件的数据会发现，这两种格式的数据信息并没有被隐藏。换言之，数据信息包含在序列化文件中。以 XML 格式或 JSON 格式存放的数据（如文本编辑器）很容易打开，因为它们已经是可读的字符串。

但是 Protocol Buffer 序列化后的数据就不同了。首先，Protocol Buffer 序列化后获得的数据不是可读的字符串，而是所谓的二进制流，需要使用专用工具将其打开；其次，在使用 Protocol Buffer 之前，需要定义好更具体的数据格式（如 schema），可以在 Google 的官方网页上查找到编码具体的使用方法。要恢复序列化的数据，需要使用之前定义好的数据格式。

以下代码显示了在使用 Protocol Buffer 序列化用户信息之前需要定义的数据格式：

```
message user {
    required string Name = 1;
    required string Sex = 2;
    required int32 Age = 3;
    repeated string Email = 4;
    optional string Birth Date = 5;
}
```

这样的定义将存储在.proto 文件中。.proto 文件中定义了许多 message，如此处的 user。message 通过一系列属性类型和名称来定义这些结构化数据。属性有很多类型，如布尔型、字符型、实数型以及整数型等基本的数据类型。此外，属性还可以是另一个 message。

在 message 中，还可以使用 repeated（可重复的）、optional（可选的）或者 required（必需的）等关键字来修改属性。如果需要的属性是 required，则 message 的所有实例都需要具有此属性；如果需要的属性是 optional，则 message 实例中此属性的值可以为空；如果需要的属性是 repeated，则此属性的值可以是一个列表。

以 user 为例。所有用户都必须具有 Name、Age 以及 Sex，因此这三个属性是必填项；一个用户可能有多个 E-mail 地址，因此 Email 属性是可以重复的；生日不是必需的信息，因此 Birth Date 属性是可以选择的。

在本书中，将不再专门讨论如何使用此工具，也不会解释如何定义.proto 文件，仅需要对它的数据格式有一定的了解。在随后的文件格式和模型持久性介绍中使用 Protocol Buffer 的地方，参看这里介绍的内容即可。

4.2.2 Bazel

Google 公司大部分的官方样例和 TensorFlow 自身均是通过 Bazel 编译而形成的。当安装 TensorFlow 时，若选择了通过源码编译并且进行安装的方式，则 Bazel 是较为合适的编译工具。

在进行 Bazel 安装之前，需要进行 JDK8 的安装。可以通过以下命令进行 JDK8 的安装：

```
sudo add-apt-repository ppa:webupd8team/java
sudo apt-get update
sudo apt-get install oracle-java8-installer
```

为了保护 Linux 系统的安全性，用户进行软件系统更改的前提是用户拥有 root 权限（root 权限可以理解为 Linux 默认的系统管理员账户）。上述命令中，sudo 的功能是以另外一个用户的身份（该用户身份也可以是 root）来执行后面的命令，通常情况下，apt 命令配合 sudo 命令一起使用，后续的过程中也会有很多命令结合 sudo 命令一起执行。这种用法通常会被看作在安装这些文件时进行权限提升的一种操作方式，否则，终端有极大的可能会提示我们拥有的权限不足。

sudo 命令还有很多的命令选项，如 sudo -s，通常用于获取 root 特权。有关其他更多选项，可参考相关的命令手册。

对于每个 Linux 发行版（如 Ubuntu），官方将提供一个软件仓库，其中包含几乎所有我们常用的软件。这些软件是安全的，可以正常安装。那么如何安装呢？假设我们使用的计算机配备了 Ubuntu 习题，则该系统将维护由大量 URL 信息组成的源列表（我们将每个 URL 称为源），并且 URL 指向的数据将告诉我们在源服务器上哪些软件可以为我们安装并使用。

许多软件由于多种原因无法进入官方 Ubuntu 软件仓库中。为了方便 Ubuntu 用户使用 Linux 系统，launchpad.net 提供了一种 PPA（Personal Package Archives，个人软件包文档）方法。PPA 仅 Ubuntu 用户可以使用，用户可以通过它建立自己的软件仓库并且自由地上传软件。所有 PPA 都存放在 launchpad.net 网站上。

再来看 JDK8 的安装命令。第一个命令的功能是添加安装 JDK8 所需的 PPA。sudo apt-get update 命令将访问源列表中的每个 URL，读取软件列表，并将其保存在本地计算机上。我们在软件包管理器中看到的软件列表是通过 update 命令更新的。在终端中执行此命令后，会从提示消息中发现执行 sudo apt-get update 命令时，我们添加的 PPA 已添加到需要更新的源列表中。

最后一个命令是获取 oracle-java8-installer（安装器），此过程还需要从网络下载一些存档文件并解压缩，输入“y”并按“Enter”键继续。installer 将首先在终端上显示“License”，按“Enter”键确认后，将提示我们是否同意这些协议，选择“yes”选项。

接下来，终端界面将会提示正在下载 JDK8 的正式安装文件，并进行一些相应的设置。通常，在此过程中不会有任何错误。在整个过程完成后，JDK8 将会安装在计算机上的 Linux 上。有多种方法来安装 JDK，也可以选择下载.tar.gz 文件并进行脱机安装（从 Oracle 官方网站下载相应的 JDK 文件）。对于此安装方法，也可以参考其他文档。

之后需要安装 Bazel 的其他依赖工具包，命令如下：

```
sudo apt-get install pkg-config zip g++ zliblg-dev unzip
```

最后一步是获取 Bazel 安装包并正式安装 Bazel。可以在 GitHub 的发布页面上获得安装软件包，选择文件 bazel-0.4.3-jdk7-installer-linux-x86 64.sh 并进行下载，0.4.3 代表 Bazel 的版本号。Bazel 更新相对较快，选择页面左侧的 Tags 是用来查看所有的 Bazel 安装软件包文件。之后，可以通过此安装包安装 Bazel。以下代码实现了安装过程：

```
chmod +x bazel-0.4.3-jdk7-installer-linux-x86_64.sh
./bazel- 0.4.3-jdk7-installer-linux-x86_64.sh --user
```

chmod +x 命令将向.sh 文件添加可执行权限。执行完这两个命令后，Bazel 安装完成，但是还需要通过以下命令安装 TensorFlow 的其他依赖工具包：

```
# 如果用户的 Python 环境是 3.x，则命令如下：
sudo apt-get install python3-numpy swig python3-dev python3-wheel
# 如果用户的 Python 环境是 2.x，则对应的命令如下：
sudo apt-get install python－numpy swig python—dev python-wheel
```

安装完 Bazel 后，将在 home 空间中生成一个名为 bin 的文件夹，打开文件夹后有一个名为 bazel 的脚本文件。可以重新打开一个终端，并通过输入 bazel 命令来验证安装是否成功，还可以查看 Bazel 工具的相关信息和命令的使用方法。但是，需要在输入 bazel 命令之前导入 PATH。

4.3 Python 安装 TensorFlow

TensorFlow 在 Linux 系统下进行安装的方式有很多，较为常见的安装方式有使用 Docker 进行 TensorFlow 的安装，这种方式需要读者在安装之前对 Docker 的安装以及使用方法有一定的了解，由于篇幅的原因，本书中不对这种安装方式进行介绍。本书会介绍通过 pip 的方式进行安装以及使用源代码编译并且安装的方式。其中，使用源代码编译并且安装的方式是笔者比较倾向的安装方式。

4.3.1 使用 pip 安装

pip 是一个安装 Python 软件包并对其进行管理的工具，使用 pip 可以安装按官方标准打包好的 TensorFlow 及其所需要的依赖关系。如果用户所使用的系统环境较为特殊，如想要定制化的 TensorFlow 时或者用户的 gcc 版本较新时，不推荐采用这种方式进行安装。

通过 pip 的方式进行安装有三个步骤。

第一步，在终端进行 pip 的安装，执行安装的命令如下：

```
# Python 2.x 环境下 pip 的安装
sudo apt-get install python-pip python-dev
# Python 3.x 环境下 pip 的安装
sudo apt-get install python3-pip python3-dev
```

第二步，针对 TensorFlow 的安装包，找到较为合适的 URL 链接并且在终端使用 export 的相关命令进行导入。以 Python 3.6 环境为例，命令如下：

```
export TF_BINARY_URL=./project/tensorflow/1.5.0/#files/tensorflow-1.5.0-cp36-cp36m- manylinux1_x86_
64.whl
```

可以选择的安装包不止这一个，也可以将上述命令中的 URL 链接替换成读者希望的版本号，这样可以获取到所需要的版本。

第三步，通过 pip 的方式进行 TensorFlow 的安装，安装需要执行的命令如下：

```
# Python 2.x 环境：
pip install --upgrade $TF_BINARY_URL
# Python 3.x 环境：
pip3 install --upgrade $TF_BINARY_URL
```

4.3.2 从源代码编译并安装

从源代码进行编译和安装的一般过程是先下载未编译的源代码文件，然后配置编译选项，并使用 Bazel 工具进行编译（编译过程将非常长，读者可能需要耐心等待编译完成），完成编译后将其打包为.whl 文件，最后通过 pip 命令安装.whl 文件。

从源代码进行编译和安装的优点是，可以自由选择希望安装的版本，还可以在编译过程中选择框架支持的相关功能。安装的第一步是在 GitHub 上获取 Google 的开源 TensorFlow 源代码，可以在终端中输入以下命令：

```
wget ./tensorflow/tensorflow/releases/tag/v1.5.0/tensorflow-1.5.0.tar.gz
```

下载的文件默认情况下保存在执行命令的目录中。下载完成后，第二步需要输入以下命令将其解压缩：

```
tar -xzvf tensorflow-1.5.0.tar.gz
```

第三步是使用 cd 命令进入解压缩的文件目录并运行配置文件：

```
cd  tensorflow-1.5.0
./configure
```

编译源代码时，读者可以配置一些编译选项，如 TensorFlow 是否支持某些功能以及相关文件的位置。

第四步，根据上述配置过程的标准，使用编译命令进行源代码的编译。在这里，我们使用之前安装的 Bazel 工具。命令如下：

```
bazel build --copt=-march=native -copt
//tensorflow/tools/pip_package:build_pip_package
```

编译后，第五步是使用 bazel 命令生成 pip 安装包。

```
bazel-bin/tensorflow/tools/pip_package/build_pip_package
/tmp/tensorflow_pkg
```

最后一步是使用 pip 命令安装 TensorFlow（使用 pip3 的原因是之前安装了 Anaconda，并将其内置的 Python 3.6 设置为默认的 Python 环境）：

```
pip3 install /tmp/tensorflow-1.5.0-cp36-cp36m-manylinux1_x86_64.whl
```

4.4 TensorFlow 的使用

4.4.1 向量求和

在 TensorFlow 安装完成后，需要对其进行进一步的测试，目的是检验 TensorFlow 的安装是否正确。测试的具体操作流程是在代码中调用 TensorFlow 的相关库并启动运行，如果调用库的整个过程中没有报错，则说明 TensorFlow 已经正确安装。

Python、C++、C 这三种语言都是 TensorFlow 支持的语言，但是 TensorFlow 对 Python 的支持是最全面的。若要进入 Python 的相关环境，在终端输入命令“python”（或者命令“ipython”）即可。进入 Python 交互界面后，第一步要通过模块/包的导入语法 import 导入 TensorFlow 包：

```
import tensorflow as tf
```

在 Python 中，语句 import... as...是将导入的包通过重命名的方式而使其变得更易于引用。

在以后的编程实践中，我们通常都会采用这种方式。

第二步，定义两个向量（在后续的 TensorFlow 编程中称为“张量”），并且将其命名为向量 a 和向量 b：

```
a = tf.constant([1.0,2.0],name='a')
b = tf.constant([3.0,4.0],name='b')
```

NumPy 是一个用于科学计算的 Python 工具包，在该工具包中，两个向量的加法可以直接通过加号“+”来实现。同理，在 TensorFlow 中也同样适用该方法。向量 a 和向量 b 均可以理解为数学中的向量。两个向量在定义好后将其进行相加，并把结果赋值给向量 result：

```
result = a + b
# 第三步的操作是定义一个 TensorFlow 会话
sess = tf. Session()
# 最后一步是运行上述定义的会话
sess.run(result)
```

会话运行后会有以下结果产生：

```
array([ 4., 6.],dtype=float32)
```

4.4.2 加载过程的问题

虽然按照上述流程正确安装了 TensorFlow，但还会出现不能在 Python 环境下顺利加载的情况。在本节中，会对在加载过程中可能存在的类似问题进行一个简单的分享。如在加载过程中可能遇到的报错信息为：

```
importError: /home/usr/anaconda3/bin/ .. /lib/libstd++.
so.6 version 'CXXABI_1.3.8'
        not found (required by /hone/usr/anaconda3/lib/
pythn3.5/site-packages/tensorflow
/python/_pywrap_tensorflow.so)
Failed to Load the native TensorFLow runtime .
```

Anaconda 自带的一个工具 conda 可以解决这个问题。重新打开一个终端，输入以下命令：

```
conda install libgcc
```

该命令会从网络中获取到较新版本的 gcc 及其相关的依赖库，并且进行更新安装。

4.5 推荐使用 IDE

相比于 IDE（Integrated Development Environment，集成开发环境），使用终端进行程序的编写并且运行通常会存在一些问题，如没有智能提示、程序代码的保存较为麻烦以及无法添加断点进行调试等。PyCharm 是 JetBrains 公司开发的一款优秀的 Python 编程 IDE，其专业版（Professional）是需要付费的，只可以免费试用一段时间，而社区版（Community）是免费的，建议使用社区版。

PyCharm 的安装过程较为简单。第一步，去官网下载 Linux 版本的安装文件，下载到的文件名为 pycharm-professional-2017.2.3.tar.gz。在终端进入该文件所处的位置，然后执行以下命令：

```
tar -xvzf pycharm-professional-2017.2.3.tar.gz -C ~
```

以上命令的作用是把下载到的 PyCharm 压缩包文件解压到当前目录中，这个过程大概需要 5min。之后，在图形界面进入该目录下以 pycharm2017.2.3 命名的文件夹中。打开该目录下的 bin 文件夹，其中包含一些.sh（Shell 可执行脚本）文件以及.so（共享库文件）或者可执行文件等。

第二步，在终端进入 bin 文件夹中，并输入以下命令执行 Shell 脚本：

```
sudo sh pycharm.sh
```

执行以上命令会将该脚本文件 PyCharm 安装到系统，在对系统软件进行修改时最好搭配 sudo 命令执行。之后会进入 PyCharm 的初始化阶段，进行简单的设置后就可以正常使用了。

4.6 本章小结

本章介绍了利用 TensorFlow 框架进行深度学习所需的软、硬件配置的条件。首先介绍了 TensorFlow 的硬件配置要求、系统的选择以及配合使用的编程语言；其次讲解了 TensorFlow 的主要依赖包以及如何在 Python 环境下安装 TensorFlow；最后对 TensorFlow 的向量运算进行了简单的介绍，并推荐 PyCharm 作为开发的 IDE。更多关于 TensorFlow 的运算将会在下一章进行详细的介绍。

第 5 章　TensorFlow 编程基础

第 4 章已经讲解了 TensorFlow 的安装，并通过一个简单的向量相加的例子来验证安装正确与否。从本章开始，将学习 TensorFlow 中重要的基础概念，5.1 节和 5.2 节分别讲解计算模型（计算图）与数据模型（张量）、运行模型，5.3 节讲解 TensorFlow 变量。通过本章内容的讲解，使读者对 TensorFlow 的工作原理有一个大致的了解。本章主要是一些简单函数的使用，不涉及实际案例，为了使读者熟练掌握这些特定的概念，本章最后安排了一个实验，以帮助读者熟练掌握相关知识。

5.1　计算图与张量

TensorFlow 的名字来自计算图和张量这两个概念，计算图作为 TensorFlow 的计算模型，而张量是 TensorFlow 的数据模型。

5.1.1　初识计算图与张量

TensorFlow 整体的概念是表示张量的流动过程，张量的英文翻译为 Tensor，而数据流动的英文单词为 Flow。数据流动其实就是张量经过计算并相互转换的过程。

TensorFlow 程序的计算过程用类似于程序流程图的计算图来表示，计算图是一个有向图，在计算图中可以直观地看出数据的整体计算过程。

TensorFlow 中的节点是计算节点，每个节点可以有任意多的输入和输出。如果一个节点的输入需要另一个节点的输出，则可以认为这两个节点存在依赖关系。存在依赖关系的节点之间使用一条边进行相连。通常意义上，数据都会通过边从一个计算节点流动到另一个计算节点。但是有一种特殊的边，它只起依赖控制的作用，简单来说就是等这条边的起始节点完成计算后，后面的节点才能够开始计算。

张量就是计算图中流动的数据，这个数据可以是一开始定义好的，也可以是通过各种计算推导出来的。张量可以简单形象地理解为多维数组。

以第 4 章中的向量求和为例，这个简单程序的计算图可以表示为图 5-1（该图是通过 TensorBoard 生成的）。

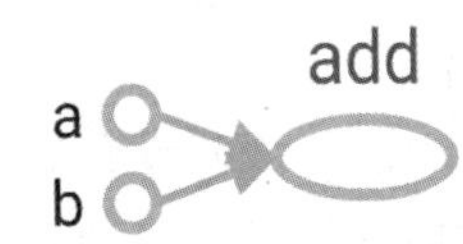

图 5-1　向量相加的计算图

在图 5-1 中，add 运算操作可以看作一个节点。为了计算方便，TensorFlow 会把常量转换成一种输出值固定的计算。所以图 5-1 中的 a、b 两个常量也是节点，其与 add 运算操作节点有着依赖关系。

5.1.2　TensorFlow 的计算模型——计算图

TensorFlow 的计算图通常被称作 TensorFlow 的计算模型，这是由于计算图具有可视化 TensorFlow 计算过程的功能。计算图具有与程序流程图类似的各种图形组件，计算图的组件如图 5-2 所示。

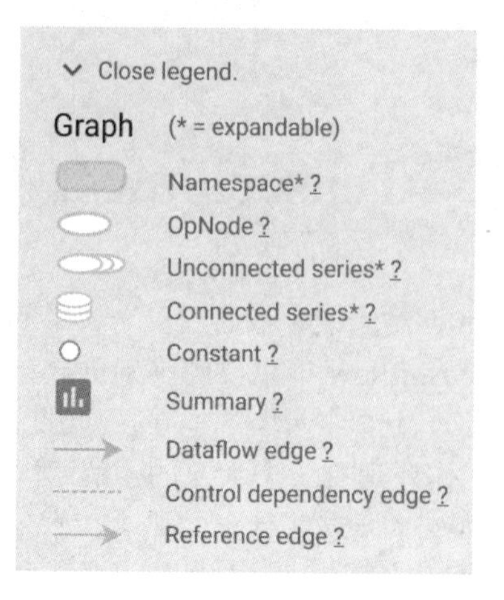

图 5-2 计算图的组件

向量相加的例子中，a、b 作为两个常量就是两个空心圆圈，add 作为一个计算节点是一个椭圆，而 add 操作依赖于 a、b 节点的数据输出，所以会有一个带箭头的线，代表数据的流动。其他的组件后续遇到时会一一解释。

下面利用向量相加的例子来详细介绍计算图，具体代码如下：

```
import tensorflow as tf
a = tf.constant([1.0, 2.0],name='a')
b = tf.constant([3.0, 4.0],name='b')
result = a + b
print(a.graph is tf.get_default_graph())
print(b.graph is tf.get_default_graph())
```

上面代码的运行结果如下：

```
True
True
```

在 TensorFlow 程序运行时，系统会自动维护一张默认的计算图。在上面代码运行的过程中，TensorFlow 会把所有的计算过程自动添加到默认计算图中。要获取默认的计算图，可以调用 get_default_graph 函数，而每个计算都有一个 graph 属性，表示这个计算属于哪张计算图。正是由于自动把计算添加到默认计算图的机制，所以上面的两个打印语句都输出为 True。

上面的代码没有显式地创建计算图，而是利用 TensorFlow 的默认处理机制，这种机制通常能够满足大多数场景。在需要计算多张图来完成计算的情况下，可以调用 Graph 函数创建新的计算图，还可以通过 as_default 函数将其设置为默认计算图（这样可以避免手动将张量附加到该计算图中）。具体代码如下：

```
import tensorflow as tf
# 使用 Graph 函数创建新计算图
g1 = tf.Graph()
# 把 g1 设置为默认计算图
with g1.as_default():
    # 创建计算图的变量
```

```
    a = tf.get_variable('a', [2], initializer=tf.ones_initializer())
    b = tf.get_variable('b', [2], initializer=tf.zeros_initializer())
g2 = tf.Graph()
with g2.as_default():
    a = tf.get_variable('a', [2], initializer=tf.zeros_initializer())
    b = tf.get_variable('b', [2], initializer=tf.ones_initializer())
with tf.Session(graph=g1) as sess:
    # 初始化所有变量
    tf.global_variables_initializer().run()
    with tf.variable_scope('', reuse=True):
        print('g1 graph')
        print(sess.run(tf.get_variable('a')))
        print(sess.run(tf.get_variable('b')))
        # 打印
with tf.Session(graph=g2) as sess:
    tf.global_variables_initializer().run()
    with tf.variable_scope('', reuse=True):
        print('g2 graph')
        print(sess.run(tf.get_variable('a')))
        print(sess.run(tf.get_variable('b')))
```

这段代码的运行结果如下：

```
g1 graph
[1. 1.]
[0. 0.]
g2 graph
[0. 0.]
[1. 1.]
```

在这段代码中，get_variable 一方面可以用于创建 TensorFlow 的变量，一方面也可以获取已经创建的变量；global_variables_initializer 用于初始化所有的 TensorFlow 变量，TensorFlow 变量在计算运行之前都必须进行初始化；variable_scope 用于限定变量空间的作用域。

这段代码首先使用 Graph 函数创建了一张计算图，其次把 g1 设置为默认计算图，并使用 with 语句进行上下文管理，从而其下的语句都会把 g1 当作默认计算图，a、b 两个变量也会附加到计算图 g1 中，并且 a 全部初始化为 1，而 b 全部初始化为 0。之后又创建了计算图 g2，方法同前，只是变量 a、b 的初始化函数不同。计算图必须在 Session 中运行，因此 g1、g2 被放在 Session 中。最后打印出这两张计算图中的 a、b 值，得到上面的结果。

通常情况下都会把自己创建的计算图设置为默认的，这是一种很常见的代码编写方式。但要注意，计算图中的变量和计算是不共享的。通过上面的示例代码可以发现，如果这些变量共享，则计算图 g1、g2 的运行结果应该一致，但是事实并非如此。

对于计算图，TensorFlow 通过集合来管理不同的资源，这里的资源可以是张量、变量，或者是运行 TensorFlow 程序所需要的队列资源等。为了简便起见，TensorFlow 自动管理了一些最常用的集合，如表 5-1 所示。

表 5-1 TensorFlow 自动管理常用资源集合

名　称	内　容
tf.GraphKeys.VARIABLES	所有变量
tf.GraphKeys.TRAINABLE_VARIABLES	可学习的变量（一般指神经网络中的参数）
tf.GraphKeys.SUMMARIES	日志生成的相关变量
tf.GraphKeys.QUEUE_RUNNERS	处理输入的 QueueRunner
tf.GraphKeys.MOVING_AVERAGE_VARIABLES	所有计算了滑动平均值的变量

add_to_collection 函数可以将某个资源加到一个或多个集合中，而 get_collection 函数可以获取一个集合中的所有资源。

5.1.3 TensorFlow 的数据模型——张量

张量是 TenorFlow 中一个很重要的概念，它是 TensorFlow 的数据模型，TensorFlow 中所有的数据都是以张量的形式表示的。

1. 概念

张量可以简单地理解为不同维度的数组。0 阶张量也就是通常意义的标量，只是一个简单的数字；1 阶张量就是一个一维数组，通常也称为向量；二阶张量就是二维数组；依次类推，n 阶张量就是 n 维数组。

虽然可以这样理解，但是在 TensorFlow 中，张量并不是一个实际的数组，它不记录实际的数据，只是记录了该张量是怎么通过计算得到的。这里还是以向量相加为例，来了解张量保存的数据。代码如下：

```
import tensorflow as tf
a = tf.constant([1.0, 2.0],name='a')
b = tf.constant([3.0, 4.0],name='b')
result = a + b
print(result)
```

运行结果如下：

```
Tensor("add:0", shape=(2,), dtype=float32)
```

可以看到，直接打印张量 result 时，并没有得到实际的计算结果[4,6]，而是打印出了如上的结果，这充分说明了张量中并没有实际的数据，它主要保存三个属性：名字、维度和类型。任意的张量都包含这三种属性，下面详细介绍这三个属性。

● 名字：张量的唯一标识符，也支持这个张量是怎么计算出来的。计算图中的每个节点表示一个计算，计算的结果就保存在张量中，所以张量和计算节点的计算结果是对应的。正由于它们对应，所以张量的命名是通过“node:src_output”的形式给出的，这个张量是从哪个节点计算出来的，node 就是这个节点的名字，src_output 表示张量是这个节点的第几个输出。如上面的张量 result 的名字是 add:0，表示 result 的结果是通过节点 add 计算出来的，且是这个节点的第一个输出（从 0 开始编号）。

● 维度：描述了张量的维度信息，如张量 result 的维度是（2，），表示它是一维的，长度为 2。

● 类型：每个张量都有自己的类型。TensorFlow 在运行时会对参与运算的张量进行类型检查，如果类型不匹配，则会报错。现修改向量相加的例子，代码如下：

```
import tensorflow as tf
a = tf.constant([1, 2],name='a')
b = tf.constant([3.0,4.0],name='b')
result = a + b
print(result)
```

这里把张量 a 改为整数，整数 a 和浮点张量 b 在计算时就会报错，报错信息如下：

```
ValueError: Tensor conversion requested dtype int32 for Tensor with dtype float32: 'Tensor("b:0", shape=(2,), dtype=float32)'
```

如果要省略小数点，则可以在初始化时指定类型，如下所示：

```
import tensorflow as tf
a = tf.constant([1,2],name='a', dtype=tf.float32)
b = tf.constant([3.0,4.0],name='b')
result = a + b
print(result)
```

TensorFlow 提供了不同的数据类型，大体上可以分为四类：整数类型、浮点类型、布尔类型、复数类型。整数类型可以分为 int8、int16、int32、int64、uint8；浮点类型可以分为 float32、float64；布尔类型只有 bool；复数类型有 complex64、complex128。在声明常量或者变量时，可以使用 dtype 关键字指定类型。如果没有使用 dtype 指定类型，则 TensorFlow 会使用默认数据类型。

2．使用张量

和 TensorFlow 的计算模型相比，张量的使用相对来说简单很多。张量有两大用途，第一是用来存储中间结果。当计算过程中有很多的中间结果时，通过定义不同的张量，能够提高代码的可读性。读者可以对比下面两段代码，都是实现向量相加的功能。

```
a = tf.constant([1.0, 2.0],name='a')
b = tf.constant([3.0, 4.0],name='b')
result = a + b
```

```
result = tf.constant([1.0, 2.0], name='a') + tf.constant([3.0, 4.0],name='b')
```

可以很明显地看出，前一段代码的可读性更高，便于后期维护。因此在编写 TensorFlow 时，一定要合理定义张量。

第二是当计算模型构造好后，可以通过张量查看计算结果。虽然不能直接打印张量得到结果，但是可以通过建立会话，然后在 Session 上调用 run 函数去获取张量的实际结果，代码如下：

```
import tensorflow as tf
a = tf.constant([1.0, 2.0],name='a')
b = tf.constant([3.0, 4.0],name='b')
result = a + b
# 定义会话
```

```
with tf.Session() as sess:
    tf.global_variables_initializer().run()
    print(sess.run(result))
```

运行结果如下：

```
[4. 6.]
```

5.2　TensorFlow 的运行模型——会话

TensorFlow 中的会话（Session）拥有并管理 TensorFlow 程序运行时的所有资源，当所有计算完成后，需要关闭会话来帮助系统回收资源，否则就可能出现资源泄露问题。

为便于读者理解会话，这里首先介绍 TensorFlow 的系统结构，其次再介绍会话，以及占位符的使用。

5.2.1　TensorFlow 的系统结构

图 5-3 展示了 TensorFlow 的整体系统结构。

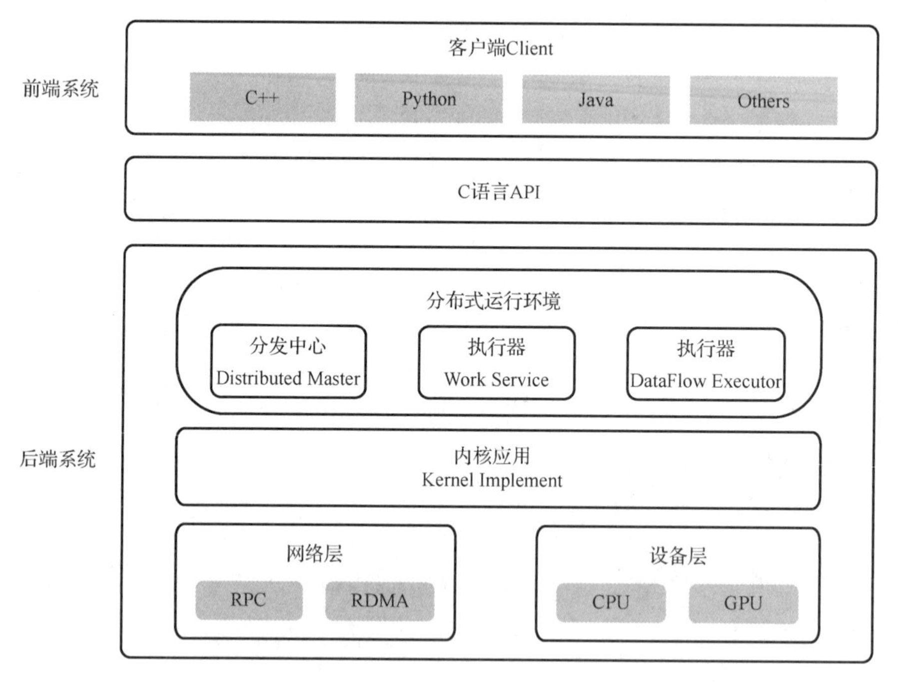

图 5-3　TensorFlow 的整体系统结构

从图 5-3 中可以看出，整个 TensorFlow 系统分为两大部分：前端系统和后端系统。前端系统主要提供各种语言的编程接口，完成计算图的构造；后端系统主要提供运行环境，负责运行计算图。

这里重点关注 Client（客户端）、Distributed Master（分发中心）、Work Service（执行器）、Kernel Implement（内核应用）四大组件。这四个组件构成了 TensorFlow 的核心部分。

- Client：前端系统的主要组成部分，是一个支持多语言的编程环境。它提供基于计算图的编程模型，方便用户构造各种复杂的计算图，也可以实现各种形式的模型设计。Client

以会话为桥梁，连接 TensorFlow 后端，并启动计算图的执行过程。

● Distributed Master：TensorFlow 系统的分布式控制器，与前端系统使用会话相连。当前端系统将计算图提交给 Distributed Master 后，它对计算图进行反向遍历，找到所依赖的最小子图，然后对该子图进行拆分，分成多个子图片段，以便这些不同的子图片段在不同进程和设备上运行。最后，Distributed Master 把子图片段发送到 Work Service，由 Work Service 启动执行子图片段。

● Work Service：相当于一个任务执行器，每个任务都会启动 Work Service。它首先从 Distributed Master 那里接收子图片段，其次按照计算图节点之间的依赖关系，根据当前的可用硬件环境（Work Service 会连接设备层中的硬件），调用 OP（操作。在 TensorFlow 中，OP 不仅包括加、减、乘、除等所有计算方式，也包括常量定义、变量定义、占位符定义等）的 Kernel Implements，并完成 OP 的运算。

此外，Work Service 还要负责将运算的结果发送到其他的 Work Service，或者接收来自其他 Work Service 的运算结果。

● Kernel Implement：运算的底层实现接口，是特定于某种硬件下特定运算的实现。

TensorFlow 有单机模式和分布式模式，单机模式下 Client、Master 和 Worker 都在同一台计算机上；而分布式模式会根据实际情况把这些进程放在不同的机器上。后续章节会介绍分布式的相关内容，在这之前都按照单机模式讲解和运行。图 5-4 展示了单机模式下各个组件的连接关系。

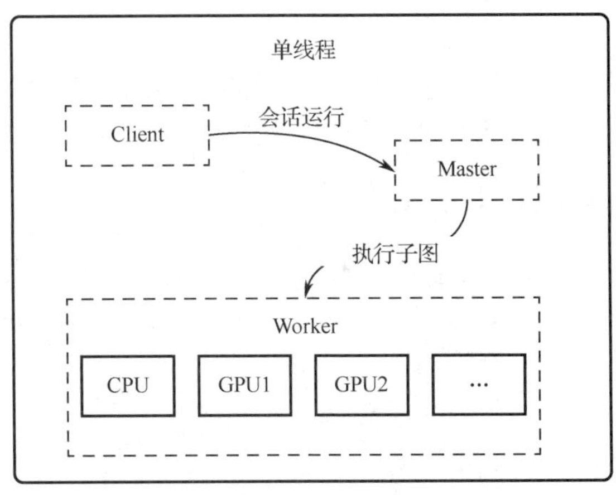

图 5-4　单机模式下各个组件连接关系

可见，要运行前端 Client 构造出来的计算图，必须将其发送到后端系统，而 Client 和后端是通过会话进行连接的。

5.2.2　会话的使用

会话作为前后端交互的接口，首先必须实例化出一个会话。其次通过调用会话提供的 run 函数来执行计算图。run 函数中必须传入需要执行的张量节点，并提供计算所需的数据。TensorFlow 会根据构造出的计算图查找这个计算所依赖的节点，然后按照顺序依次执行各节点。会话还提供了一个 extend 函数，其能够扩展当前的计算图，并为计算图添加节点和边。大多数情况下并不需要调用 extend 函数，通常都只用执行整个计算图或者这个图中的某些子图。

会话有两种使用方式，第一种是开发者明确地调用会话创建和会话销毁函数，第二种是通过使用 with/as 进行上下文管理。本节主要讲解第一种使用方式，下一节讲解 with/as 方式。

显式地创建会话是通过调用 Session 类的构造函数来完成的，而会话的销毁则是通过 Session 类的 close 函数来完成的，该函数能够释放掉会话所占用的资源。按照第一种方式进行代码编写时，可参照如下形式进行编写。

```
# 调用构造函数创建会话
sess = tf.Session()
# 在会话中运行某个计算，需要传入计算节点
sess.run(...)
# 关闭会话
sess.close()
```

会话的第一种使用方式有三步，首先调用构造函数创建会话，其次调用 run 函数运行计算，最后调用 close 函数关闭会话。创建会话时可以传入一些参数，这里不做介绍。

在向量相加的示例中，使用了如下的语句：

```
sess = tf.Session()
print(sess.run(result))
```

这就是第一种使用方式，只是这里没有显示调用 close 函数，这是由于当时的程序很小，到这里程序就结束了，进程结束后也会释放掉资源，但最好的方式还是在程序最后显示地调用 close 函数。

这种方式的缺点是在 close 之前有可能会产生异常，从而导致 close 函数无法执行，从而无法释放资源。为了能够确保资源的正确释放，最好使用 with/as 方式。

5.2.3 使用 with/as 进行上下文管理

可以使用 try/finally 语句来保证会话的正常关闭，但是这种语句书写起来会有些复杂。而会话是支持上下文管理功能的，所以可以使用 with/as 语句完成 try/finally 的功能。对会话使用 with/as 语法，可按照如下方式进行。

```
with tf.Session() as sess:
    # 会话执行代码块
    sess.run(...)
```

上面的语句能够创建出一个会话并且赋值给 as 关键字后面的变量，然后使用这个变量对会话进行操作，会话操作代码写在 with 复合语句下面，当 with 复合语句块执行完后，能够保证会话的关闭。with 语句的使用一方面能够确保程序异常时资源可以得到释放，另一方面也减少了 close 函数的调用。

下面简要介绍一下会话上下文管理的大体流程：

（1）执行 tf.Session 函数，该函数会返回一个会话对象，这个对象包含了一个__enter__和__exit__方法，这是支持上下文管理对象必须实现的两个方法。

（2）自动调用__enter__方法，如果存在 as 关键字，则把返回的会话对象赋值给 as 后面的变量，否则丢弃掉。

（3）执行 with 里面的复合代码块。

（4）如果复合代码块产生了异常，则调用__exit__方法。如果方法返回 False，则异常重新被触发，否则异常终止传递。

（5）如果复合代码块没有产生异常，也会调用__exit__方法，只是这个时候传入的参数都为 None。不管异常产生与否，会话的__exit__方法都会关闭当前会话。

TensorFlow 在运行时会自动创建默认的计算图，但是 TensorFlow 不能自动创建默认会话。要把一个会话设置成默认会话，需要显示地调用 as_default 函数，使用如下代码可实现转换成默认会话的功能。

```
with tf.Session().as_default():
    # 会话执行代码块
    sess.run(...)
```

设置了默认会话，就不需要赋值给一个变量，也就不需要 as 关键字。这是因为默认会话可以直接对某个张量调用 eval 方法进行取值。下面的代码演示了使用 eval 方法进行计算的示例。

```
with tf.Session().as_default() as sess:
    # 张量对象直接调用 eval 进行取值
    print(result.eval())
```

Tensor.eval 和 Session.run 具有相似的功能，都是对张量取值，但是在细节方面有所区别。Tensor.eval 一次只能对一个张量取值，而 Session.run 可以一次性计算多个张量的值。

TensorFlow 还提供了一个快捷类——InteractiveSession，用于创建默认会话，使用这个类实例化出来的会话是默认会话。这个类的构造函数和 Session 的是一样的，只是节省了调用 as_default 函数。

5.2.4 会话的配置

在生成会话时，通常会对会话进行一定的配置，这个配置是通过会话初始化函数中的 config 参数进行的。会话的配置项有很多，如设备数量、并行线程数、阻塞操作的全局超时时间等。为了使配置更加简单，TensorFlow 提供了一个 ConfigProto 函数，以这个函数的返回值作为 config 参数的值。

使用 ConfigProto 函数进行参数配置是最常见的方式，在这个函数中可以配置很多参数，目前只需要掌握最常用的两个参数的配置，这两个参数会在后续章节中使用到，并且实际开发过程中也会经常用到。

第一个是 log_device_placement，这个参数是一个布尔参数，其含义为日志设备位置。当它为 True 时，表示日志会记录每个节点运行的设备位置信息，这样便于调试，但在生成环境中不应设置为 True。

第二个是 allow_soft_placement，这个参数也是布尔参数，表示的是当为 True 时，如果运算不能在 GPU 上运行，则转移到 CPU 上运行。

下面是对会话进行配置的代码示例。

```
config = tf.ConfigProto(log_device_placement=True, allow_soft_placement=True)
sess = tf.Session(config=config)
```

5.2.5 占位符

前面的章节中都是使用一个数据就定义一个张量，但是实际代码中如果有很多数据，每次都定义一个张量，一方面代码的可读性会降低，另一方面计算图节点变多，导致效率低下。为了解决这个问题，TensorFlow 提供了占位符（placeholder）功能，这个功能能够把数据结构类似的数据定义成一个节点，然后根据实际需要传入不同的数据。

例如，要计算向量 a 和向量 b 的和，向量 a 固定，而向量 b 有很多不同的值。根据之前的知识，每个不同的向量值，都需要定义一个不同的张量来存储，然后与 a 求和，这样就造成了节点太多的问题，也会导致代码的可读性很低。而 placeholder 能够定义一个结构相似，但是数据不用确定的节点，从而可以通过一个节点传入不同的数据，并和向量 a 进行计算。

为了演示如何使用 placeholder，我们把之前的向量求和的代码修改成 placeholder 版本，实际中如果只有简单的两个值，则没必要定义成 placeholder。

```
import tensorflow as tf
a = tf.placeholder(tf.float32, shape=(2,), name='input')
b = tf.placeholder(tf.float32, shape=(2,), name='input')
result = a + b
with tf.Session() as sess:
    print(sess.run(result, feed_dict={a:[1.0, 2.0], b:[3.0, 4.0]}))
```

在定义 placeholder 时，必须指定数据类型，而 shape 参数可以不指定，当不确定数据的形状时可以指定为 None，然后在实际数据传入时或者节点计算时自动推算它的形状，最后的 name 参数也可以不指定。

在计算特定张量值时，如果这个张量的计算依赖于某些 placeholder，则在 run 函数中必须通过 feed_dict 参数指定 placeholder 对应的值。feed_dict 是一个字典，键为 placeholder 变量的名字。

如果计算时没有指定依赖的 placeholder 的值，则会报错，如下面的代码没有指定 b 的值。

```
import tensorflow as tf
a = tf.placeholder(tf.float32, shape=(2,), name='input')
b = tf.placeholder(tf.float32, shape=(2,), name='input')
result = a + b
with tf.Session() as sess:
    print(sess.run(result, feed_dict={a:[1.0, 2.0]}))
```

运行时会报如下错误：

```
InvalidArgumentError (see above for traceback): You must feed a value for placeholder tensor 'input_1' with
dtype float and shape [2]
```

placeholder 的设计是为了在有限的节点上，高效地接收大规模的数据。在上面的程序中，如果把 b 这种长度为 2 的向量变成 $n \times 2$ 的矩阵，矩阵中的每行数据作为一个样本数据和向量 a 进行计算，这样最终结果就会得到一个 $n \times 2$ 的矩阵，也就是 n 个不同向量与向量 a 求和的结果。下面的代码是 n 为 4 的示例。

```
import tensorflow as tf
a = tf.placeholder(tf.float32, shape=(2,), name='input')
```

```
b = tf.placeholder(tf.float32, shape=(4, 2), name='input')
result = a + b
with tf.Session() as sess:
    print(sess.run(result, feed_dict={a:[1.0, 2.0], b:[[3.0, 4.0], [5.0, 6.0], [7.0, 8.0], [9.0, 10.0]]}))
```

最终结果如下：

```
[[ 4.   6.]
 [ 6.   8.]
 [ 8. 10.]
 [10. 12.]]
```

上面的示例代码展示了 placeholder 的特性，即不用定义四个张量来分别表示[3.0, 4.0], [5.0, 6.0], [7.0, 8.0], [9.0, 10.0]，只需要定义一个占位符，然后在计算时传入数据即可。

在 5.4 节中，placeholder 被用于传递不同的数字图片数据。

5.3 TensorFlow 变量

神经网络中参数是重要的组成部分，一个网络中包含大量的参数。在 TensorFlow 中，变量的作用就是用来保存网络中的参数，网络参数的更新其实就是变量的重新赋值。

5.3.1 变量的创建

在 TensorFlow 中，创建变量的方式有很多，本节介绍使用 Variable 类实例化变量。使用 Variable 类进行变量创建时，有两个重要的步骤，首先需要调用 Variable 类的构造函数进行变量实例化，其次在 Variable 类的构造函数中，必须传入一个初始化方法。

初始化方法有三大种类，第一种是随机数初始化方法，第二种是常量初始化方法，最后一种是使用其他变量值进行初始化的方法。

1. 随机数初始化方法

在神经网络中，有些参数在开始时并不能确定该用什么值，这时需要把参数的初始值设置为随机数，这种方式是比较合适的。如神经网络中的各个属性的权重，通常的做法是把这些属性的权重设置为随机数，如以下代码所示。

```
weights = tf.Variable(tf.random_normal([3, 4], stddev=1))
```

上面的代码演示了变量的创建，并且使用 random_normal 函数把这个变量初始化为一个 3×4 的矩阵，矩阵中的元素是符合正态分布的随机值，标准差为 1，均值为 0。stddev 参数用于设置标准差，如果要设置均值，则使用 mean 参数；如果不设置，则均值默认为 0。

TensorFlow 除了提供符合正态分布的随机初始化方法外，还提供了一些其他的随机数初始化方法，如表 5-2 所示。

表 5-2 TensorFlow 随机数初始化方法

函　　数	随机数分布	主 要 参 数
random_normal	正态分布	形状、平均值、标准差、数值类型、随机种子、名字

续表

函　　数	随机数分布	主 要 参 数
truncated_normal	正态分布，但如果随机值偏离均值超过两个标准差，则应重新选取随机值	形状、平均值、标准差、数值类型、随机种子、名字
random_uniform	均匀分布	形状、最大值、最小值、数值类型、随机种子、名字
random_gamma	Gamma 分布	形状、alpha、beta、数值类型、随机种子、名字

上述函数的函数签名如下：

```
random_normal(shape, mean=0.0, stddev=1.0, dtype=dtypes.float32, seed=None, name=None)
truncated_normal(shape, mean=0.0, stddev=1.0, dtype=dtypes.float32, seed=None, name=None)
random_uniform(shape, minval=0, maxval=None, dtype=dtypes.float32, seed=None, name=None)
random_gamma(shape, alpha, beta=None, dtype=dtypes.float32, seed=None, name=None)
```

2. 常量初始化方法

TensorFlow 除了提供随机数初始化方法外，还提供了常量初始化方法。表 5-3 罗列了 TensorFlow 中经常用到的常量初始化函数。

表 5-3　TensorFlow 中经常用到的常量初始化函数

函　　数	功　　能
zeros	产生全 0 的数组
ones	产生全 1 的数组
fill	产生全为给定值的数组
constant	产生一个给定值的数组

上述函数的签名如下：

```
zeros(shape, dtype=dtypes.float32, name=None)
ones(shape, dtype=dtypes.float32, name=None)
fill(dims, value, name=None)
constant(value, dtype=None, shape=None, name="Const", verify_shape=False)
```

这些函数的使用参考如下：

```
tf.zeros([2, 3], tf.int32)      # 生成 2 行 3 列的数组[[0, 0, 0], [0, 0, 0]]
tf.ones([2, 3], tf.int32)       # 生成 2 行 3 列的数组[[1, 1, 1], [1, 1, 1]]
tf.fill([2, 3],  4)             # 生成 2 行 3 列的数组[[4, 4, 4], [4, 4, 4]]
tf.constant([1, 2, 3])          # 生成数组[1, 2, 3]
```

在神经网络中，通常需要把偏置项设置为常量。下面的代码给出了偏置项的常见代码示例。

```
# 生成一个长度为 3 的一维数组，里面的值都为 0
biases = tf.Variable(tf.zeros([3]))
```

3. 使用其他变量值进行初始化的方法

有时还可以利用已创建的变量来新建另一个变量，这时就需要对已存在的变量调用

initialized_value 方法，以获取该变量的初始化值。下面的代码展示了这种用法：

```
b1 = tf.Variable(biases.initialized_value())          # b1 初始值等于 biases
b2 = tf.Variable(biases.initialized_value() * 3)      # b2 初始值是 biases 的三倍
```

需要注意的是，不管利用上述哪种方法进行变量的初始化，在使用变量之前，都必须明确调用变量的初始化过程。初始化过程也需要在会话中执行，如前面创建的 weights 和 biases 这两个变量，需要在会话创建后，再调用变量的初始化过程，而要执行变量的初始化过程，必须执行变量的 initializer 算子。

```
sess.run(weights.initializer)
sess.run(biases.initializer)
```

以上这种方式，必须对每个变量都执行它的 initializer，而且如果变量之间存在依赖关系，也要注意初始化过程的先后顺序，但这样初始化会很麻烦。TensorFlow 提供了一种更加便捷的方式，能够批量初始化变量，即使用 global_variables_initializer 函数可以完成批量初始化功能。示例代码如下：

```
init_op = tf.global_variables_initializer()
sess.run(init_op)
```

不管有多少个变量，变量之间有什么依赖关系，都可以使用上述两行代码完成初始化过程。这样大大降低了代码复杂度。这里需要说明的是，initialize_all_variables 函数是 TensorFlow 较早版本的用法，新版本建议使用 global_variables_initializer 函数。

下面的代码演示了 TensorFlow 的编程惯例。可以看到，程序被分为两段，以会话创建为分界。前一段主要定义变量或者计算，用于构建计算图，放在会话创建的前面；后一段是在会话中执行计算。这样的结构划分方式，虽然不是必需的，但是有利于代码的可读性。

```
import tensorflow as tf
# 定义常量 x，长度为 2 的向量
x = tf.constant([[1.0, 2.0]])
# 定义变量，设置了固定的随机值后，能保证每次运行结果一致
w1 = tf.Variable(tf.random_normal([2, 3], stddev=1, seed=1))
w2 = tf.Variable(tf.random_normal([3, 1], stddev=1, seed=1))
# 执行矩阵乘法
a = tf.matmul(x, w1)
y = tf.matmul(a, w2)
# 初始化变量操作
init_op = tf.global_variables_initializer()
# 创建会话，执行计算
with tf.Session() as sess:
    # 运行初始化过程
    sess.run(init_op)
    print(sess.run(y))
```

代码运行结果如下：

```
[[7.2020965]]
```

这段代码符合 TensorFlow 的编程惯例，在会话创建之前，首先定义了 x、w1、w2、a、y，这就是定义计算图。在会话创建好后，首先初始化所有变量，其次执行矩阵乘法计算过程。

TensorFlow 还会自动管理集合。TensorFlow 会把所有的变量都加入 GraphKeys.VARIABLES 集合中，可以通过 all_variables 函数获取当前计算图的所有变量。

变量构造函数中的参数 trainable 用于指示这个变量是否能够被训练或优化。如果 trainable 参数被设置为 True，则变量会被 TensorFlow 加入 GraphKeys.TRAINABLE_VARIABLES 集合中，TensorFlow 在运行时会把这个集合中的变量当作默认优化对象。可以通过 trainable_variables 函数获取 GraphKeys.TRAINABLE_VARIABLES 集合中的全部变量。

5.3.2 变量与张量

TensorFlow 中，使用 Variable 函数创建变量时，会将其作为一个计算过程，最终输出一个包含名字、维度、数据类型的张量。图 5-5 展示了向量相乘的计算图。

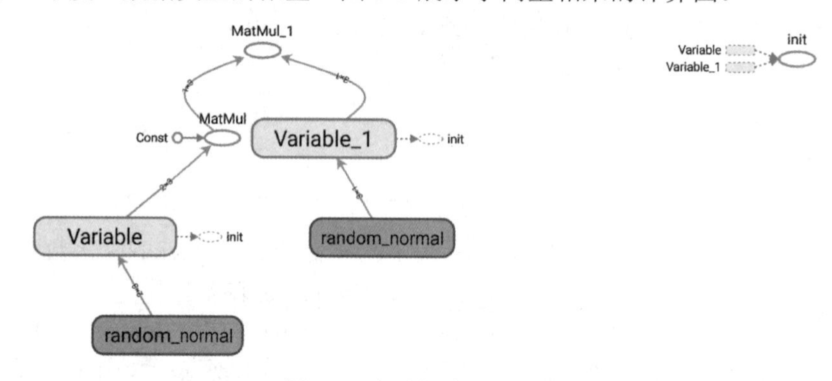

图 5-5 向量相乘的计算图

可以看到，Variable 是一个计算节点，依赖 random_normal 的输出，并且把结果输出给 MatMul 计算。如果定义变量时，指定了 name 属性，则在计算图中计算节点会按照指定的名字显示。

Variable 节点和 random_normal 节点的展开图如图 5-6 所示。

图 5-6 主要关注 Variable 节点的展开。可以看到，Variable 的计算过程经历了不同的阶段，首先从 random_normal 的输出得到数据，并通过 Assign 节点，把值赋值给变量；当 mul 在运行时，通过读取节点得到变量的值，然后交给 mul 计算，计算得到的结果和下一个经过 mul 计算后的节点的变量值再进行计算。

变量一旦被创建，其类型就不能再改变了，更改变量类型会报类型不匹配错误。可以改变变量的维度，但这种用法不常出现，通常都是相同维度的数据进行相互赋值。如果要把一个变量赋值给另一个变量，除在 Variable 类的构造函数中用变量作为初始值外，还可以使用 assign 函数，如下所示。

```
import tensorflow as tf
a = tf.Variable(tf.zeros([2,3]), dtype=tf.float32)
b = tf.Variable(tf.ones([2, 3]), dtype=tf.float32)
sess = tf.Session()
init_op = tf.initialize_all_variables()
sess.run(init_op)
```

```
sess.run(tf.assign(a, b))
print(sess.run(a))
```

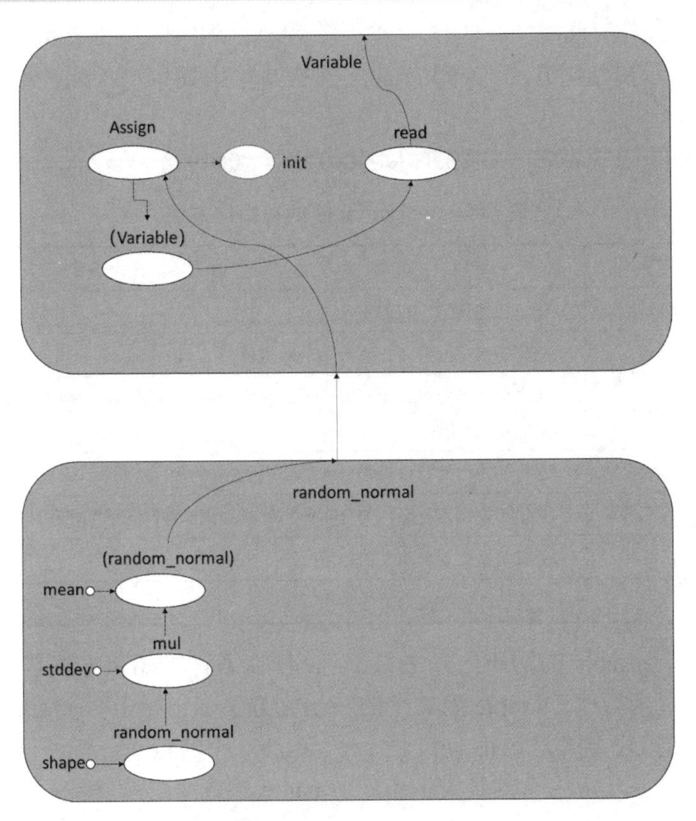

图 5-6 Variable 节点和 random_normal 节点的展开图

代码运行结果如下：

```
[[1. 1. 1.]
 [1. 1. 1.]]
```

这段代码运行过后，a 的元素值也全部是 1。如果要对不同维度的变量进行赋值，需要在调用 assign 函数时，将 validate_shape 参数设置为 False。

5.3.3 管理变量空间

变量创建不止一种方式（Variable 创建），还可以通过 get_variable 函数创建变量。这个函数不仅可以用来创建变量，还可以用来获取已经创建好的变量。get_variable 函数的使用得益于 TensorFlow 提供的变量空间机制。变量空间的作用类似于 Python 等编程语言中的作用域，其通过 variable_scope 和 name_scope 函数实现。

1）get_variable 函数

get_variable 函数的函数签名如下：

```
get_variable(name, shape=None, dtype=None, initializer=None)
```

该函数还有其他的参数，但常用的参数如下：

- name 为必填项，用于指定变量的名字。

- shape 用于指定维度信息，在创建变量时，必须指定；如果用于获取变量，则可以不指定。
- dtype 表示数据类型。
- initializer 表示初始化方法。get_variable 的初始化函数和 Variable 类的初始化函数有些不一样。

表 5-4 罗列出了 get_variable 函数的初始化方法。

表 5-4　get_variable 的初始化方法

初始化函数	功　　能
constant_initializer()	变量初始化为给定的常量
random_normal_initializer()	变量初始化为符合正态分布的随机值
truncated_normal_initializer()	变量初始化为符合正态分布的随机值，但如果随机值偏离均值超过两个标准差，则需重新获取随机值
random_uniform_initializer()	变量初始化为符合均匀分布的随机值
uniform_unitscaling_initializer()	变量初始化为符合均匀分布但不影响输出值数量级的随机值
zeros_initializer()	变量初始化为全为 0 的数组
ones_initializer()	变量初始化为全为 1 的数组

可以看到，get_variable 的初始化方法和 Variable 函数的初始化方法基本上一一对应，但是每种对应的初始化函数比 Variable 函数中的初始化方法多了一个“_initializer”后缀，例如，Variable 中常量的初始化方法是 constant，而 get_variable 中的是 constant_initializer，因此使用时要特别注意。此外，还应注意的是 Variable 中 name 参数是可选参数，而 get_variable 中的则是必填参数。

分别使用 Variable 和 get_variable 创建变量，代码如下：

```
a = tf.Variable(tf.constant(1.0, shape=[1], name='a'))
b = tf.get_variable('b', shape=[1], initializer=tf.constant_initializer(1.0))
print(a)
print(b)
```

输出结果如下：

```
<tf.Variable 'Variable:0' shape=(1,) dtype=float32_ref>
<tf.Variable 'b:0' shape=(1,) dtype=float32_ref>
```

可以看到，这两个变量的维度和类型是一样的。

get_variable 的 name 参数之所以为必填项，这是因为 get_variable 如果用作获取变量时，必须通过名字来获取，如果不指定名字，而利用 TensorFlow 自动生成的名字，随机性太大，且不容易获取到变量。

2）variable_scope 函数和 name_scope 函数

variable_scope 函数能够管理变量空间，通常和 with 一起使用，在 with 复合语句块中定义的变量都属于这个空间。一旦在某个变量空间中创建了变量，在后续这个变量空间的作用范围内，能够重复使用已创建的变量，相当于启动了变量共享。变量空间类似于一个集装箱，用来存放变量，存放在里面的变量能够重复使用。

在相同的变量空间中，如果创建多个名字相同的变量则会报错。下面的代码演示了这种错误的情况。

```
import tensorflow as tf
# 在名为 one 的变量空间中创建一个名为 a 的变量
with tf.variable_scope('one'):
    a = tf.get_variable('a', [1], initializer=tf.constant_initializer(1.0))

# 在相同变量空间中再次创建名为 a 的变量
with tf.variable_scope('one'):
    b = tf.get_variable('a', [1])
```

运行结果如下：

```
ValueError: Variable one/a already exists, disallowed. Did you mean to set reuse=True or reuse=tf.AUTO_REUSE
in VarScope?
```

可能有的读者认为第二个 get_variable 在调用时，应该是获取变量，而不是创建变量。但是实际情况下，如果没有在 variable_scope 函数中指定 reuse 参数，则默认情况下直接创建变量。所以当第二个 get_variable 函数调用时，产生了报错信息，并提示是否需要把 reuse 设置为 True。

对于变量已存在错误，不应认为是 Python 变量标识符（这里是指 a 和 b 两个变量）相同，而是变量定义时 name 参数值相同。从以上代码中可以看到，两次 get_variable 函数调用，其第一个参数都是“a”，名字相同导致了报错。

如果要使用之前定义的变量，获取之前的变量，则可以在 variable_scope 函数中指定 reuse 参数为 True。下面的代码演示了重用之前变量的情况。

```
import tensorflow as tf
# 在名为 one 的变量空间中创建一个名为 a 的变量
with tf.variable_scope('one'):
    a = tf.get_variable('a', [1], initializer=tf.constant_initializer(1.0))
    print(a)

# 在相同变量空间中再次创建名为 a 的变量
with tf.variable_scope('one', reuse=True):
    b = tf.get_variable('a', [1])
    print(b)
```

代码运行结果如下：

```
<tf.Variable 'one/a:0' shape=(1,) dtype=float32_ref>
<tf.Variable 'one/a:0' shape=(1,) dtype=float32_ref>
```

可以看到，变量 a、b 的打印结果是一模一样的。这两个变量是同一个。

如果 reuse 参数设置为 True，但是调用 get_variable 函数时，这个变量还没有被创建过，则此时会产生异常。下面的代码演示了这种情况。

```
import tensorflow as tf
# 在名为 one 的变量空间中创建一个名为 a 的变量
with tf.variable_scope('one'):
    a = tf.get_variable('a', [1], initializer=tf.constant_initializer(1.0))
```

```
        print(a)
# 在相同变量空间中再次创建名为 a 的变量
with tf.variable_scope('one', reuse=True):
        b = tf.get_variable('b', [1])
        print(b)
```

运行结果如下：

```
ValueError: Variable one/b does not exist, or was not created with tf.get_variable(). Did you mean to set reuse=tf.AUTO_REUSE in VarScope?
```

上面的代码先在变量空间中创建了变量 a，紧接着在相同的变量空间中（设置了 reuse 为 True）获取一个不存在的变量 b，所以产生了值错误（变量不存在）。

可以看出，在 reuse 设置为 False 的情况下，get_variable 函数总是会创建变量，但是如果相同变量空间中已经存在相同的变量，则会报错；在 reuse 设置为 True 的情况下，get_variable 总是去获取变量，如果变量不存在，则会报错，如果存在，则获取到对应变量。

使用 variable_scope 函数进行变量空间管理时，在这个变量空间新建的变量，变量名会把变量空间的名字作为变量名的前缀，如以下代码所示：

```
<tf.Variable 'one/a:0' shape=(1,) dtype=float32_ref>
<tf.Variable 'one/a:0' shape=(1,) dtype=float32_ref>
```

可以看到，变量名是 one/a:0，其中 one 作为变量名前缀，就是变量空间的名字，而 a 是变量定义的 name 参数值。

当嵌套使用变量空间时，要特别注意 reuse 参数的使用。其的值可以分以下几种情况来分析：

（1）如果是最外层的变量空间，如果没有设置 reuse，则 reuse 使用默认值 False；如果设置了 reuse，则使用 reuse 参数值。

（2）嵌套的变量空间如果没有设置 reuse 参数，则会继承上一层变量空间的 reuse 值。例如，上一层 reuse 值为 True，并且自己的变量空间没有设置 reuse 参数，则当前变量空间的 reuse 值为 True。

（3）嵌套的变量空间设置了 reuse 参数，则使用设置值。

下面的代码演示了 reuse 的继承情况。

```
import tensorflow as tf
with tf.variable_scope('one'):
        print('one scope reuse:', tf.get_variable_scope().reuse)
        with tf.variable_scope('two', reuse=True):
                print('two scope reuse:', tf.get_variable_scope().reuse)
                with tf.variable_scope('three'):
                        print('three scope reuse:', tf.get_variable_scope().reuse)
        print('one scope reuse:', tf.get_variable_scope().reuse)
```

代码运行结果如下：

```
one scope reuse: False
two scope reuse: True
three scope reuse: True
```

```
one scope reuse: False
```

name_scope 函数提供了类似于 variable_scope 函数的功能，但是它们的使用场景并不相同，而且在这两种命名空间中调用 get_variable 函数和 Variable 函数的表现形式也不相同。

name_scope 函数通常用来管理计算图可视化的命名空间，使用 name_scope 函数后在 TensorBoard 中展示起来更加有条理性；而 variable_scope 函数通常和 get_variable 函数一起使用，实现变量的共享。

另一方面的不同在于 name_scope 函数管理变量空间时，调用 get_variable 函数创建变量时不会把变量空间的名字当作前缀添加到变量名字中，但是调用 Variable 函数时会把变量空间名字作为前缀；而 variable_scope 函数在 Variable 函数创建变量或 get_variable 函数创建变量时，都会把变量空间名字作为变量名字前缀。

下面的代码演示了这种情况。

```
import tensorflow as tf
with tf.variable_scope('variable'):
    a = tf.get_variable('var1', [1])
    b = tf.Variable([1], name='var2')
    print('variable scope a variable name:', a.name)
    print('variable scope b variable name:', b.name)
with tf.name_scope('name'):
    a = tf.get_variable('var1', [1])
    b = tf.Variable([1], name='var2')
    print('name scope a variable name:', a.name)
    print('name scope b variable name:', b.name)
```

运行结果如下：

```
variable scope a variable name: variable/var1:0
variable scope b variable name: variable/var2:0
name scope a variable name: var1:0
name scope b variable name: name/var2:0
```

此外，name_scope 函数没有 reuse 参数，也就是说，在 name_scope 函数管理变量空间时，不能获取之前创建的变量，只能在这种命名空间中新建变量。下面的代码演示了这种情况。

```
import tensorflow as tf
with tf.name_scope('name'):
    a = tf.get_variable('var1', [1])
    b = tf.Variable([1], name='var2')
    print('name scope a variable name:', a.name)
    print('name scope b variable name:', b.name)
with tf.name_scope('name'):
    a = tf.get_variable('var1')
```

运行结果如下：

```
ValueError: Variable var1 already exists, disallowed. Did you mean to set reuse=True
```

结果显示，产生了异常且提示变量已经存在，虽然提示了设置 reuse 参数，但是 name_scope 函数是没有这个参数的。

5.4 实验：识别图中模糊的手写数字

本节完成一个实际案例——数字识别，一方面用于巩固本章前面所学知识，另一方面可以使读者了解一些神经网络的相关开发知识。

案例需求描述：首先使用 MNIST 数据集训练神经网络，其次用新的数字图片测试模型的识别。整个案例按照如下步骤完成：

（1）导入图片数据集。

（2）分析 MNIST 图片特征，并定义训练变量。

（3）构建模型。

（4）使用测试数据训练模型，并输出中间状态。

（5）测试模型。

（6）保存模型。

（7）加载模型。

下面对各个步骤拆分讲解。

1．导入图片数据集

本案例使用的是 MNIST 数据集，这个数据集是一个入门的计算机视觉数据集。在机器学习中，通常使用 MNIST 数据集进行各种模型实验。

TensorFlow 提供了一个库，可以把数据下载下来并进行解压。使用如下代码，即可完成下载和解压功能。

```
from tensorflow.examples.tutorials.mnist import input_data
mnist = input_data.read_data_sets('mnist_data', one_hot=True)
```

read_data_sets 函数首先会查看当前目录下 mnist_data 中有没有 MNIST 的数据，如果没有，则从网络上下载；如果有，则直接解压。

one_hot=True，表示把下载的样本标签数据转换成 one-hot 编码。one-hot 编码方式通常用于分类模型，如在该案例中，数字总共有 10 个类型，则该 one-hot 编码就会占 10 位，数字 0 的 one-hot 编码是 1000000000，也就是第 0 位上的数字为 1，其他位置上的数字为 0，数字 1 的 one-hot 编码就是 0100000000。依次类推，对应位置上的数字为 1，其他位置的数字都为 0，有多少种类别就占据多少位。

上面的代码执行完成后会在当前目录下的 mnist_data 文件夹下有如图 5-7 所示的数据，即两个标签数据文件（t10k-labels-idx1-ubyte.gz 和 train-labels-idx1-ubyte.gz）和两个图片数据文件（train-images-idx3-ubyte.gz 和 t10k-images-idx3-ubyte.gz）。

```
▼ mnist_data
    t10k-images-idx3-ubyte.gz
    t10k-labels-idx1-ubyte.gz
    train-images-idx3-ubyte.gz
    train-labels-idx1-ubyte.gz
```

图 5-7　mnist 数据包

2．分析图片特点，定义变量

上一步骤下载了数据，现在对数据进行分析。

TensorFlow 读取到数据后，把整个数据集分为三大类：训练数据集、测试数据集、验证数据集，每种数据集中都包含了图片及其标签数据（使用了 one-hot 编码）。现在验证各种数据集的大小，训练数据集通过 train 属性获取，测试数据集通过 test 属性获取，而验证数据集使用 validation 属性获取。具体代码如下：

```
print(mnist.train.images.shape)
print(mnist.test.images.shape)
print(mnist.validation.images.shape)
```

运行结果如下：

```
(55000, 784)
(10000, 784)
(5000, 784)
```

训练数据集的形状大小是 55 000 × 784；测试数据集的形状大小是 10 000 × 784；验证数据集的形状大小是 5000 × 784，这表示训练数据集的图片有 55 000 张，测试数据集的图片有 10 000 张，验证数据集的图片有 5000 张。数字 784 代表了像素点个数，由于 MNIST 中的每张图片都是 28 像素 × 28 像素[①]的，即 784，这相当于把一张图片从二维的图形拉成了一个一维的数据。

下面验证图片和标签的对应关系，这里选取训练数据集中的第二张图片和第二个标签数据。由于现在的图片数据是一维的，因此首先将其转化为二维的，再把图片展示出来。具体代码如下：

```
# 读取第二张图片
im = mnist.train.images[1]
# 把图片数据变成 28 × 28 的数组
im = im.reshape(-1, 28)
# 展示图片
pylab.imshow(im)
pylab.show()
# 打印第二个标签数据
print(mnist.train.labels[1])
```

pylab 显示第二张图片如图 5-8 所示。

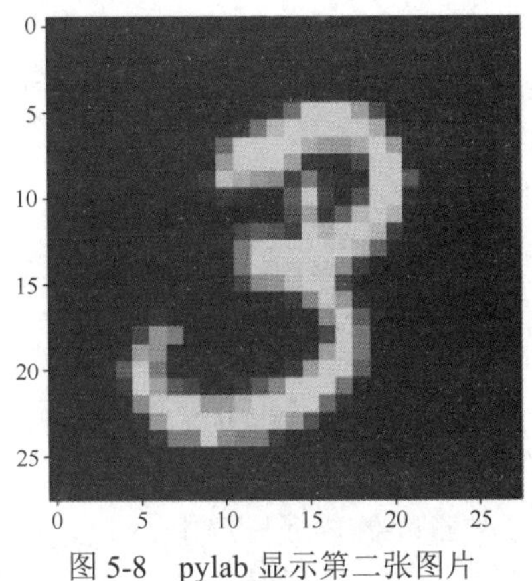

图 5-8　pylab 显示第二张图片

① 为使表达简洁，书中提到图像大小时有时会将其单位“像素”省略，如将 28 像素 × 28 像素直接写为 28 × 28。

标签数据打印出来的结果如下：

```
[0. 0. 0. 1. 0. 0. 0. 0. 0. 0.]
```

可以看出，第四个位置上为 1，按照 one-hot 编码规则，可知它表示的是 3。

刚刚对三个数据集的形状大小以及特点进行了分析，现在介绍三种数据集的使用场景。训练数据集用于对构建的神经网络进行训练，使得神经网络学习到其中的“经验”，然后使用测试数据集验证训练的正确率，可以使用验证数据集评估模型的泛化能力。

现在定义输入输出的参数，输入是一张张的图片，其大小为 $n \times 784$（表示 n 张图片），而输出是推测出的数字 one-hot 编码，每张图片对应一个 one-hot 编码，所以输出的形状是 $n \times 10$。

具体代码如下：

```
import tensorflow as tf
# 图片输入占位符
x = tf.placeholder(tf.float32, [None, 784])
# 图片标签数据占位符
y = tf.placeholder(tf.float32, [None, 10])
```

[None, 784]中的 None 值表示这个对应维度可以是任意长度，x、y 占位符形状中的 None 表示根据图片张数来确定。

3．构建模型

TensorFlow 中构架模型通常分为如下几步：

（1）定义权重和偏置项。

（2）定义正向传播函数。

（3）定义反向传播函数。

1）定义权重和偏置项

TensorFlow 中都是使用各属性值分别乘以相应的权重，然后加上偏置项来推测输出的。本案例也需要定义权重和偏置项。首先确定权重的形状，由于一张图片中有 784 个像素，为了确定每个像素对于最终结果的影响，所以需要分别对这 784 个像素点进行权重求值，通过这个权重需要输出的是一个长度为 10 的数组（因为本案例的类别有 10 个类别），所以权重的形状为 784×10；对于权重求出来的结果需要加上偏置项，所以偏置项的形状为长度为 10 的数组。定义权重和偏置项代码如下：

```
# 定义权重
weights = tf.Variable(tf.random_normal([784, 10]))
# 定义偏置项
biases = tf.Variable(tf.zeros([10]))
```

通常，权重的初始值设置为随机数，而偏置项的初始值设置为 0。

2）定义正向传播函数

正向传播函数是通过当前的权重和偏置项推测出一个结果来。本案例使用 Softmax 分类器进行分类。从神经网络的输出层得到的结果经过 Softmax 分类器计算后，会得到每个可能标签的概率分布情况，最后取概率最大的标签作为分类的最终结果。如一个图片经过 Softmax 后的输出结果可能是[0.1, 0.1, 0.6, 0.0, 0.1, 0.0, 0.0, 0.1, 0.0, 0.0]，这个结果代表的含义：图片是数字 0 的概率为 0.1，是数字 1 的概率为 0.1，是数字 2 的概率为 0.6，依次类推。可以看出，图片是数字 2 的概率最大，则可以将该图片作为数字 2。定义正向传播函数代码如下：

```
# 定义正向传播函数
pred = tf.nn.softmax(tf.matmul(x, weights) + biases)
```

这里把图片数据的权重和作为 softmax 函数的输入值，从而求出结果的概率分布。通过正向传播函数，基于当前的权重和偏置能够推断出图片对应的数字，但是基于原始的权重和偏置项推测出来的结果会有很大的误差。为了减少误差，使推断更加准确，需要学习反向传播函数。

3）定义反向传播函数

正向传播函数用于预测，而反向传播函数用于学习调整，同时可减小整个神经网络的误差。因此，定义反向传播函数有两个步骤：第一步，定义损失函数，也就是推测值与标签数据之间的误差；第二步，使用优化器减少损失。

本案例中使用交叉熵定义预测值和实际值之间的误差，并使用梯度学习算法学习以达到快速减少误差的目的。具体代码如下：

```
# 定义损失函数
cost = tf.reduce_mean(-tf.reduce_sum(y*tf.log(pred), reduction_indices=1))
# 定义学习率
learning_rate = 0.01
# 使用梯度下降优化器
optimizer = tf.train.GradientDescentOptimizer(learning_rate).minimize(cost)
```

在这个过程中，weights 和 biases 会不停地进行调整，以达到最小损失的效果。

4．训练模型并输出中间状态

模型构建好后，需在会话中训练数据，即运行优化器。这个过程对整体数据迭代 25 次，使用 train_epochs 定义；一次迭代中，每次取出训练集中的 100 张图片进行训练，直到所有图片训练完成，训练集大小用 batch_size 定义；每迭代 5 次展示当前的损失值。

```
# 迭代次数
train_epochs = 25
# 批次数据大小
batch_size = 100
# 每隔多少次展示一次损失值
display_step = 5
with tf.Session() as sess:
    # 初始化所有变量
    sess.run(tf.global_variables_initializer())
    # 启动循环训练
    for epoch in range(train_epochs):
        # 当前迭代的平均损失值
        avg_cost = 0
        # 计算批次数
        total_batches = int(mnist.train.num_examples / batch_size)
        # 循环所有训练数据
        for batch_index in range(total_batches):
```

```
            # 获取当前批次的数据
            batch_x, batch_y = mnist.train.next_batch(batch_size)
            # 运行优化器，并得到当前批次的损失值
            _, batch_cost = sess.run([optimizer, cost], feed_dict={x:batch_x, y:batch_y})
            # 计算平均损失
            avg_cost += batch_cost / total_batches
        if (epoch + 1) % display_step == 0:
            print('Epoch:%04d cost=%f' % (epoch+1, avg_cost))

    print("Train Finished")
```

最终运行结果如下：

```
Epoch:0005 cost=2.160714
Epoch:0010 cost=1.338857
Epoch:0015 cost=1.070279
Epoch:0020 cost=0.931654
Epoch:0025 cost=0.844308
Train Finished
```

可以看到，随着迭代的不断进行，损失值在不断减小。

5. 测试模型

模型训练完成后，需要使用测试数据集来验证模型的好坏。准确率的算法：判断预测结果和真实标签数据是否相等，如果相等，则预测正确；否则，预测错误，最后使用正确个数除以测试数据集个数即可得到准确率。由于是 one-hot 编码，所以这里使用 argmax 函数返回 one-hot 编码中数字为 1 的下标，如果预测值下标和标签值下标相同，则说明推断正确。

测试模型代码如下：

```
    # 比较每个推测结果，得出一个长度为测试数据集大小的数组，数组中的值都是 bool 型的，推断正确为 True，否则为 False
    correct_prediction = tf.equal(tf.argmax(pred, 1), tf.argmax(y, 1))
    # 首先把上面的 bool 值转换成数字，True 转换为 1，False 转换为 0，其次求准确值
    accuracy = tf.reduce_mean(tf.cast(correct_prediction, tf.float32))
    print('Accuracy:%f' % accuracy.eval({x:mnist.test.images, y:mnist.test.labels}))
```

注意：这段代码应在对话上下文管理器中执行。

测试正确率的方法和损失函数的定义方式略有差别，但意义却类似。

6. 保存模型

模型训练好后，可以将其保存下来，以便下一次使用。要保存模型，必须创建一个 Saver 对象，实例化后调用该对象的 save 方法进行保存，代码如下。

```
    # 实例化 Saver
    saver = tf.train.Saver()
    # 模型保存位置
    model_path = 'log/t10kmodel.ckpt'
    save_path = saver.save(sess, model_path)
    print('Model saved in file:%s' % save_path)
```

代码运行完成后，就会在当前目录下的 log 目录下保存模型。模型保存目录结构如图 5-9 所示。

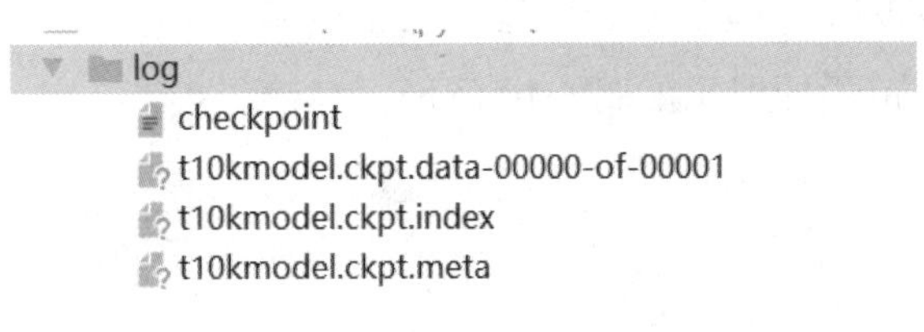

图 5-9 模型保存目录结构

7．加载模型

保存后的模型可以被用来加载，以解决类似的问题。以下面的实验为例：首先使用 Saver 的 restore 函数加载模型，其次使用加载回来的模型对两张图片进行预测，并使其与真实数据进行比较。

这里需要重启一个会话，然后再进行模型的加载，代码如下：

```
print("Starting 2nd session...")
with tf.Session() as sess:
    # 初始化变量
    sess.run(tf.global_variables_initializer())
    # 恢复模型变量
    saver = tf.train.Saver()
    model_path = 'log/t10kmodel.ckpt'
    saver.restore(sess, model_path)
    # 测试模型
    correct_prediction = tf.equal(tf.argmax(pred, 1), tf.argmax(y, 1))
    # 计算准确率
    accuracy = tf.reduce_mean(tf.cast(correct_prediction, tf.float32))
    print ("Accuracy:", accuracy.eval({x: mnist.test.images, y: mnist.test.labels}))
    output = tf.argmax(pred, 1)
    batch_xs, batch_ys = mnist.train.next_batch(2)
    outputval,predv = sess.run([output,pred], feed_dict={x: batch_xs})
    print(outputval,predv,batch_ys)
    im = batch_xs[0]
    im = im.reshape(-1,28)
    pylab.imshow(im)
    pylab.show()
    im = batch_xs[1]
    im = im.reshape(-1,28)
    pylab.imshow(im)
    pylab.show()
```

代码运行结果如下：

```
Starting 2nd session...
Accuracy: 0.8355
[5 0] [[4.7377224e-08 3.1628127e-12 3.2020047e-09 1.0474083e-05 1.2764868e-11
  9.9984884e-01 8.5975152e-08 6.0223890e-15 1.4054133e-04 2.6081961e-09]
```

```
[1.0000000e+00 6.2239768e-19 1.7162091e-10 2.9598889e-11 7.0261283e-20
  2.1224080e-09 4.5077828e-16 1.6341132e-15 2.5803047e-13 9.8767874e-16]] [[0. 0. 0. 0. 0. 1. 0. 0. 0. 0.]
[1. 0. 0. 0. 0. 0. 0. 0. 0. 0.]]
```

两张图片在 PyCharm 中的展示如图 5-10 所示。

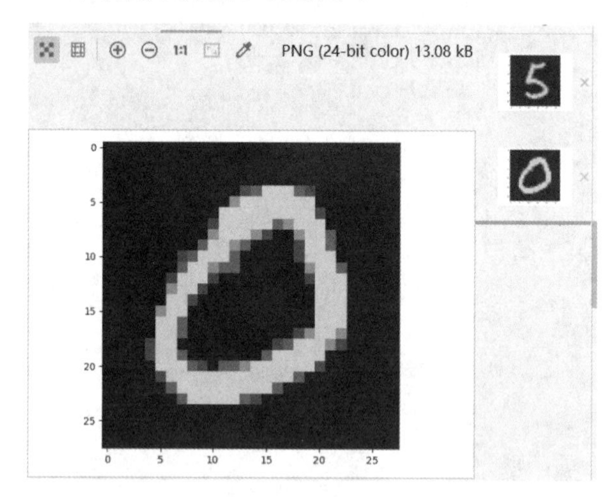

图 5-10　两张图片在 PyCharm 中的展示

从本次测试结果可以看到，用于实验的两张图片分别是 5 和 0。

第一个数组计算出的结果也是[5, 0]，说明预测是正确的。

第二个数组是一个 2 × 10 的数组，是概率分布结果。可以看到，第一个长度为 10 的数组中第 6 个位置的概率为 9.998 488 4e - 01，可能性非常大，表示这张图片很大概率是 5；第二个长度为 10 的数组中第 1 个位置的概率为 1.000 000 0e + 00，说明这张图片很大概率是 0。

第三个数组是两张图片的 one-hot 编码，也可以看出这两张图片是 5 和 0。

每次测试所使用的图片数据可能不一样，读者可根据实际情况，查看数据。

5.5　本章小结

本章首先介绍了 TensorFlow 框架中计算图和张量的由来，其中计算图是计算模型，张量为数据模型；其次，通过对 TensorFlow 系统结构的介绍，以及会话、占位符的使用，使读者加强对会话的理解；接着介绍了 TensorFlow 的变量；最后通过识别手写数据集的完整案例，使读者熟悉神经网络模型的建模流程。

第 6 章　单个神经元

前面章节系统介绍了深度学习框架 TensorFlow 的安装与基本使用，并使用 TensorFlow 进行了一些简单案例的实现。从本章开始，我们将真正开始深度学习理论知识的学习。深度学习的概念源于人工神经网络的研究，神经网络又是由多个神经元组成的，所以在介绍神经网络之前，先从单个神经元的工作原理开始介绍。一个神经元由激活函数、损失函数、梯度下降三个关键知识点组成，本章基于这三个重点展开介绍。

6.1　神经元拟合原理

第 5 章进行了基于 TensorFlow 的图片中模糊数字识别案例的实现，建立的模型是一个由单个神经元组成的网络模型，该网络模型如图 6-1 所示。

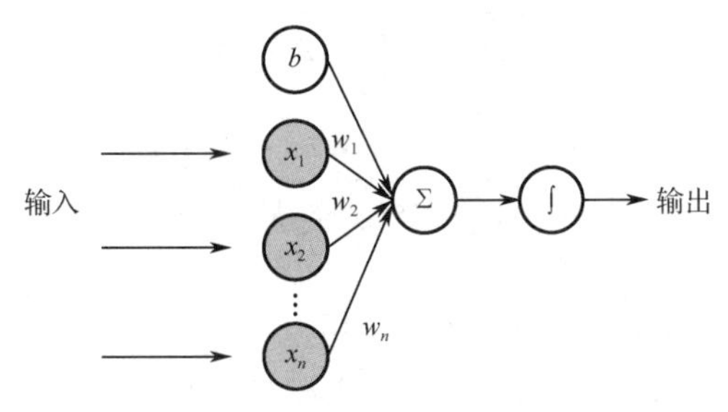

图 6-1　单个神经元网络模型

对应的数学公式如下所示：

$$z=\sum_{i=1}^{n} w_i \cdot x_i + b = w \cdot x + b$$

式中：z 表示输出的结果；x 表示输入；w 表示权值；b 为偏置值。模型每次的学习都是对 w 和 b 的一次调整，以得到一个合适的值，最终由这个值配合运算公式所形成的逻辑就是神经网络的模型。

图 6-1 中的过程可以这样理解：在初端，传递的信号大小是 x，端中间有加权参数 w 和偏置 b，经过加权后的信号会变成 $w \cdot x$，再加上偏置 b，因此在连接的末端，信号的大小就变成了 $w \cdot x + b$。类似于神经末梢感受各种外部环境的变化，最后产生电信号。

图 6-1 所示模型的工作过程类似于大脑中神经元的工作过程。事实上，深度学习的神经网络就是借助了生物学对脑神经系统的研究成果。对于神经元的研究由来已久，1904 年生物学家就已经知晓了神经元的组成结构。人脑中的神经元形状可以用图 6-2 简单说明。

图 6-1 和图 6-2 所展示的工作过程大同小异：

● 信息输入：大脑神经细胞靠生物电进行信息传递，可以理解为经过神经元网络模型的具体数据。

● 每个信息输入的处理：大脑神经细胞通常有多个树突，树突有粗有细，经过不同树突传递过来的生物电会有不同的影响。在神经网络中，每个输入对输出信号影响的大小取决于

相应的权重 w。每个输入节点都会与相关连接的 w 相乘，也就实现了对信号的放大和缩小处理。

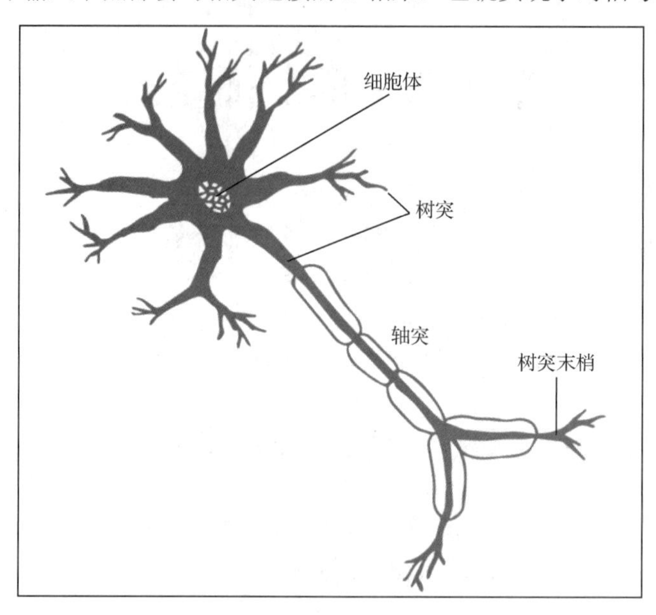

图 6-2　单个神经细胞

● 信息输出：在大脑神经细胞中，信号由多个不同粗细的树突传入，由生物细胞体进行判断做出最终结果信号输出，输出信号经由轴突往后传递。在神经网络中，由激活函数对加权求和后的结果进行处理，得到最终的输出。

可以看出，针对神经网络中神经元工作原理的学习，我们可以从大脑神经细胞得到启发。其中，神经网络的训练就是通过反复供给模型输入、输出，不断调整模型参数，直到模型可以较好地拟合输入、输出间的复杂关系。

6.1.1　正向传播

图 6-1 和图 6-2 展示的均为正向传播神经网络，即整个网络中无反馈，数据（或信号）从输入层向输出层单向传播。这样一个正向传播过程是建立在假设有合适的 w 和 b 的基础上，才可以实现对数据的正确拟合。真实情况下，每次训练无法得知所采用的 w 和 b 是否合适，因此真正的学习过程需要有一个反馈机制，以告诉训练者利用现有模型是否能够实现准确拟合。

因此，学习过程中需要加入一个特殊的训练过程，该训练通过反向误差传递的方法使模型自动修正，最终产生一个合适的权重。具体如何修正，TensorFlow 已经实现。

6.1.2　反向传播

1. 反向传播概述

在神经网络中，反向传播是根据损失函数来反方向地对参数 w 和 b 求偏导，也就是求梯度。这里需要使用梯度下降法来对参数进行不断更新（梯度下降法将在 6.4 节详细介绍）。根据求偏导的链式法则可知，第 i 层参数的梯度需要通过第 $i+1$ 层的梯度来求得，因此求导的过程是“反向”的，这就是“反向传播”的由来。

反向传播的意义在于，在一次次的训练过程中，模型根据反向传递过来的损失函数值不

断地对权重 w 进行调整，直到损失函数的值小于某个阈值为止。在刚开始没有得到合适权重时，正向传播输出的值与实际值有误差，反向传播负责将这个误差反馈给参数，此时权重做出适当的调整。

在 TensorFlow 框架中，需要自己构建正向传播过程和损失函数，反向传播过程是自动完成的。反向传播中，可以使用 BP 算法将每次训练得到的误差转化为权重的误差。

2．BP 算法

BP 算法又称“误差反向传播算法”。其核心是：通过迭代地处理一组训练样本，让正向传播中每个样本的实际输出与真实值比较，并不断调整神经网络的权值和阈值，使网络的误差最小化。

本节中，正向传播的模型是清晰的，即 $z = w \cdot x + b$，而通过对应的损失函数，如均方误差 $\text{loss} = \frac{1}{n}\sum_{i=1}^{n}(z_{\text{预测值}} - z_{\text{真实值}})^2$，可以得到损失值 loss。

为了使损失值 loss 最小化，可以对损失函数关于 w 和 b 求导，找到最小值时刻的函数切线斜率（梯度），并使 w 和 b 的值沿着这个梯度方向调整，每次调整的幅度由参数“学习率”来控制。通过不断地迭代学习，使得误差逐渐接近最小值或小于某个具体的阈值。

注意：这里的梯度和学习率均会在后面有详细介绍，此处不做要求。

6.2　激活函数

激活函数（Activation Function）是在人工神经网络的神经元上运行的函数，负责将神经元的输入映射到输出端。如图 6-1 所示，在神经元中，输入数据通过加权求和后，还被作用于一个函数 $\int$，这就是激活函数。

引入激活函数是为了增加神经网络模型的非线性，以解决线性模型表达能力不足的缺陷。如果神经网络中不使用激活函数，则该神经网络每一层的输出都是上层输入的线性函数。此时，无论神经网络有多少层，输出都是输入的线性组合，但这不利于图像、音频、文本等具有非线性特征的复杂数据的训练学习。

激活函数是连续的（Continuous）、可导的（Differential）。

- 连续的：当输入值发生较小的改变时，输出值也发生较小的改变。
- 可导的：在定义域中，每一处都存在导数。

激活函数是神经网络中一个重要的环节，本节将详细介绍 Sigmoid、Tanh、ReLU 和 Swish 等几种常用的激活函数。

6.2.1　Sigmoid 函数

Sigmoid 是常用的非线性的激活函数，可以将全体实数映射到 $(0,1)$ 区间上。其采用非线性方法将数据进行归一化处理，通常用在回归预测和二分类（按照是否大于 0.5 进行分类）模型的输出层中。

1．函数介绍

Sigmoid 函数又称为逻辑函数（Logistic Function），是一种常见的 S 形函数。

该函数的数学公式如下：

$$\mathrm{Sigmoid}(x)=\frac{1}{1+\mathrm{e}^{-x}}$$

Sigmoid 函数对应曲线如图 6-3 所示。可以看出，该函数曲线形如 S。

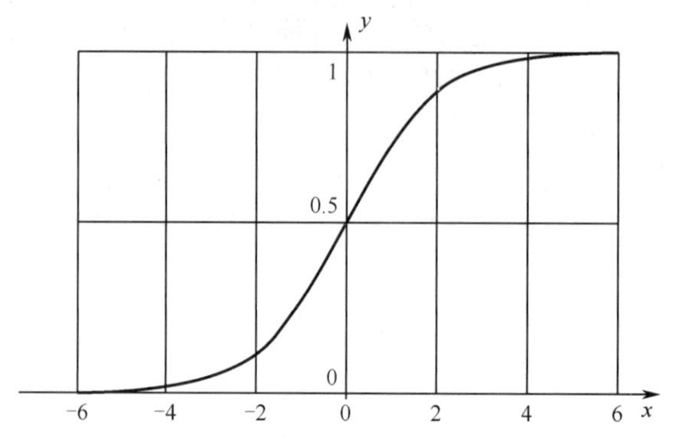

图 6-3　Sigmoid 函数对应曲线

从图 6-3 中的函数曲线可知，x 取值的范围为 $(-\infty,+\infty)$，y 的取值范围是 $[0,1]$，且 x 趋近正负无穷大时，y 对应的值越来越接近 1 或 0，这种情况称为饱和。当 $x_1=1000$ 和 $x_2=10\,000$ 时，利用 Sigmoid 函数对 x_1，x_2 分别进行映射得到的 y_1，y_2 值几乎都等于 1，说明此时已接近饱和状态。另外，从曲线可知当 x 取值在 −6～6 时，Sigmoid 函数的映射值具有较大的区分度。尤其当 x 在−3～3 时，映射的区分度更为明显。

Sigmoid 函数曾经被广泛使用，但近年来，使用不再频繁。

2．在 TensorFlow 中的实现

Sigmoid 函数在 TensorFlow 中的对应函数为：

```
tf.nn.sigmoid(x,name=None)
```

其中：

x：一个张量，可以是 float16、float32、float64、complex64 或 complex128。

name：操作的名称（可选）。

函数返回：与 x 具有相同类型的张量。

6.2.2　Tanh 函数

Tanh 是常用的非线性的激活函数，可以说是 Sigmoid 函数的值域升级版。在具体应用中，Tanh 函数相比于 Sigmoid 函数往往更具有优越性。

1．函数介绍

Tanh 函数又称为双曲正切函数。其数学公式如下：

$$\mathrm{Tanh}(x)=\frac{\mathrm{e}^{x}-\mathrm{e}^{-x}}{\mathrm{e}^{x}+\mathrm{e}^{-x}}=2\mathrm{Sigmoid}(2x)-1$$

Tanh 函数对应的曲线如图 6-4 所示。

由图 6-4 可知，x 的取值范围为 $(-\infty,+\infty)$，y 的取值范围是 $[-1,1]$，相对于 Sigmoid 函数有更广的值域。但是在要求输出大于 0 的情况下，还应使用 Sigmoid 函数。

Tanh 函数有着同 Sigmoid 函数一样的缺陷，即在 x 趋于正负无穷大时的饱和问题，所以在使用 Tanh 函数时，也要注意输入值的绝对值不能过大。

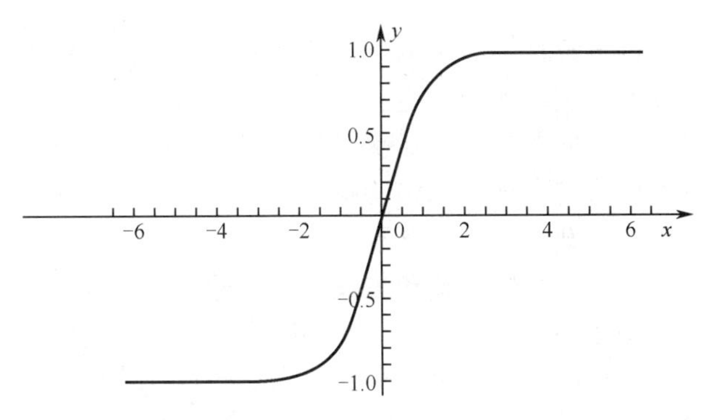

图 6-4　Tanh 函数对应的曲线

2．在 TensorFlow 中的实现

Tanh 函数在 TensorFlow 中的对应函数为：

```
tf.nn.tanh(x,name=None)
```

其含义为计算 x 元素的 Tanh 值，其中参数：

x：一个张量，可以是 float16、float32、float64、complex64 或 complex128。

name：操作的名称（可选）。

函数返回：与 x 具有相同类型的张量。

6.2.3　ReLU 函数

ReLU 函数是除 Sigmoid 函数和 Tanh 函数外，一种更为常用的激活函数，建议在搭建神经网络时优先使用。

1．函数介绍

线性整流函数（Rectified Linear Unit，ReLU）通常指以斜坡函数及其变种为代表的非线性函数。

ReLU 函数的数学公式如下：

$$\mathrm{ReLU}(x)=\max(0,x)=\begin{cases}x, & x\geqslant 0\\0, & x<0\end{cases}$$

ReLU 函数对应的曲线如图 6-5 所示。

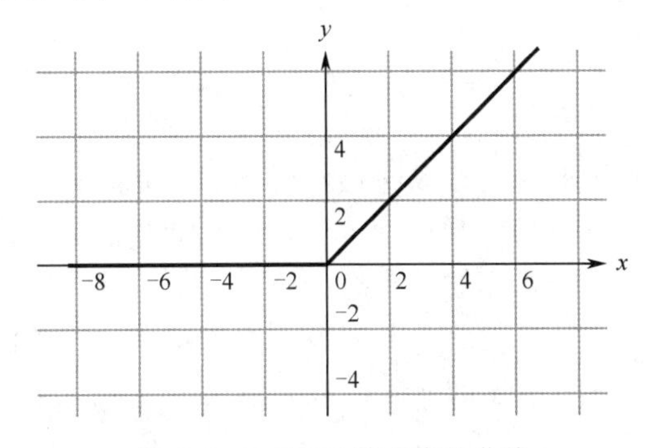

图 6-5　ReLU 函数对应的曲线

由图 6-5 可知，x 的取值范围为 $(-\infty,+\infty)$，y 的取值范围为 $[0,+\infty)$，即大于 0 的取原值，否则一律取 0。

ReLU 函数的一个优点是其计算非常简单，只需要使用阈值判断即可，导数也几乎不用计算，这能很大程度上提升深度学习的性能。

此外，ReLU 这种对正向信号重视、对负向信号忽视的特性，与人类神经元细胞对信号的反应很相似，这种特性使得它在神经网络的拟合过程中起到一个很重要的作用。

2．在 TensorFlow 中的实现

在 TensorFlow 中，ReLU 函数的实现存在以下两个对应的函数。

- tf.nn.relu(x，name=None)：一般的 ReLU 函数，即 $\mathrm{ReLU}(x)=\max(x,0)$ 。
- tf.nn.relu6(x，name=None)：以 6 为阈值的 ReLU 函数，即 $\mathrm{ReLU}(x)=\min(\max(x,0),6)$ 。

relu6 的必要性是防止梯度爆炸，当节点和层数特别多且输出都为正时，这些输出值的和会很大，特别是在经历几层变换后，预测值和真实值的误差可能会很大，这将导致对参数调整修正值过大，造成巨大的网络抖动。

3．ReLU 拓展函数

1）Softplus 函数

Softplus 函数与 ReLU 函数类似，其数学公式如下：

$$\mathrm{Softplus}(x)=\ln(1+\mathrm{e}^{x})$$

Softplus 函数和 ReLU 函数对应的曲线如图 6-6 所示。

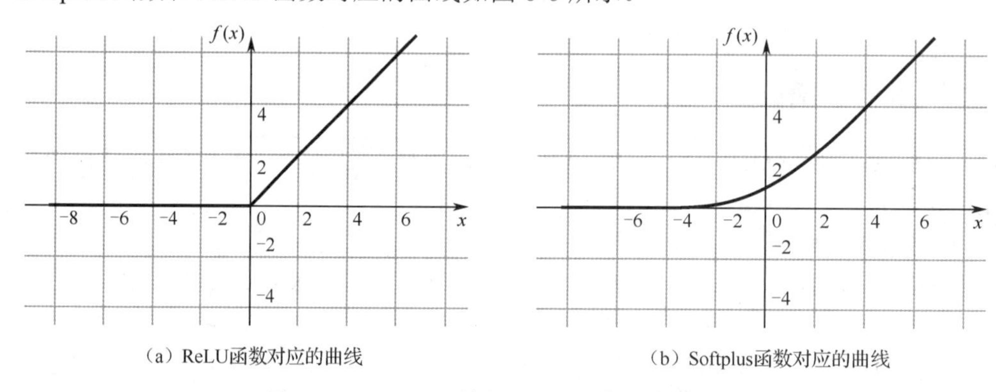

（a）ReLU函数对应的曲线　　（b）Softplus函数对应的曲线

图 6-6　Softplus 函数和 ReLU 函数对应的曲线

可以看出，Softplus 函数更加平滑，但是计算量更大，而且对于小于 0 的值的信息保留得相对多一点。

Softplus 函数在 TensorFlow 中的实现：

```
tf.nn.softplus(x,name=None)
```

注意：从图 6-6 中可以看出，ReLU 是分段线性函数，所有小于等于 0 的值都被映射为 0，所有的正值不变，这种操作被称为单侧抑制。这种单侧抑制很容易使模型输出全为零，从而无法再进行训练。例如，随机初始化的 w 中有个值是负值，其对应的正值输入特征将被全部屏蔽，而负值输入值反而被激活，但这不是我们想要的结果。因此演化出一系列基于 ReLU 函数的变种函数，以下介绍几个常见的变种函数。

2）Noisy ReLUs 函数

Noisy ReLUs 函数的数学公式如下：

$$f(x)=\max(0,x+Y),Y\in N(0,\sigma(x))$$

式中：Y 是均值为 0，方差为 $\sigma(x)$ 的正态分布。Y 是在 ReLU 函数的基础上，为 x 增加了一个高斯分布的噪声，具体代码实现是只需在进行 ReLU 函数计算前，对 x 进行平移变换。

3）Leaky ReLUs 函数

Leaky ReLUs 函数的数学公式如下：

$$f(x)=\begin{cases}x, & x>0 \\ 0.01x, & x\leqslant 0\end{cases}$$

该函数是在 ReLU 函数的基础上，对于负值信息，采取缩小影响、部分保留的策略。

进一步地，还可以使上式中 $x\leqslant 0$ 时的权值 0.01 可调，得到 Leaky ReLUs 函数公式如下：

$$f(x)=\begin{cases}x, & x>0 \\ ax, & x\leqslant 0\end{cases}$$

即

$$f(x)=\max(x,ax)$$

式中：$a\leqslant 1$。

Leaky ReLUs 函数的公式在 TensorFlow 中无实现函数，但可以和 Noisy ReLUs 函数一样利用现有函数实现：

```
tf.maximum(x, ax, name=None)
```

其中：a 为传入的可调参数，$a\leqslant 1$。

4）ELUs 函数

ELUs 函数是“指数线性单元”，是在 ReLU 函数的基础上，对于负值信息进行了更复杂的变换。其数学公式如下：

$$f(x)=\begin{cases}x, & x\geqslant 0 \\ a(\mathrm{e}^x-1), & x<0\end{cases}$$

ELUs 函数对应的曲线如图 6-7 所示。

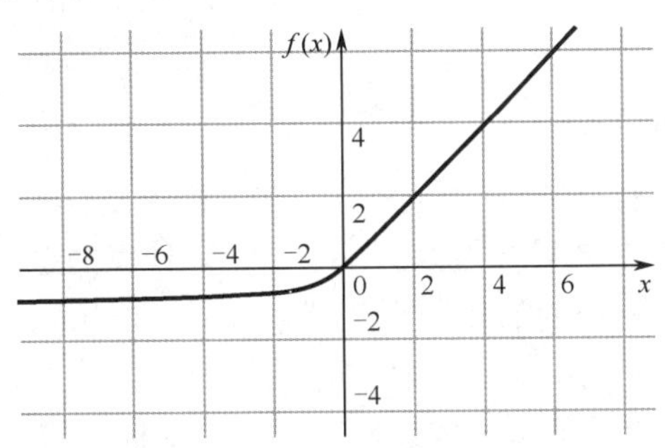

图 6-7　ELUs 函数对应的曲线

ELUs 函数的问题在于其计算量稍大，它试图将激活函数的平均值接近零，从而加快学习的速度。同时，它还能通过正值的标识来避免梯度消失的问题。研究表明，ELUs 的分类精确度是高于 ReLU 的。

ELUs 函数在 TensorFlow 中的实现如下：

```
tf.nn.elu(x, name=None)
```

6.2.4 Swish 函数

Swish 是 Google 提出的一种新型激活函数，效果优于 ReLU 函数。

1. 函数介绍

Swish 函数拥有不饱和、光滑、非单调性的特征，在不同的数据集上都表现出了优于当前最佳激活函数的性能。

Swish 函数的数学公式如下：

$$f(x) = x \cdot \text{Sigmoid}(\beta x)$$

式中：β 为 x 的缩放参数，一般情况取默认值1，可以是常数或可训练的参数。

当 β 取不同的值时，Swish 函数对应的曲线如图 6-8 所示。

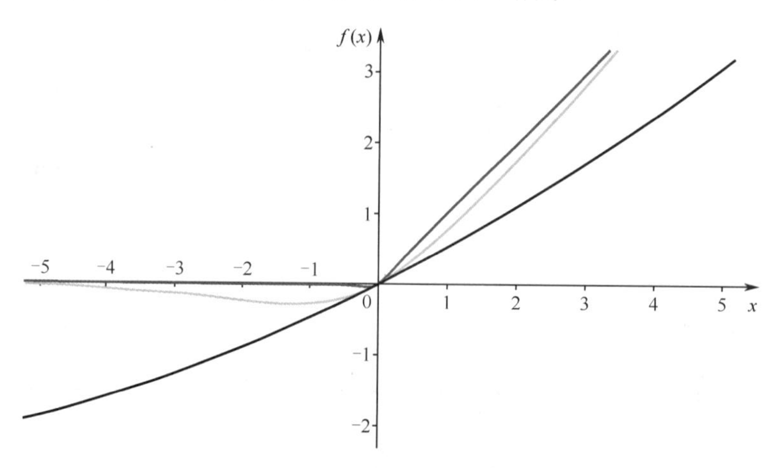

图 6-8 Swish 函数对应的曲线

2. 在 TensorFlow 中的实现

Swish 函数在 TensorFlow 中无函数实现，但可以利用现有函数手动封装实现：

```
def Swish(x,beta=1):
    return x*tf.nn.sigmoid(x*beta)
```

本文所介绍的几种常用的激活函数 Sigmoid、Tanh、ReLU 和 ReLU 的一些变种函数中，Tanh 函数在特征相差明显时的效果会很好，在不断循环计算的过程中，该函数会不断扩大特征效果并显示出来。但是当特征间的相差不是特别大时，Sigmoid 函数的效果会更好一些。而 ReLU 函数相对于前两者更为常用，它将数据转化为只有最大数值、其他都为 0 的稀疏数据，这种变换可以近似最大限度地保留数据特征。Google 提出的新型激活函数 Swish 在深层模型上的效果优于 ReLU 的。

6.3 Softmax 算法与损失函数

Softmax 算法可谓是分类任务的标配，既可作为模型进行训练，又可作为激活函数使用。此外，神经元的第二个关键知识点——损失函数，是决定网络学习质量的关键。

6.3.1 Softmax 算法

1. 什么是 Softmax

Softmax 是机器学习中一个非常重要的工具，可以独立作为机器学习的模型进行建模训练，还可以作为深度学习的激活函数。它是 Logistic 回归模型（Sigmoid 激活函数）在多分类问题上的推广，适用于多分类问题，且类别之间互斥，即只属于其中一个类的场合。其作用是计算一组数值中每个值的占比。

Softmax 算法对应的数学公式如下：

$$P(S_i)=\frac{\mathrm{e}^{\mathrm{logits}_i}}{\sum_{k=1}^{K}(\mathrm{e}^{\mathrm{logits}_k})}$$

该公式描述的场景：设一共有 K 个用数值表示的目标分类，$P(S_i)$ 为样本数据属于第 i 类的概率，$k\in[1,K]$，K 表示分类个数，logits_i 表示本层输入数据中对应该分类的分量值，logits：表示神经网络的一层输出结果，一般是全连接层的输出。logits 和统计中定义的 $\mathrm{logits}=\log(p/1-p)$ 没有关系，深度学习中的数据在输入激活函数之前都可以称为 logits。

Softmax 通常应用在多分类问题的输出层，它可以保证所有输出神经元之和为 1，而每个输出对应的 [0,1] 区间的数值就是该输出的概率，在应用时取概率最大的输出作为最终的预测。

2. Softmax 原理

图 6-9 所示为一个简单的 Softmax 网络模型。

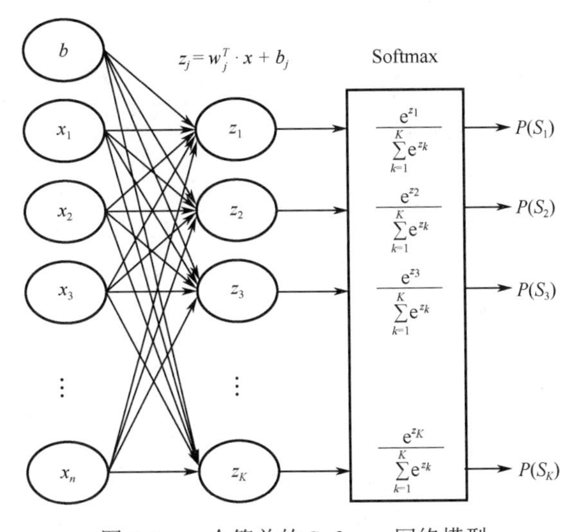

图 6-9　一个简单的 Softmax 网络模型

其中：

$$z=wx+b=\sum_{k=1}^{K}z_k=\sum_{k=1}^{K}w_k^T\cdot x_k+b_k$$

该模型表达的是：输入形如 x_1，x_2，…，x_n 的样本数据，准备生成 S_1，S_2，…，S_K 的 K 个类。根据 Softmax 算法思想，对于第 i 个样本 $(x_{1i}$，x_{2i}，…，$x_{ni})$ 属于 S_1 类的概率，可以转化为

$P(S_1)=\dfrac{\mathrm{e}^{z_1}}{\sum_{k=1}^{K}(\mathrm{e}^{z_k})}=\dfrac{\mathrm{e}^{w_1^T\cdot x_i+b_1}}{\sum_{k=1}^{K}(\mathrm{e}^{z_k})}$。同理，可得到样本属于其他类别的概率 $P(S_2)$，$P(S_3)$，…，$P(S_K)$，比较得出其中最大的概率值对应的类别，即为经过 Softmax 算法处理后，得到的该样本所属类别。

例如，某神经网络模型的上一层输出结果 $\text{logits}=[9,6,3,1]$，经过 Softmax 转换后为

$$\text{logits\_Softmax}=[0.950\,027\,342\,724\quad 0.047\,299\,076\,263\,5\quad 0.002\,354\,882\,343\,67\quad 0.000\,318\,698\,668\,969]$$

显然，Softmax 函数将上层输出 logits 映射到区间[0,1]，而且进行了归一化处理，结果的所有元素的和为 1。归一化处理后的结果可以直接当作概率对待，可选取概率最大的分类标签（第一类）作为预测的目标。

可以看出，Softmax 函数使用了指数，这样可以使大的值更大、小的值更小，增加了区分对比度，从而使学习效率更高。而且 Softmax 函数是连续可导的，消除了拐点，这个特性在机器学习的梯度下降法中非常有用。如在第 5 章的 MNIST 手写数字图片分类案例中，要求把每一张图片都表示成一个 0～9 的数字，因此需要计算出每个图片属于每个数字的概率，取最大概率值对应的数字，便是该图片的分类结果。这就是一个 Softmax 回归模型的典型案例。

注意：实际使用中，Softmax 的分类标签均为 one_hot 编码。用 Softmax 计算时，将目标分为几类，最后一层就要有几个输出节点（神经元）。

3．在 TensorFlow 中的实现

除了 Softmax 模型，深度学习还有很多分类函数，这里不再一一介绍。Softmax 函数在 TensorFlow 中的实现如下：

```
tf.nn.softmax(logits,name=None)
```

该函数用来计算神经网络上层输出 logits 的 Softmax 值，并返回向量各个位置的得分（概率）。

另外，对 Softmax 值取对数，也可以实现分类的效果。对应的数学公式为

$$\text{logsoftmax}[i,j]=\text{logits}[i,j]-\log\left(\sum(\mathrm{e}^{\text{logits}[i]})\right)$$

Softmax 算法在 TensorFlow 中的实现：

```
tf.nn.log_softmax(logits,name=None)
```

6.3.2 损失函数

1．损失函数概述

在深度学习领域，表示真实值与预测值间的误差常用偏差、error、cost、Loss、损失、代价等词汇来表示。在本节中，使用符号 J 来表示损失函数，使用 Loss 表示误差值。

“损失”是指所有样本的“误差”的总和，即

$$J=\sum_{i=1}^{n}\text{Loss}_i$$

式中：n 为样本数；Loss_i 表示第 i 个样本的误差；J 表示所有样本的误差的总和，即整体样本的损失函数值。

在神经网络训练的过程中，损失函数的作用就是通过计算神经网络每次迭代的正向传播计算结果与真实值的差距，来判断网络是否已经训练到了可接受的状态，从而指导下一步的训练向正确的方向进行。

损失函数可以分为分类和回归两种类型，下面介绍一下比较常见的损失函数：均值平方差（Mean Squared Error，MSE）和交叉熵（Cross Entropy）。

2．常用的损失函数

1）均值平方差

均值平方差也称“均方误差”，常用于回归预测问题的模型评估，度量的是预测值和实际观测值之差的平方的均值。均值平方差只考虑误差的大小，不考虑方向。由于经过平方，与真实值偏离较多的预测值会受到更为严重的惩罚。均值平方差公式为

$$\mathrm{MSE}=\frac{1}{n}\sum_{i=1}^{n}(\mathrm{observed}_i-\mathrm{predicted}_i)^2$$

MSE 的值越小，表明模型拟合得越好。还有其他类似的损失函数，如：

平均绝对偏差 $$\mathrm{MAD}=\frac{1}{n}\sum_{i=1}^{n}|\mathrm{observed}_i-\mathrm{predicted}_i|$$

均方根误差 $$\mathrm{RMSE}=\sqrt{\mathrm{MSE}}$$

需要注意的是，在回归预测问题中计算损失函数值时，预测值与真实值要控制在同样的数据分布内。如经过 Sigmoid 激活函数处理后的值在 $(0,1)$ 之间，则真实的观测值也需要归一化到 0～1，否则损失函数值将失去意义。

2）交叉熵

交叉熵是 Shannon 信息论中一个重要概念，主要用于度量两个概率分布间的差异性信息。在神经网络中作为损失函数，交叉熵一般用在分类问题中，表示预测输入样本属于某一类的概率。随着预测概率偏离实际标签，交叉熵会逐渐增加。交叉熵的值越小，模型拟合得就越好。

对于二分类问题，模型最后需要预测的结果只有两种情况，对于每个类别，预测得到的概率为 p 和 $1-p$。此时交叉熵的计算公式为

$$c=-\frac{1}{n}\sum_{x}[y\ln p+(1-y)\ln(1-p)]$$

式中：n 为记录数，表示对训练样本的误差求和后再取平均；y 表示样本的标签，正类为 1，负类为 0；p 表示样本预测为 1 的概率，是通过分布统一化处理或是经过 Sigmoid 函数激活的，处于 $(0,1)$ 区间。

多分类问题其实就是对二分类问题的拓展，此时交叉熵的计算公式为

$$c=-\sum_{i=1}^{K}y_i\ln(p_i)$$

式中：K 是指目标类别的数量；y_i 是指示变量（0 或 1），如果预测的结果和真实类别相同，则为 1，否则为 0；p_i 是根据正向传播计算的样本属于类别 i 的预测概率。

实际应用中，损失函数还有很多，这里不再一一介绍。通过前面的介绍，可以看出，均值平方差一般用于回归问题，交叉熵一般用于分类问题。另外，损失函数的选取还和输入标签数据的类型有关，如果输入数据为实数、无界的值，则损失函数一般用均值平方差；如果输入标签是位矢量（分类标志），则使用交叉熵效果会更好。

3．TensorFlow 中常见的损失函数

1）均值平方差

TensorFlow 中没有单独的均值平方差函数，常见的几种代码实现如下：

```
MSE = tf.reduce_mean(tf.pow(tf.sub(logits,outputs),2.0))
MSE = tf.reduce_mean(tf.square(tf.sub(logits,outputs)))
MSE = tf.reduce_mean(tf.square(logits-outputs))
```

此处的 logits 代表观测数据的真实标签值，outputs 代表预测值。

2）交叉熵

TensorFlow 中常见的交叉熵函数包括：

（1）Sigmoid 交叉熵。其代码如下：

```
tf.nn.sigmoid_cross_entropy_with_logits(labels=None,logits=None,name=None)
```

计算输入 logits 和 labels 的交叉熵时，要求 logits 和 labels 必须为相同的形状和数据类型。其中：

- logits：神经网络中的 $w \cdot x + b$ 计算的输出，是神经网络的一次正向传播输出的不带非线性函数的结果。logits 的数据类型为 float32 或 float64，形状为[batch_size,num_classes]，单个样本的情况下，形状为[num_classes]。
- labels：和 logits 具有相同的数据类型（float）和形状的张量，即数据类型和张量维度一致。
- name：操作的名字。
- 输出：一个批次（batch）中每个样本的损失，所以一般配合 tf.reduce_mean(loss)使用，输出的形状为[batch_size,num_classes]。

注意： Sigmoid 交叉熵对于输入的 logits 先通过 Sigmoid 函数计算，再计算交叉熵，但是它对交叉熵的计算方式进行了优化，使得结果不至于溢出。Sigmoid 交叉熵的输出不是一个数，而是一个批次中每个样本的损失。

（2）Softmax 交叉熵。其代码如下：

```
tf.nn.softmax_cross_entropy_with_logits(labels=None,logits=None, name=None)
```

计算 logits 和 labels 的 Softmax 交叉熵时，要求 logits 和 labels 必须为相同的形状和数据类型。其中，logits、name 参数和 Sigmoid 交叉熵的一样，不同的是：

- labels：和 logits 具有相同的类型和形状的张量，sum(labels) = 1，一般要求 labels 是独热（one-hot）编码形式，这样效果更好（即 labels 中只有一个值为 1.0，其他值为 0.0）。
- 输出：输出的形状为[batch_size]。

Softmax 交叉熵具体的执行流程可分为两步：

① 对网络最后一层的输出 logits 进行 Softmax，这一步通常是求取输出属于某一类的概率，对于单样本而言，输出就是一个 num_classes 大小的向量[Y1，Y2，Y3，…]（Y1，Y2，Y3，…分别代表属于该类的概率）。

② 对 Softmax 的输出向量[Y1，Y2，Y3，…]和样本的实际标签进行交叉熵。

如果要获得损失值，还需对第二步的结果向量中的元素累加求均值。

③ Sparse 交叉熵。其代码如下：

```
tf.nn.sparse_softmax_cross_entropy_with_logits(labels=None,logits=None, name=None)
```

计算 logits 和 labels 的 Sparse 交叉熵时，要求两者必须为相同的形状和数据类型。与 Softmax 交叉熵不同的是，Sparse 交叉熵的样本真实值与预测结果不需要 one-hot 编码。其中：

- labels：形状为[batch_size]，labels[i]是{0,1,2,⋯,num_classes-1}的一个索引，类型为 int32 或 int64。简言之，使用 Sparse 交叉熵，TensorFlow 会自动将原来的类别索引转换成 one-hot 形式，然后与 labels 表示的 one-hot 向量比较，以计算交叉熵。
- 输出：形状为[batch_size]。

（3）加权 Sigmoid 交叉熵。其代码如下：

```
tf.nn.weighted_cross_entropy_with_logits(labels,logits, pos_weight, name=None)
```

计算具有权重的 Sigmoid 交叉熵，以增加或减少正样本在计算交叉熵时的损失值。其中：

- pos_weight：正样本的一个系数。
- 输出：形状为[batch_size,num_classes]。

当然，在真实的应用场景中，除了可以直接调用 TensorFlow 中实现的损失函数外，也可以自行组织公式计算交叉熵。

6.3.3 综合应用实验

现通过实验案例来演示 Softmax 算法和一些常见的损失函数的具体使用。

1．交叉熵实验

交叉熵在深度学习中很常见，在 TensorFlow 中封装了多种版本。如果读者对其概念的理解与领悟不够扎实，在实际应用场景将很难做出正确的选择，也很难对模型进行调整。这里，我们通过几个实例来加深理解。

假设有一个标签 labels = [[0,0,1],[0,1,0]] 和一个网络输出值 logits = [[2,0.5,6],[0.1,0,3]]，要求编写代码完成下面三个要求：

（1）将 logits 分别进行 1 次和 2 次 Softmax，并对比结果。

（2）将进行 1 次和 2 次 Softmax 处理的 logits 分别计算交叉熵，并对比结果。

（3）对做 2 次 Softmax 的结果，利用自建公式计算交叉熵。

代码实现如下：

```
# 导入 TensorFlow 包
import tensorflow as tf
labels = [[0,0,1],[0,1,0]]
logits = [[2,0.5,6],[0.1,0,3]]
# 要求 1：对 logits 分别进行 1 次和 2 次 Softmax
logits_softmax1 = tf.nn.softmax(logits)
logits_softmax2 = tf.nn.softmax(logits_softmax1)
# 要求 2：对 logits 进行 Softmax 交叉熵计算，相当于对 logits 先进行 1 次 Softmax 处理后，再计算交
#叉熵
res1 = tf.nn.softmax_cross_entropy_with_logits(labels = labels,logits = logits)
# 要求 2：对进行 1 次 Softmax 的 logits 进行 Softmax 交叉熵计算，相当于对 logits 进行 2 次 Softmax
#处理后，再计算交叉熵
res2 = tf.nn.softmax_cross_entropy_with_logits(labels = labels,logits = logits_softmax1)
# 要求 3：对进行 2 次 Softmax 的 logits 利用自建公式，计算交叉熵
```

```
res3 = -tf.reduce_sum(labels*tf.log(logits_softmax1),1)
with tf.Session() as sess:
    # 要求 1：打印分别进行 1 次和 2 次 Softmax 后的结果
    print("logits_softmax1 = ",sess.run(logits_softmax1))
    print("logits_softmax2 = ",sess.run(logits_softmax2))
    # 要求 2：打印分别进行 1 次和 2 次 Softmax 后的交叉熵
    print("res1 = ",sess.run(res1))
    print("res2 = ",sess.run(res2))
    # 要求 3：打印进行 2 次 Softmax 的 logits 利用自建公式计算得到的交叉熵，结果等同于计算 logits
    # 的 Softmax 交叉熵
    print("res3 = ",sess.run(res3))
```

运行程序，输出结果如下：

```
logits_softmax1 = [[0.01791432 0.00399722 0.97808844]
 [0.04980332 0.04506391 0.90513283]]
logits_softmax2 = [[0.21747023 0.21446465 0.56806517]
 [0.2300214    0.22893383 0.5410447 ]]
res1 = [0.02215516 3.0996735 ]
res2 = [0.56551915 1.4743223 ]
res3 = [0.02215518 3.0996735 ]
```

可以看出：

logits 里的值加和都大于 1，经过 1 次 Softmax 后得到的 logits_softmax1 里的每个样本的值加和变为 1，而经过 2 次 Softmax 得到的 logits_softmax2 里的每个样本的值加和依然为 1，但是分布概率发生了变化，这不是我们想要的结果。

对比 res1 和 res2：计算 logits 的 Softmax 交叉熵，不需要先进行 1 次 Softmax，直接将 logits 传入 softmax_cross_entropy_with_logits 即可。logits 中第一个跟真实标签分类相符，第二个与真实标签分类不符，所以第一个的交叉熵比较小：0.022 155 16<3.099 673 5）。如果将进行过 1 次 Softmax 得到的 logits_softmax1 传入 softmax_cross_entropy_with_logits，相当于进行了 2 次 Softmax 然后求交叉熵，分布概率会相应变化，自然交叉熵也会失去作用。

res3 = res1，说明自建公式实现了 softmax_cross_entropy_with_logits 一样的效果。

2．one-hot 实验

前面的交叉熵试验，其目标标签是标准的 one-hot 类型，即类别数组中非 0 即 1，总和为 1。下面输入的标签不是标准的 one-hot，采用一组总和也为 1，但是数组中每个值都不等于 0 或 1 的数组代替标签。

注：one-hot 编码是将真实标签转换为 0、1 标签，而 tf 的 one-hot 编码中标签 0 代表 1,0,0,…，而非 0,0,0,…。

例如：

```
# 导入需要的包
import tensorflow as tf
import numpy as np
# 原始标签
labels_n = np.array([0,1,2])
# 利用 tf.one_hot 对标签进行独热编码
```

```
labels_oh = tf.one_hot(labels_n,depth = 3)
# 运行 Session，打印编码后的结果
with tf.Session() as sess:
    print(sess.run(labels_oh))
```

运行结果如下：

```
[[1. 0. 0.]
 [0. 1. 0.]
 [0. 0. 1.]]
```

可以看到，程序对数组[0,1,2]进行了独热编码。

假设有一个标签 labels = [[0.4, 0.1, 0.5],[0.3, 0.6, 0.1]]（与上面的[[0,0,1],[0,1,0]]目标分类一样）和一个网络输出值 logits = [[2, 0.5, 6],[0.1, 0, 3]]，计算 logits 的 Softmax 交叉熵。具体代码如下：

```
# 导入 TensorFlow 包
import tensorflow as tf
labels = [[0.4,0.1,0.5],[0.3,0.6,0.1]]
logits = [[2,0.5,6],[0.1,0,3]]
# 计算 logits 的 Softmax 交叉熵
res4 = tf.nn.softmax_cross_entropy_with_logits(labels = labels,logits = logits)
with tf.Session() as sess:
    # 打印 res4
    print("res4 = ",sess.run(res4))
```

运行结果如下：

```
res4 = [2.1721554 2.7696736]
```

对比 logits 和 labels 可以看出，第一个样本正确分类，第二个样本理论上属于错误分类，而 res4 中两者结果的交叉熵的差别没有上述实验中标准的 one-hot 实验对应的交叉熵 res1 = [0.02215516 3.0996735]明显。因此，在对 logits 求 Softmax 交叉熵时，labels 应为 one-hot 编码形式。

3. Sparse 交叉熵实验

Sparse 交叉熵的实现——sparse_softmax_cross_entropy_with_logits 函数在使用时，需要使用非 one-hot 的标签。所以此处将标签设为 labels = [2,1]，比较其与 one-hot 标签实验的区别。具体代码如下：

```
# 导入 TensorFlow 包
import tensorflow as tf
# labels 共分为三类：0、1、2。其中 labels = [2,1]等价于 one-hot 编码中的[[0,0,1],[0,1,0]]
labels = [2,1]
logits = [[2,0.5,6],[0.1,0,3]]
# 计算 logits 和 labels 之间的稀疏 Softmax 交叉熵
res5 = tf.nn.sparse_softmax_cross_entropy_with_logits(labels = labels,logits = logits)
with tf.Session() as sess:
    #打印 res5
    print("res5 = ",sess.run(res5))
```

运行结果如下：

```
res5 = [0.02215516 3.0996735 ]
```

可以看到，res5 与前面的 res1 = [0.02215516 3.0996735]结果一样。

4．计算损失值

在实际的神经网络中，前面的几个实验仅仅得到批次样本的交叉熵数组，如 res1、res3、res4 和 res5，但这些数组不能满足直观评判网络学习质量的要求，还需要对其求均值，最终变成一个具体数值，即损失值。

现分别对前面 logits 的 Softmax 交叉熵结果 res1 和 logits 的 Softmax 结果 logits_softmax1 计算损失值。

代码实现如下：

```
# 导入 TensorFlow 包
import tensorflow as tf
labels = [[0,0,1],[0,1,0]]
logits = [[2,0.5,6],[0.1,0,3]]
# logits 进行 1 次 Softmax 转换
logits_softmax1 = tf.nn.softmax(logits)
# 计算 logits 的 Softmax 交叉熵得到 res1
res1 = tf.nn.softmax_cross_entropy_with_logits(labels = labels,logits = logits)
# 计算 res1 的损失值
loss1 = tf.reduce_mean(res1)
# 计算 logits_softmax1 的交叉熵，然后计算损失值
loss2 = tf.reduce_mean(-tf.reduce_sum(labels*tf.log(logits_softmax1),1))
with tf.Session() as sess:
    # 打印结果
    print("loss1 = ",sess.run(loss1))
    print("loss2 = ",sess.run(loss2))
```

运行结果如下：

```
loss1 = 1.5609143
loss2 = 1.5609144
```

可见，loss1 和 loss2 的值基本一致。

可以看出，无论通过 TensorFlow 中实现的函数，还是通过读者自行组合公式，均可实现计算损失值。读者还可尝试将第 5 章手写数字分类实验中计算交叉熵损失函数值部分改用 Sparse 交叉熵求解并计算损失值。

6.4 梯度下降

本章前面的例子中都提到了梯度下降，但并没有系统且详细地说明。本节将详细地介绍梯度下降的作用及常用技巧。

6.4.1 梯度下降法

梯度下降法是一个一阶最优化算法，通常也称为最速下降法，常用于机器学习和人工智能中递归性地逼近最小偏差模型。要使用梯度下降法找到一个函数的局部极小值，必须对函数上当前点对应梯度（或者是近似梯度）的反方向的规定步长距离点进行迭代搜索。梯度下降的方向是以负梯度方向为搜索方向，沿着梯度下降的方向求解极小值。

在训练过程中，每次正向传播后都会得到输出值与真实值的损失值，损失值越小，模型就越好，而梯度下降法用于寻找最小的损失值，从而可以反推出对应的学习参数 b 和 w，达到优化模型的效果。

常用的梯度下降法可以分为：批量梯度下降法、随机梯度下降法和小批量梯度下降法。

（1）批量梯度下降（Batch Gradient Descent）法：使用整个训练集的优化算法，因为它们会在一个大批量中同时处理所有样本。批量梯度下降法是最原始的形式，它在每一次迭代时会使用所有样本来进行梯度的更新。这种方法每更新一次参数，都要把数据集里的所有样本浏览一遍，其计算量大、计算速度慢，且不支持在线学习。

（2）随机梯度下降（Stochastic Gradient Descent）法：具体思路是使用一个样本来更新每一个参数，且多次更新。如果样本量很大（如几十万），则可能只用其中几万条或者几千条，就可以迭代到最优解。对比于批量梯度下降，该方法速度较快，但是收敛性不太好，可能在最优点附近晃来晃去，达不到最优点。两次参数的更新也有可能互相抵消，造成目标函数震荡比较剧烈。

（3）小批量梯度下降法：鉴于批量梯度下降法耗费时间长，而随机梯度下降法容易陷入局部最优解，因此提出了小批量梯度下降（Mini-Batch Gradient Descent，MBGD）法，即在训练速度和训练准确率之间取一个折中。这种方法把数据分为若干批，按批来更新参数，这样一批中的一组数据共同决定了本次梯度的方向，下降过程也不容易跑偏，同时减少了随机性。另一方面，因为批的样本数与整个数据集相比小了很多，计算量也不是很大。

6.4.2 梯度下降函数

大多数机器学习（深度学习）的任务是最小化损失，在损失函数定义好的情况下，使用一种优化器来求解最小损失。因为深度学习常用于对梯度进行优化，因此优化器就是对各种梯度下降算法进行优化。在 TensorFlow 中，可以通过 Optimizer 优化器类进行训练优化。不同算法的优化器，在 TensorFlow 中会有不同的类，如表 6-1 所示。

表 6-1 梯度下降优化器

操　作	描　述
tf.train.GradientDescentOptimizer(learning_rate, use_locking = False, name = 'GradientDescent')	一般的梯度下降算法的 Optimizer
tf.train.AdadeltaOptimizer(learnin_grate = 0.001, rho = 0.95, epsilon = 1e-08, use_locking = False, name = 'Adadelta')	创建 AdadeltaOptimizer
tf.train.AdagradOptimizer(learning_rate, initial_accumulator_value = 0.1, use_locking = False, name = 'Adagrad')	创建 AdagradOptimizer
tf.train.MomentumOptimizer(learning_rate, momentum, use_locking = False, name = 'Momentum', use_nesterov = False)	创建 MomentumOptimizer，其中 momentum 代表动量，一个张量或者浮点值

续表

操　作	描　述
tf.train.AdamOptimizer(learning_rate = 0.001, beta1 = 0.9, beta2 = 0.999, epsilon = 1e-08, use_locking = False, name = 'Adam')	创建 AdamOptimizer
tf.train.FtrlOptimizer(learning_rate, learning_rate_power = -0.5, initial_accumulator_value = 0.1, l1_regularization_strength = 0.0, l2_regularization_strength = 0.0, use_locking = False, name = 'Ftrl')	创建 FtrlOptimizer
tf.train.RMSPropOptimizer(learning_rate, decay = 0.9, momentum = 0.0, epsilon = 1e-10, use_ locking = False, name = 'RMSProp')	创建 RMSPropOptimizer

表 6-1 中的类可以与函数 minimize(loss)搭配使用，如 tf.train.GradientDescentOptimizer(0.1).minimize(loss)，只需提供 loss 参数就可以实现梯度下降法。在训练过程中，先实例化一个优化函数（如 tf.train.GradientDescentOptimizer），并基于一定的学习率进行梯度优化训练：

```
optimizer = tf.train.GradientDescentOptimizer(learning_rate)
```

接着进行 minimize()的操作，里面传入损失值节点 loss，该操作不仅可以优化更新训练的模型参数，也可以为全局步骤（Global Step）计数。与其他 TensorFlow 操作类似，这些训练操作都需要在 tf.session 会话中进行。再启动一个外层的循环，优化器就会按照循环的次数一次次沿着 loss 最小值的方向对参数进行优化。

整个过程中的求导和反向传播操作，都是在优化器里自动完成的。目前比较常用的优化器为 Adam 优化器。

6.4.3　退化学习率

在使用不同优化器对神经网络进行相关训练中，学习率作为一个超参数控制了权重更新的幅度，以及训练的速度和精度。

选择最优学习率至关重要，因为它决定了神经网络是否可以收敛到全局最小值。选择较高的学习率，可能使神经网络无法收敛，且为损失函数带来不理想的后果，使其难以达到全局最小值，因为很可能跳过它。而选择较小的学习率，有助于神经网络收敛到全局最小值，但是会花费很多时间。这样就必须用更多的时间来训练神经网络。较小的学习率也可能使神经网络困在局部极小值里，也就是说，神经网络会收敛到一个局部极小值，而且因为学习率比较小，它无法跳出局部极小值。

因此，需要一个合适的学习率，以极大地减少网络损失。有一种设置学习率的方法——退化学习率。

退化学习率又称学习率衰减，是学习率随着训练的进行逐渐衰减的，即训练开始时，使用大的学习率加快速度；训练达到一定程度后，使用小的学习率来提高精度，这时可以使用学习率衰减的方法：

```
def exponential_decay(learning_rate,global_step, decay_steps, decay_rate, staircase = False, name = None):
```

学习率的衰减速度是由 global_step 和 decay_steps 来决定的。具体的计算公式如下：

$$decayed\_learning\_rate = learning\_rate*decay\_rate \wedge (global\_step / decay\_steps)$$

staircase = True 表示没有衰减的功能，其默认值为 False。

如下面的代码定义了一个学习率，这种方式定义的学习率就是退化学习率，该函数表示每迭代 100 000 步，学习率衰减到原来的 96%。其中，global_step 表示当前的迭代步数，用来记录循环次数。

```
learning_rate = tf.train.exponential_decay(starter_learning_rate, global_step,100000, 0.96)
```

注意：在使用时，一定要将当前迭代次数 global_step 传给该函数，否则不会有退化的功能。通过增大批次处理样本的数量也可以起到退化学习率的效果，但是这种方法要求训练时的最小批次要与实际应用中的最小批次一致。一旦满足该条件，建议优先选择增大批次数量的方法，因为这样会省去一些开发量和训练中的计算量。

下面举例来演示学习率衰减的使用方法。

定义一个学习率变量，设置好其衰减系数，并设置好迭代循环的次数，将每次迭代运算的次数与学习率打印出来，观察学习率按照次数退化的现象。具体代码如下：

```
import tensorflow as tf
global_step = tf.Variable(0, trainable = False) initial_learning_rate = 0.1
# 初始学习率
learning_rate = tf.train.exponential_decay(initial_learning_rate, global_step = global_step, decay_steps = 10,
                                           decay_rate = 0.9)
opt = tf.train.GradientDescentOptimizer(learning_rate) add_global = global_step.assign_add(1)
# 定义一个 OP，令 global_step 加 1 完成计步
with tf.Session() as sess:
   tf.global_variables_initializer().run()
   print(sess.run(learning_rate))
   for i in range(20):
      g, rate = sess.run([add_global, learning_rate])
      # 循环 20 步，并打印出每步的学习率
      print(g,rate)
```

代码运行结果如下：

```
0.1
1 0.1
2 0.0989519
3 0.0979148
4 0.0968886
5 0.0958732
6 0.0948683
7 0.093874
8 0.0928902
9 0.0919166
10 0.0909533
11 0.09
12 0.0890567
13 0.0881234
14 0.0871998
15 0.0862858
16 0.0853815
```

```
17 0.0844866
18 0.0836011
19 0.082725
20 0.0818579
```

可以看出，输出的第 1 列数是迭代的次数，第 2 列是学习率。从运行结果可知：学习率在逐渐变小，在第 11 次由原来的 0.090 953 3 变为了 0.09。这是一种常用的训练策略，在训练神经网络时，通常在训练开始时使用较大的学习率，随着训练的进行，会慢慢减小学习率。

6.5　学习参数初始化

梯度下降法需要在开始训练时给每一个参数赋初始值，初始值的选取十分关键，合适的初始值可以极大地缩减网络训练的时间，很快达到全局最优解。

对于一个网络模型，不同的初始化参数，对网络的影响会很大，所以 TensorFlow 提供了很多具有不同特性的初始化函数。其中，可以通过 get_variable 和 Variable 两个函数来初始化学习参数，get_variable 函数的定义如下（其中，参数 initializer 就是初始化参数）：

```
def get_variable(name,
                 shape = None,
                 dtype = None,
                 initializer = None,
                 regularizer = None,
                 trainable = True,
                 collections = None,
                 caching_device = None,
                 partitioner = None,
                 validate_shape = True,
                 use_resource = None,
                 custom_getter = None)
```

表 6-2 中列出了一些初始化函数。

表 6-2　初始化函数

操　　作	描　　述
tf.constant_initializer(value = 0)	初始化一切所提供的值
tf.random_uniform_initializer(a, b)	从 a 到 b 均匀初始化
tf.random_normalinitializer(mean, stddev)	用所给平均值和标准差初始化均匀分布
tf.constant_initializer(value = 0, dtype = tf.float32)	初始化常量
tf.random_normal_initializer(mean = 0.0, stddev = 1.0, seed = None, dtype = tf.float32)	正态分布随机数，均值为 mean，标准差为 stddev
tf.truncated_normal_initializer(mean = 0.0, stddev = 1.0, seed = None, dtype = tf.float32)	截断正态分布随机数，均值为 mean，标准差为 stddev，且只保留[mean − 2stddev,mean + 2stddev]范围内的随机数
tf.random_uniform_initializer(minval = 0, maxval = None, seed = None, dtype = tf.float32)	均匀分布随机数，范围为[minval, maxval]

续表

操　　作	描　　述
tf.uniform_unit_scaling_initializer(factor = 1.0, seed = None, dtype = tf.float32)	满足均匀分布，但不影响输出数量级的随机值
tf.zeros_initializer(shape, dtype = tf.float32, partition_info = None)	初始化为 0
tf.ones_initializer(dtype = tf.float32, partition_info = None)	初始化为 1
tf.orthogonal_initializer(gain = 1.0, dtype = tf.float32, seed = None)	生成正交矩阵的随机数，当需要生成的参数是二维时，这个正交矩阵是由均匀分布的随机数矩阵经过 SVD 分解而来

此外，在 tf.contrib.layers 函数中还有个初始化函数 tf.contrib.layers.xavier_initializer，该函数返回一个用于初始化权重的初始化程序“Xavier”。这个初始化程序在深层神经网络里经常用到，它可以用来保持每一层的梯度大小都差不多相同。一般常用的初始化函数为 tf.truncated_normal_initializer 函数，该函数具有截断功能，可以生成相对比较温和的初始值。

6.6　使用 Maxout 网络扩展单个神经元

Maxout 是深度学习网络中的一层网络，同池化层、卷积层一样，可以把 Maxout 看成是网络的激活函数层。

6.6.1　Maxout 简介

Maxout 网络可以理解为单个神经元的扩展，主要是扩展单个神经元里面的激活函数。正常的单个神经元如图 6-10 所示。

假设网络第 i 层有 2 个神经元 x_1、x_2，第 $i+1$ 层的神经元个数为 1 个，要计算第 $i+1$ 层神经元的激活值，传统的多层感知机（Multi-Layer Perceptron，MLP）计算公式为

$$z = w \cdot x + b$$
$$\text{out} = f(z)$$

式中：f 是激活函数，如 Sigmoid、Relu、Tanh 等。

在 Maxout 网络中，如果设置 Maxout 的参数 $k = n$，Maxout 网络就如图 6-11 所示。

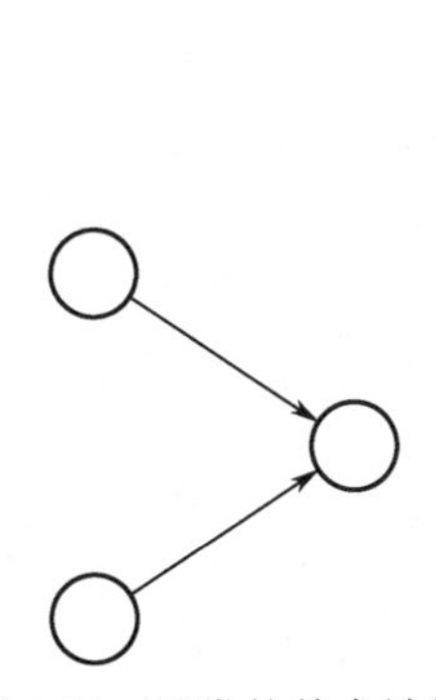

图 6-10　正常的单个神经元

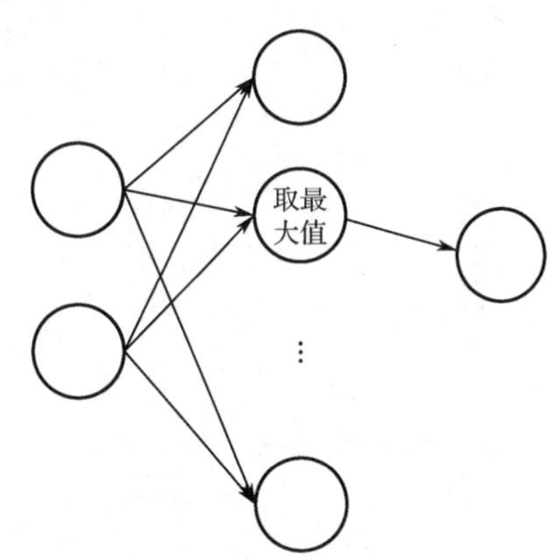

图 6-11　Maxout 网络

相当于在每个输出神经元前面又多了一层，且这一层有 n 个神经元。此时，Maxout 网络

的输出计算过程可理解为：

```
z_1 = w_1 * x + b_1
z_2 = w_2 * x + b_2
z_3 = w_3 * x + b_3
z_4 = w_4 * x + b_4
z_5 = w_5 * x + b_5
…
out = max(z_1,z_2,z_3,z_4,z_5,…)
```

Maxout 网络是将激活函数变成一个网络选择器，其原理就是将多个神经元并列地放在一起，从它们的输出结果中找到最大的那个，代表对特征响应最敏感，然后取这个神经元的结果参与后面的运算。相当于同时使用多个神经元，哪个有效果就使用哪个，所以这样的网络会有更好的拟合效果。

6.6.2 使用 Maxout 网络实现 MNIST 分类

Maxout 网络的构建方法：通过 reduce_max 函数计算多个神经元输出的最大值，将最大值作为输入，再按照神经元正反传播方向进行计算。

通过上述方法构建 Maxout 网络，实现 MNIST 分类。代码如下：

```
# 使用 Maxout 网络实现 MNIST 分类
from tensorflow.examples.tutorials.mnist import input_data
mnist = input_data.read_data_sets("MNIST_data/", one_hot = True)
import pylab
tf.reset_default_graph()
# 定义占位符
x = tf.placeholder(tf.float32, [None, 784])
# MNIST 数据集的维度是 28 × 28 = 784
y = tf.placeholder(tf.float32, [None, 10])
w = tf.Variable(tf.random_normal([784, 10]))
b = tf.Variable(tf.zeros([10]))
z = tf.matmul(x , w) + b
maxout = tf.reduce_max(z ,axis = 1, keep_dims = True)
# 设置学习参数
w2 = tf.Variable(tf.truncated_normal([1,10], stddev = 0.1))
b2 = tf.Variable(tf.zeros([1]))
# 构建模型
# 损失函数
cost = tf.nn.softmax(tf.matmul(maxout, w2) + b2)
learning_rate = 0.04
# 梯度下降优化器
optimizer = tf.train.GradientDescentOptimizer(learning_rate).minimize(cost)
trianing_epochs = 25
batch_size = 100
display_step = 1
# 启动会话
with tf.Session() as sess:
```

```
sess.run(tf.global_variables_initializer())
# 初始化 OP
# 启动循环开始训练
for epoch in range(trianing_epochs):
    avg_cost = 0.
    total_batch = int(mnist.train.num_examples / batch_size)
    # 循环所有数据集
    for i in range(total_batch):
        batch_xs , batch_ys = mnist.train.next_batch(batch_size)
        # 运行优化器
        _, c = sess.run([optimizer, cost], feed_dict = {x: batch_xs, y:batch_ys})
        # 计算平均损失值
        avg_cost + = c / total_batch
    # 显示训练中的详细信息
    if (epoch + 1) % display_step == 0:
        print('epoch = ' , '%s' %(epoch + 1))
        print( 'cost = ' , '%s' %avg_cost)
print("Finished !")
```

在网络模型部分，添加一层 Maxout，然后将 Maxout 作为 Softmax 的交叉熵输入。其中，学习率设为 0.04，迭代次数设为 200。运行代码，得到如下结果：

```
Epoch: 0001 cost = 5.160553925
Epoch: 0002 cost = 1.797463597
……
Epoch: 0198 cost = 0.290569865
Epoch: 0199 cost = 0.290143878
Epoch: 0200 cost = 0.289847674
Finished!
```

由结果可以看出，损失值已下降到 0.289 847 674，并且随着迭代次数的增加还会继续下降。由此可见，Maxout 有很强大的拟合功能，但是也有节点过多、参数过多、训练过慢的缺点。

6.7 本章小结

本章首先介绍了神经网络中的正向传播与反向传播，其次引入神经网络模型中较为常见的四种激活函数，即 Sigmoid、Tanh、ReLu、Swish。且在面对多分类任务时，引入了 Softmax 算法与损失函数。在需要对神经网络进行优化时，又引入了梯度下降法与学习率的概念。最后通过对 MNIST 数据集进行分类的案例，介绍了 Maxout 网络如何扩展单个神经元里的激活函数，并通过比较多个神经元的输出结果，找到最优的拟合效果。

第 7 章　多层神经网络

在实际环境中，单层神经网络的拟合效果极其有限。追究根本，源于样本自身的特性，即单层神经网络只能解决线性可分的问题。本章将介绍如何使用多层神经网络来解决非线性问题。

7.1　线性问题与非线性问题

线性问题与非线性问题是神经网络中的常用术语。

线性问题：一个问题若可以用直线分割的方式解决，则可以称该问题是线性可分的。同理，类似这样的数据集可以被称为线性可分数据集。凡是使用这种方法来解决的问题称为线性问题。

非线性问题：用直线分不开的问题，可以对比线性问题的概念来理解。

7.1.1　用线性逻辑回归处理二分类问题

为了进一步了解什么是线性问题及其相关内容，下面以案例的形式来讲解什么是线性问题以及线性问题的常规解决办法。

案例：假设某医院希望使用神经网络对已有的病例数据进行分类，样本数据的特征包括病人的年龄和肿瘤的大小等，最后需要对该病例数据进行标注，表明其为良性肿瘤还是恶性肿瘤。

步骤一：生成样本数据。

使用 Python 函数生成模拟数据，假设样本数据为二维数组，数组中包含病人年龄、肿瘤大小。generate 为生成模拟样本的函数，可按照指定的均值和方差生成固定数量的样本。该函数的实现代码如下所示：

```
# 模拟数据点
def generate(sample_size, mean, cov, diff, regression):
    num_classes = 2    # len(diff)
    samples_per_class = int(sample_size / 2)
    X0 = np.random.multivariate_normal(mean, cov, samples_per_class)
    Y0 = np.zeros(samples_per_class)
    for ci, d in enumerate(diff):
        X1 = np.random.multivariate_normal(mean + d, cov, samples_per_class)
        Y1 = (ci + 1) * np.ones(samples_per_class)
        X0 = np.concatenate((X0, X1))
        Y0 = np.concatenate((Y0, Y1))
    if regression == False:    # one-hot 编码, 0 在向量(1, 0)里
        print("ssss")
        class_ind = [Y0 == class_number for class_number in range(num_classes)]
        Y = np.asarray(np.hstack(class_ind), dtype = np.float32)
```

```
    X, Y = shuffle(X0, Y0)
    return X, Y
```

调用 generate 函数生成 1000 个模拟数据，并绘制出图形，实现代码如下所示：

```
input_dim = 2
# 定义随机数的种子值（保证每次生成的随机值都一样）
np.random.seed(10)
# 定义生成类的个数 num_classes = 2
num_classes = 2
mean = np.random.randn(num_classes)
cov = np.eye(num_classes)
X, Y = generate(1000, mean, cov, [3.0],True) # 定义生成的两类数据的 X 和 Y 之间相差 3.0
colors = ['r' if l == 0 else 'b' for l in Y[:]]
plt.scatter(X[:,0], X[:,1], c = colors)
plt.xlabel("Scaled age (in yrs)")
plt.ylabel("Tumor size (in cm)")
plt.show()
lab_dim = 1
```

运行结果如图 7-1 所示。

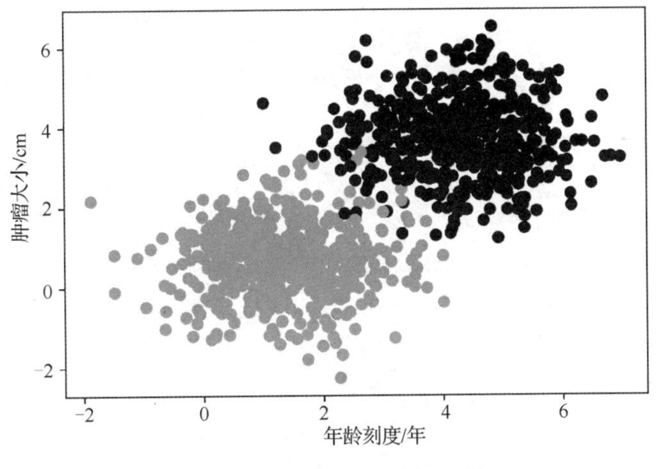

图 7-1 模拟数据-二分类运行结果

步骤二：构建网络。

结合前面学习的单个神经元的内容，编写代码实现网络结构的构建。首先定义输入、输出两个占位符，其次定义 w 和 b，激活函数使用 Sigmoid，优化器使用 AdamOptimizer，实现代码如下所示：

```
input_features = tf.placeholder(tf.float32, [None, input_dim])
input_lables = tf.placeholder(tf.float32, [None, lab_dim])
# 定义学习参数
W = tf.Variable(tf.random_normal([input_dim,lab_dim]), name = "weight")
b = tf.Variable(tf.zeros([lab_dim]), name = "bias")
output = tf.nn.sigmoid( tf.matmul(input_features, W) + b)
cross_entropy = -(input_lables * tf.log(output) + (1 - input_lables) * tf.log(1 - output))
```

```
ser = tf.square(input_lables - output)
# 交叉熵函数 cross_entropy 用来评估模型的错误率
loss = tf.reduce_mean(cross_entropy)
err = tf.reduce_mean(ser)
optimizer = tf.train.AdamOptimizer(0.04)
# 建议尽量使用该函数，因其收敛快，可动态调节梯度
train = optimizer.minimize(loss)
```

步骤三：训练模型。

使用上面生成的数据集对构建好的数据模型进行训练，对整个数据集迭代 50 次，参数设置 minibatchSize = 25，实现代码如下所示：

```
maxEpochs = 50
minibatchSize = 25
# 启动会话
with tf.Session() as sess:
sess.run(tf.global_variables_initializer())
# 向模型输入数据
for epoch in range(maxEpochs):
sumerr = 0
for i in range(np.int32(len(Y)/minibatchSize)):
x1 = X[i*minibatchSize:(I + 1)*minibatchSize,:]
y1 = np.reshape(Y[i*minibatchSize:(i + 1)*minibatchSize],[-1,1])
tf.reshape(y1,[-1,1])
_,lossval, outputval,errval = sess.run([train,loss,output,err], feed_dict = {input_features: x1, input_lables:y1})
sumerr = sumerr + errval
print ("Epoch:", '%04d' % (epoch + 1), "cost = ","{:.9f}".format(lossval), "err = ",sumerr/minibatchSize)
```

代码每次运行后，会将错误值累加起来，数据集迭代完一次，错误率会进行一次平均，再将平均值输出。经过 50 次的迭代，得到错误率为 0.019（四舍五入后的值）的模型，运行结果如下所示：

```
Epoch: 0001 cost = 0.266018808 err = 0.21159284174442292
Epoch: 0002 cost = 0.173929259 err = 0.10494360744953156
Epoch: 0003 cost = 0.129691720 err = 0.06747913986444473
Epoch: 0004 cost = 0.104512110 err = 0.05049784766510129
Epoch: 0005 cost = 0.088621341 err = 0.041524481754750014
Epoch: 0006 cost = 0.077926897 err = 0.03613839512690901 5
Epoch: 0007 cost = 0.070351660 err = 0.032607282102108004
Epoch: 0008 cost = 0.064732544 err = 0.030140046766027807
Epoch: 0009 cost = 0.060381103 err = 0.028330770460888742
Epoch: 0010 cost = 0.056878738 err = 0.026952816653065384
Epoch: 0011 cost = 0.053966250 err = 0.025871280916035175
Epoch: 0012 cost = 0.051480595 err = 0.025001573632471262
Epoch: 0013 cost = 0.049316350 err = 0.0242882962198928
Epoch: 0014 cost = 0.047402948 err = 0.02369371257023886
Epoch: 0015 cost = 0.045691315 err = 0.023191283587366343
Epoch: 0016 cost = 0.044145804 err = 0.022761767010670154
```

```
Epoch: 0017 cost = 0.042739879 err = 0.022390904622152447
Epoch: 0018 cost = 0.041453037 err = 0.022067888495512306
Epoch: 0019 cost = 0.040268965 err = 0.02178439108422026
Epoch: 0020 cost = 0.039174534 err = 0.021533880960196258
Epoch: 0021 cost = 0.038159125 err = 0.021311178148025647
Epoch: 0022 cost = 0.037213687 err = 0.021112113342233
Epoch: 0023 cost = 0.036330689 err = 0.020933291020337492
Epoch: 0024 cost = 0.035503697 err = 0.02077194250538014
Epoch: 0025 cost = 0.034727316 err = 0.020625763167627157
Epoch: 0026 cost = 0.033996619 err = 0.02049282782303635
Epoch: 0027 cost = 0.033307634 err = 0.020371515705483033
Epoch: 0028 cost = 0.032656547 err = 0.02026045430859085
Epoch: 0029 cost = 0.032040313 err = 0.020158486139262095
Epoch: 0030 cost = 0.031455997 err = 0.020064600359182803
Epoch: 0031 cost = 0.030901063 err = 0.019977941157994793
Epoch: 0032 cost = 0.030373378 err = 0.019897761687752792
Epoch: 0033 cost = 0.029870803 err = 0.01982340065471362
Epoch: 0034 cost = 0.029391641 err = 0.019754298550542445
Epoch: 0035 cost = 0.028934238 err = 0.019689966383448335
Epoch: 0036 cost = 0.028496943 err = 0.019629936708661262
Epoch: 0037 cost = 0.028078625 err = 0.019573843039979694
Epoch: 0038 cost = 0.027678028 err = 0.019521335803437977
Epoch: 0039 cost = 0.027293978 err = 0.019472103520820384
Epoch: 0040 cost = 0.026925402 err = 0.01942587512807222
Epoch: 0041 cost = 0.026571566 err = 0.019382399583118968
Epoch: 0042 cost = 0.026231322 err = 0.019341467930644285
Epoch: 0043 cost = 0.025904205 err = 0.019302872693224345
Epoch: 0044 cost = 0.025589263 err = 0.01926643870770931
Epoch: 0045 cost = 0.025285890 err = 0.019231995360169094
Epoch: 0046 cost = 0.024993485 err = 0.01919940965803107
Epoch: 0047 cost = 0.024711397 err = 0.019168537343939532
Epoch: 0048 cost = 0.024439188 err = 0.019139263620745625
Epoch: 0049 cost = 0.024176311 err = 0.019111471443611663
Epoch: 0050 cost = 0.023922233 err = 0.019085063068632734
```

步骤四：可视化。

为了直观地展示处理结果，现将模型结果和样本进行可视化。取 100 个测试点并显示，同时将模型以一条直线的方式显示出来，实现代码如下所示：

```
train_X, train_Y = generate(100, mean, cov, [3.0], True)
colors = ['r' if l == 0 else 'b' for l in train_Y[:]]
plt.scatter(train_X[:, 0], train_X[:, 1], c = colors)
x = np.linspace(-1, 8, 200)
y = -x * (sess.run(W)[0] / sess.run(W)[1]) - sess.run(b) / sess.run(W)[1]
plt.plot(x, y, label = 'Fitted line')
plt.legend()
plt.show()
```

运行结果如图 7-2 所示。

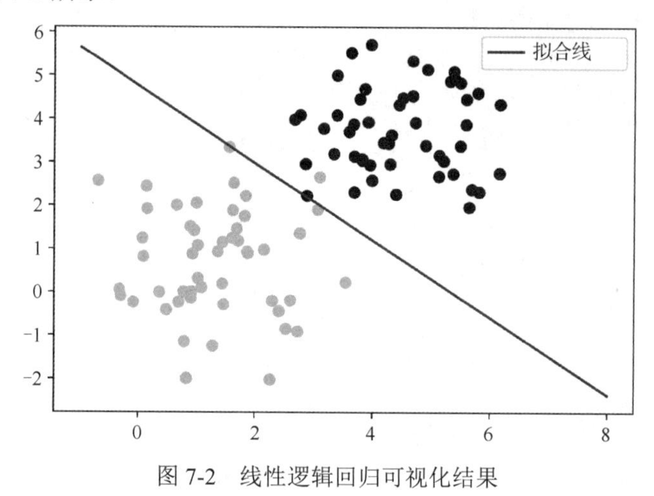

图 7-2　线性逻辑回归可视化结果

模型生成的结果可用公式表示为

$$z = x_1 \cdot w_1 + x_2 \cdot w_2 + b$$

如果将 x_1 和 x_2 映射到直角坐标系中的 x 和 y 坐标，z 就可以被分为小于 0 和大于 0 两部分。当 $z = 0$ 时，代表直线本身，上面的公式就可以转化成如下的直线方程：

$$x_2 = -x_1 \cdot \frac{w_1}{w_2} - \frac{b}{w_2}$$

即

$$y = -x \cdot \left(\frac{w_1}{w_2}\right) - \left(\frac{b}{w_2}\right)$$

式中：w_1、w_2、b 都是模型中的学习参数，可用 plot 函数显示出来。

7.1.2　用线性逻辑回归处理多分类问题

在前面二分类案例的基础上，在数据集中再添加一类样本，可使用多条直线将数据分成多类，这便是使用线性逻辑回归处理多分类问题。

案例：在实现过程中首先生成三类样本模拟数据，其次构造神经网络，最后通过 Softmax 分类的方法计算神经网络的输出值，并将其分开。

步骤一：生成样本数据。

调用线性逻辑回归处理二分类问题中的 generate 函数，生成 2000 个模拟数据点，并将它们分成三类，实现代码如下所示：

```
np.random.seed(10)
input_dim = 2
num_classes = 3
X, Y = generate(2000,num_classes, [[3.0],[3.0,0]],False)
aa = [np.argmax(l) for l in Y]
colors = ['r' if l == 0 else 'b' if l == 1 else 'y' for l in aa[:]]
# 将具体的点依照不同的颜色显示出来
plt.scatter(X[:,0], X[:,1], c = colors)
```

```
plt.xlabel("Scaled age (in yrs)")
plt.ylabel("Tumor size (in cm)")
plt.show()
```

运行结果如图 7-3 所示。

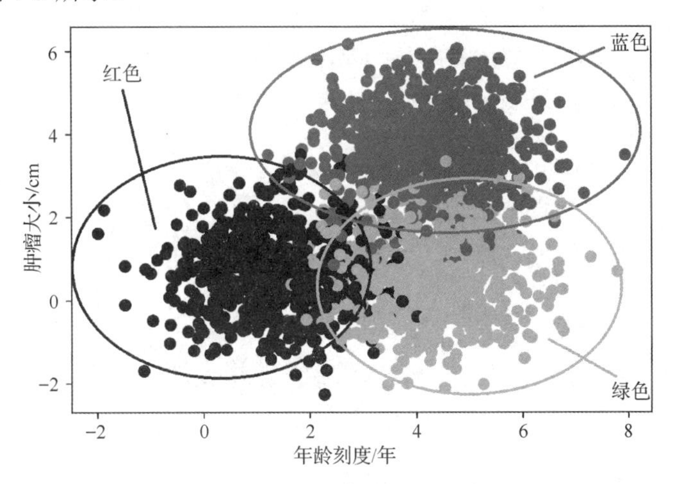

图 7-3 模拟数据-多分类运行结果

图 7-3 中，红色点作为原始点，在红色点的基础上将 x 加 3.0 后变化成绿色点，而在红色点基础上将 x、y 各加 3.0 变化成蓝色点。

步骤二：构建网络。

构建网络模型时，使用 Softmax 分类，损失函数 loss 仍然使用交叉熵，优化器选用 AdamOptimizer，同时选取 one-hot 编码结果里面不相同的个数进行错误率评估。构建网络实现代码如下所示：

```
lab_dim = num_classes
# 定义占位符
input_features = tf.placeholder(tf.float32, [None, input_dim])
input_lables = tf.placeholder(tf.float32, [None, lab_dim])
# 定义学习参数
W = tf.Variable(tf.random_normal([input_dim,lab_dim]), name = "weight")
b = tf.Variable(tf.zeros([lab_dim]), name = "bias")
output = tf.matmul(input_features, W) + b
z = tf.nn.softmax( output )
# 按行找出最大索引，生成数组
a1 = tf.argmax(tf.nn.softmax( output ), axis = 1)
b1 = tf.argmax(input_lables, axis = 1)
# 两个数组相减，不为 0 的就是错误个数
err = tf.count_nonzero(a1-b1)
cross_entropy tf.nn.softmax_cross_entropy_with_logits( labels = input_lables,logits = output)
# 对交叉熵取均值很有必要
loss = tf.reduce_mean(cross_entropy)
# 建议尽量使用 Adam 算法的优化器函数，因其收敛快，可动态调节梯度
optimizer = tf.train.AdamOptimizer(0.04)
train = optimizer.minimize(loss)
```

步骤三：训练模型。

对数据集进行训练，仍然迭代 50 次，参数设置 minibatchSize = 25，实现代码如下所示：

```
maxEpochs = 50
minibatchSize = 25
# 启动会话
with tf.Session() as sess:
sess.run(tf.global_variables_initializer())
for epoch in range(maxEpochs):
sumerr = 0
for i in range(np.int32(len(Y)/minibatchSize)):
x1 = X[i*minibatchSize:(i + 1)*minibatchSize,:]
y1 = Y[i*minibatchSize:(i + 1)*minibatchSize,:]
_,lossval, outputval,errval = sess.run([train,loss,output,err], feed_dict = {input_features: x1, input_lables:y1})
sumerr = sumerr + (errval/minibatchSize)
print ("Epoch:", '%04d' % (epoch + 1), "cost = ","{:.9f}".format(lossval),"err = ",sumerr/minibatchSize)
```

在迭代训练时，对错误率的收集与二分类的代码逻辑一致，运行结果如下所示：

```
Epoch: 0001 cost = 0.543840170 err = 1.2367999999999997
Epoch: 0002 cost = 0.383693516 err = 0.4128
Epoch: 0003 cost = 0.347551078 err = 0.3328000000000002
Epoch: 0004 cost = 0.338123083 err = 0.32320000000000015
Epoch: 0005 cost = 0.337716758 err = 0.3120000000000002
Epoch: 0006 cost = 0.340953380 err = 0.3056000000000002
Epoch: 0007 cost = 0.345715791 err = 0.3072000000000002
Epoch: 0008 cost = 0.351045221 err = 0.2992000000000002
Epoch: 0009 cost = 0.356474280 err = 0.2960000000000002
Epoch: 0010 cost = 0.361768156 err = 0.2944000000000002
Epoch: 0011 cost = 0.366810083 err = 0.2944000000000002
Epoch: 0012 cost = 0.371546656 err = 0.29280000000000017
Epoch: 0013 cost = 0.375958800 err = 0.2832000000000002
Epoch: 0014 cost = 0.380046457 err = 0.2816000000000002
Epoch: 0015 cost = 0.383819997 err = 0.2816000000000002
Epoch: 0016 cost = 0.387295008 err = 0.2800000000000002
Epoch: 0017 cost = 0.390489846 err = 0.2800000000000002
Epoch: 0018 cost = 0.393423647 err = 0.27680000000000016
Epoch: 0019 cost = 0.396115452 err = 0.27680000000000016
Epoch: 0020 cost = 0.398583829 err = 0.2784000000000002
Epoch: 0021 cost = 0.400846243 err = 0.2784000000000002
Epoch: 0022 cost = 0.402919322 err = 0.2784000000000002
Epoch: 0023 cost = 0.404818445 err = 0.2784000000000002
Epoch: 0024 cost = 0.406557620 err = 0.27680000000000016
Epoch: 0025 cost = 0.408150285 err = 0.27680000000000016
Epoch: 0026 cost = 0.409608573 err = 0.27520000000000017
Epoch: 0027 cost = 0.410943627 err = 0.27520000000000017
Epoch: 0028 cost = 0.412165791 err = 0.27520000000000017
Epoch: 0029 cost = 0.413284540 err = 0.27520000000000017
```

```
Epoch: 0030 cost = 0.414308518 err = 0.2752000000000017
Epoch: 0031 cost = 0.415245622 err = 0.2768000000000016
Epoch: 0032 cost = 0.416103393 err = 0.2768000000000016
Epoch: 0033 cost = 0.416888386 err = 0.2768000000000016
Epoch: 0034 cost = 0.417606533 err = 0.2768000000000016
Epoch: 0035 cost = 0.418264002 err = 0.278400000000002
Epoch: 0036 cost = 0.418865383 err = 0.2768000000000016
Epoch: 0037 cost = 0.419415712 err = 0.2768000000000016
Epoch: 0038 cost = 0.419919193 err = 0.2768000000000016
Epoch: 0039 cost = 0.420379877 err = 0.2768000000000016
Epoch: 0040 cost = 0.420801282 err = 0.278400000000002
Epoch: 0041 cost = 0.421186894 err = 0.278400000000002
Epoch: 0042 cost = 0.421539664 err = 0.278400000000002
Epoch: 0043 cost = 0.421862245 err = 0.278400000000002
Epoch: 0044 cost = 0.422157377 err = 0.278400000000002
Epoch: 0045 cost = 0.422427475 err = 0.278400000000002
Epoch: 0046 cost = 0.422674596 err = 0.278400000000002
Epoch: 0047 cost = 0.422900468 err = 0.278400000000002
Epoch: 0048 cost = 0.423107058 err = 0.278400000000002
Epoch: 0049 cost = 0.423296094 err = 0.278400000000002
Epoch: 0050 cost = 0.423469007 err = 0.278400000000002
```

步骤四：可视化。

接下来对三分类问题使用线性可分原理进行拆分。先取 200 个测试点，显示在图像上，并将模型中 x_1,x_2 的映射关系以一条直线的方式显示出来。由于有三个输出端节点，因此，会产生三条直线。实现代码如下所示：

```
train_X, train_Y = generate(200,num_classes, [[3.0],[3.0,0]],False)
aa = [np.argmax(l) for l in train_Y]
colors = ['r' if l == 0 else 'b' if l == 1 else 'y' for l in aa[:]]
plt.scatter(train_X[:,0], train_X[:,1], c = colors)
x = np.linspace(-1,8,200)
y = -x*(sess.run(W)[0][0]/sess.run(W)[1][0])-sess.run(b)[0]/sess.run(W)[1][0]
plt.plot(x,y, label = 'first line',lw = 3)
y = -x*(sess.run(W)[0][1]/sess.run(W)[1][1])-sess.run(b)[1]/sess.run(W)[1][1]
plt.plot(x,y, label = 'second line',lw = 2)
y = -x*(sess.run(W)[0][2]/sess.run(W)[1][2])-sess.run(b)[2]/sess.run(W)[1][2]
plt.plot(x,y, label = 'third line',lw = 1)
plt.legend()
plt.show()
print(sess.run(W),sess.run(b))
```

运行结果如图 7-4 所示。

```
[[-1.7732856   1.2260613   1.327865 ]
 [-1.5883274   1.4635632 -1.5795594]] [ 7.2447453 -7.9674006 -1.0903821]
```

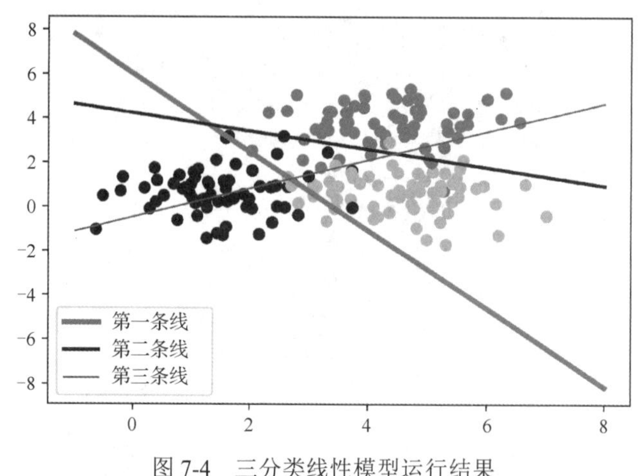

图 7-4　三分类线性模型运行结果

图 7-4 中的三条直线分别代表三个权重，还原成模型就是模型里三个输出的分类节点。

图 7-4 中三条直线的斜率和截距是由神经网络的学习参数转化而来的。在神经网络里，一个样本通过这三条直线的公式会得到三个结果，这三个结果可以理解成三个类的特征值。其中哪个值最大，则表示该样本具有哪种类别的特征最强烈，即属于哪一类。可以在横轴任意找一个值，分别带到三条直线的公式里，哪条直线得出的 y 值最大，则说明该点属于哪一类。观察图 7-4 可以发现，这三条直线并没有把集合点分开，这是因为它们的分类规则是不一样的。由此可得直线公式：

$$y = -x \cdot (w_1 / w_2) - (b / w_2)$$

一般而言，如果一个点在直线上，等式成立；如果点在直线的上方，则等式左边的 y 值大；如果点在直线的下方，则等式右边的算式值大。

步骤五：可视化模型。

把整个坐标系放到三分类线性模型里，会得到一个更直观的模型分类可视化。为了方便演示，仍在图像上生成 200 个点并显示出来，然后按照坐标系的排列，把 x_1、x_2 放到模型里，实现代码如下所示：

```
train_X, train_Y = generate(200,num_classes, [[3.0],[3.0,0]],False)
aa = [np.argmax(l) for l in train_Y]
colors = ['r' if l == 0 else 'b' if l == 1 else 'y' for l in aa[:]]
plt.scatter(train_X[:,0], train_X[:,1], c = colors)
nb_of_xs = 200
xs1 = np.linspace(-1, 8, num = nb_of_xs)
xs2 = np.linspace(-1, 8, num = nb_of_xs)
xx, yy = np.meshgrid(xs1, xs2) # 创建网格
# 初始化和填充 classification_plane
classification_plane = np.zeros((nb_of_xs, nb_of_xs))
for i in range(nb_of_xs):
for j in range(nb_of_xs):
classification_plane[i,j] = sess.run(a1, feed_dict = {input_features: [[ xx[i,j], yy[i,j] ]]} )
# 创建颜色集合，用于显示
cmap = ListedColormap([
colorConverter.to_rgba('r', alpha = 0.30),
```

```
colorConverter.to_rgba('b', alpha = 0.30),
colorConverter.to_rgba('y', alpha = 0.30)])
# 图示各个样本边界
plt.contourf(xx, yy, classification_plane, cmap = cmap)
plt.show()
```

使用不同颜色展示三分类模型，可得如图 7-5 所示的可视化图样。

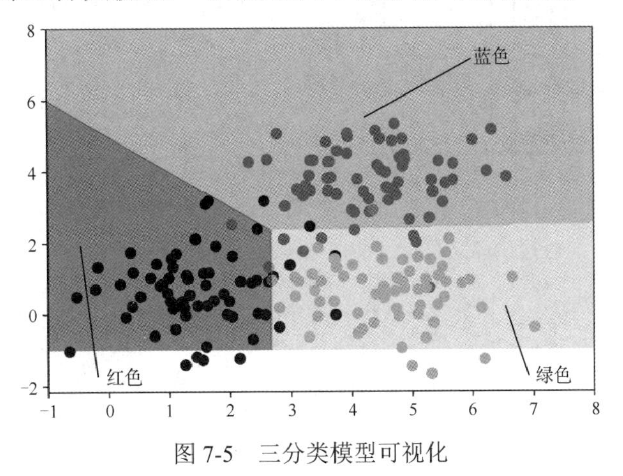

图 7-5　三分类模型可视化

7.1.3　非线性问题浅析

有了前期知识的学习和铺垫，相信读者对线性问题有了一定的认识和了解，接下来将介绍非线性问题。非线性问题，简单而言，就是用直线分不开的问题。为了更加清晰地解释非线性问题，我们使用案例进行说明。如图 7-6 所示，图中有四个点，蓝色为一类，红色为一类，蓝色两个点的连线与红色两个点的连线会相交。

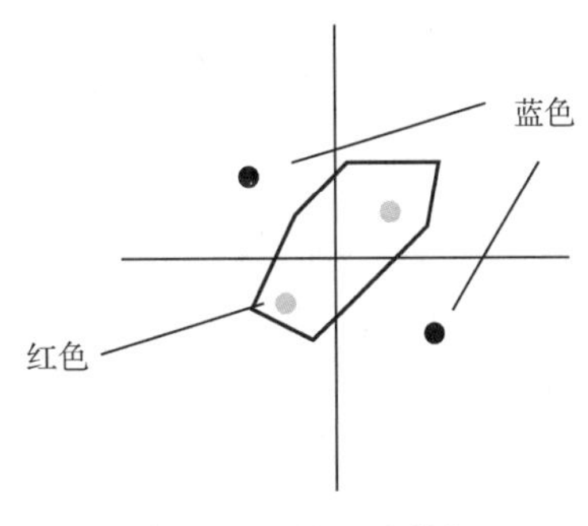

图 7-6　异或形态数据

对于这样的数据，可以发现，我们无法使用一条直线将红色和蓝色两种类型的点分开，这就是非线性数据。实际应用中，非线性数据集更为复杂，或者有时数据维度太大，根本无法可视化。这时就需要使用一种新方法——多层神经网络。

7.2　解决非线性问题

前面提到复杂的非线性数据集需要使用多层神经网络来解决，那么什么是多层神经网络？多层神经网络是在输入和输出中间再加入一些神经元，一层可以加多个神经元，也可以加多层。下面通过一个例子讲述如何使用多层神经网络对图 7-6 中的异或数据进行分类。

7.2.1　使用带隐藏层的神经网络拟合异或操作

既然异或数据集无法使用线性回归逻辑进行分割，那么，如何解决异或数据集的分割问题呢？这里我们通过一个具体的案例来演示如何使用带隐藏层的神经网络拟合异或数据，从而解决非线性问题。

步骤一：生成数据集。

所谓的“异或数据”来源于异或操作，如图 7-7 所示。图 7-7（a）为 0、1 操作，图 7-7（b）为数据在直角坐标系上的展示。

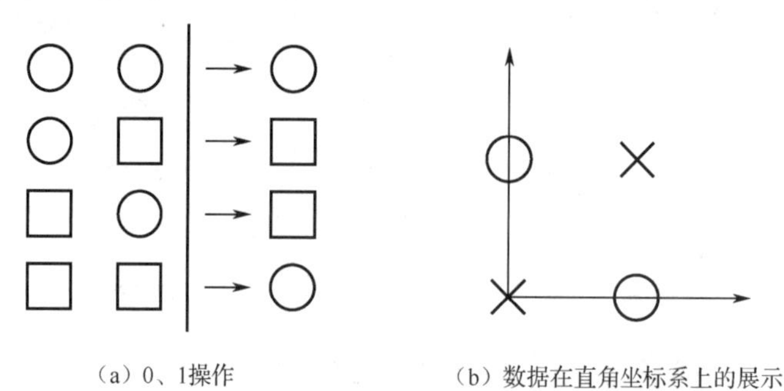

（a）0、1操作　　（b）数据在直角坐标系上的展示

图 7-7　异或数据

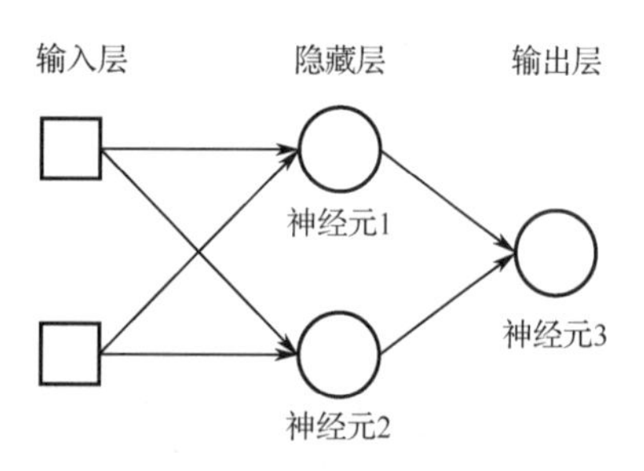

图 7-8　网络模型结构

从图 7-7 可以看出，当两个数相同时，输出为 0，不相同时输出为 1，这就是异或的规则。表示为两类数据就是（0,0）和（1,1）为一类，（0,1）和（1,0）为一类。

步骤二：建立网络模型。

本例可使用一个隐藏层来解决这个问题，网络模型结构如图 7-8 所示。

步骤三：定义参数。

这里需要定义变量，这里以字典的方式定义权重 w 和 b，h_1 代表隐藏层，h_2 代表最终的输出层。实现代码如下所示：

```
learning_rate = 1e-4
# 输入层节点个数
n_input = 2
n_label = 1
# 隐藏层节点个数
n_hidden = 2
x = tf.placeholder(tf.float32, [None,n_input])
y = tf.placeholder(tf.float32, [None, n_label])
weights = {
'h1': tf.Variable(tf.truncated_normal([n_input, n_hidden],stddev = 0.1)),
'h2': tf.Variable(tf. truncated_normal ([n_hidden, n_label],stddev = 0.1))
}
biases = {
'h1': tf.Variable(tf.zeros([n_hidden])),
'h2': tf.Variable(tf.zeros([n_label]))
}
```

步骤四：定义网络模式。

本案例模型的正向结构入口为 x，经过与第一层的 w 相乘再加上 b，通过 ReLU 函数进行激活转化，最终生成 layer_1，再将 layer_1 代入第二层，使用 Tanh 激活函数生成最终的输出

y_pred。模型的反向使用均值平方差（即对预测值与真实值的差取平均值）计算损失值，使用 AdamOptimizer 进行优化，实现代码如下所示：

```
layer_1 = tf.nn.relu(tf.add(tf.matmul(x, weights['h1']), biases['h1']))
y_pred = tf.nn.tanh(tf.add(tf.matmul(layer_1, weights['h2']),biases['h2']))
loss = tf.reduce_mean((y_pred-y)**2)
train_step = tf.train.AdamOptimizer(learning_rate).minimize(loss)
```

步骤五：构建模拟数据。

手动建立 X 和 Y 数据集，形成对应的异或关系。模拟数据的生成逻辑代码如下所示：

```
# 生成数据
X = [[0,0],[0,1],[1,0],[1,1]]
Y = [[0],[1],[1],[0]]
X = np.array(X).astype('float32')
Y = np.array(Y).astype('int16')
```

步骤六：训练模型及生成结果。

首先通过迭代 10 000 次，将模型训练出来，其次将模拟好的 X 数据集放进模型里生成结果，接着再生成第一层的结果。实现代码如下所示：

```
# 加载会话
sess = tf.InteractiveSession()
sess.run(tf.global_variables_initializer())
# 训练
for i in range(10 000):
sess.run(train_step,feed_dict = {x:X,y:Y} )
# 计算预测值
print(sess.run(y_pred,feed_dict = {x:X}))
# 输出：已训练 10 000 次
# 查看隐藏层的输出
print(sess.run(layer_1,feed_dict = {x:X}))
```

运行上面的代码，得到如下结果：

```
[[ 0.10773809]
[ 0.60417336]
[ 0.76470393]
[ 0.26959091]]
[[ 0.00000000e + 00 2.32602470e-05]
[ 7.25074887e-01 0.00000000e + 00]
[ 0.00000000e + 00 9.64471161e-01]
[ 2.06250161e-01 1.69421546e-05]]
```

前四行数据是一列数据的数组，数组中的数据是用四舍五入法来取值的，与定义的输出 Y 完全吻合；后四行数据是两列数据的数组，数据为隐藏层的输出。

7.2.2 非线性网络的可视化

在前面的案例我们得到了后四行的输出是 4 行 2 列数组，其中，第一列为隐藏层第一个节点的输出，第二列为隐藏层第二个节点的输出。如果将这个二维数据进行四舍五入取整后，将得到下面的结果：

```
[[ 0 0]
 [ 1 0]
 [ 0 1]
 [ 0 0]]
```

可以很容易地看出，最后一层其实是对隐藏层的与（AND）运算。因为最终结果为[0，1，1，0]，也可以理解成第一层将数据转化为线性可分的数据集，然后在输出层使用一个神经元将其分开。

1．隐藏层神经网络与线性可分的高维扩展

在几何空间里，两个点可以定位一条直线，两条直线可以定位一个平面，两个平面可以定位一个三维空间，两个三维空间可以定位更高维的空间等。

在线性可分问题上也可以这样扩展，线性可分是在一个平面里，通过一条线来分类。同理，如果线所在的平面升级到了三维空间，则需要通过一个平面将问题分类。前面使用的隐藏层的两个节点，可以理解成定位中间平面的两条直线。其实，一个隐藏层的作用，就是将线性可分问题转化成平面可分问题。更多的隐藏层，相当于转化成更高维度的空间可分问题。所以，理论上通过升级空间可分的结构是可以将任何问题分开的。

2．从逻辑门的角度理解多层网络

对于多层网络，还可以从逻辑门的角度来理解，图 7-9 为神经元实现的与、或、非（AND、OR、NOT）逻辑举例。可以看出，通过这些逻辑门的运算，不需要训练就可以搭建出一个异或的模型。

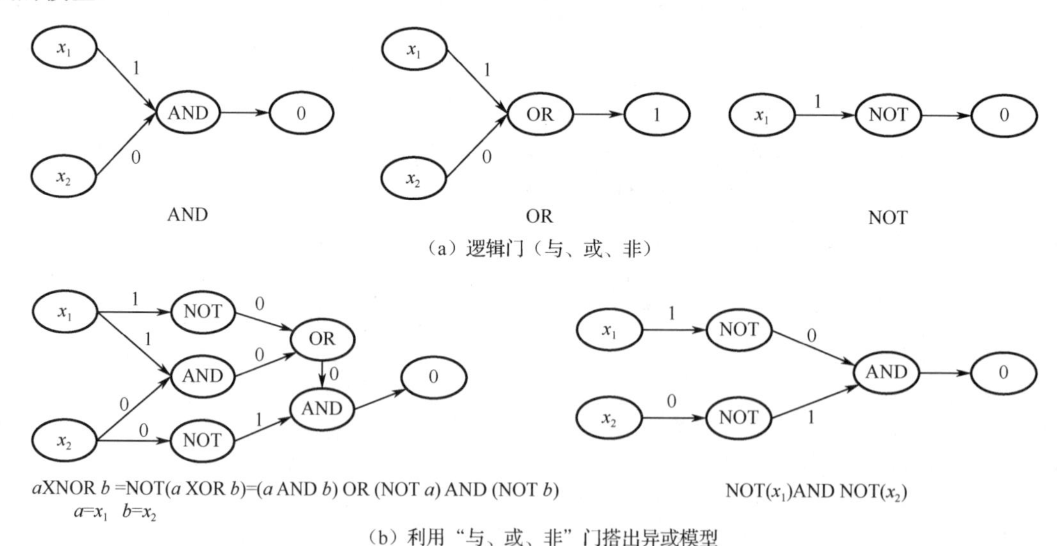

图 7-9　神经元实现的与、或、非逻辑举例

CPU 的基础运算都是在构建逻辑门的基础上完成的，例如，用逻辑门组成最基本的加减乘除四则运算，再用四则运算组成更复杂的功能操作，最终可以实现操作系统并在其上进行各种操作。

神经网络的结构和功能使其具有编程和实现各种高级功能的能力，这个编程不需要人

脑通过学习算法来拟合实现，而是使用模型学习的方式，直接从现实的表象中优化成需要的结构。

因此，这种多层的结构只要层数足够多，每层的节点足够多，且参数合理，就可以拟合世界上的任何问题，而在神经网络里考验的则是模型的自学习功能是否足够高效和精准。

7.3 利用全连接神经网络将图片进行分类

在第 5 章中，已经使用 TensorFlow 构建单神经元网络对 MNIST 图片进行了分类处理，本节将使用 TensorFlow 构建全连接多层神经网络实现对 MNIST 图片的分类处理。本节案例代码基于第 5 章的实验 5.4，在网络参数、学习参数与网络层数设置等部分进行了适当的调整。为保证代码的完整与易读性，关于代码的描述信息均体现在代码的注释中。

使用 TensorFlow 构建全连接多层神经网络实现对 MNIST 图片的分类处理过程如下。

（1）导入依赖和数据集，代码如下：

```
# 导入依赖
import tensorflow as tf
# 获取 MNIST 数据集
from tensorflow.examples.tutorials.mnist import input_data
mnist = input_data.read_data_sets("MNIST_data/", one_hot = True)
import pylab
# tf.reset_default_graph 函数用于清除默认图形堆栈并重置全局默认图形，即初始化
tf.reset_default_graph()
```

（2）定义网络参数，代码如下：

```
# 定义参数
learning_rate = 0.001          # 学习率为 0.001
training_epochs = 25           # 所有样本进行 25 次迭代
batch_size = 100               # 每次迭代训练 100 个样本
display_step = 1
# 设置网络模型参数
n_hidden_1 = 256               # 设置隐藏层节点个数
n_hidden_2 = 256               # 设置隐藏层节点个数
n_input = 784                  # MNIST 图像大小为 28 × 28，共 784 维
n_classes = 10                 # MNIST 图像共 10 个类别（0~9）
```

（3）定义网络结构，代码如下：

```
#定义占位符
x = tf.placeholder("float", [None, n_input])
y = tf.placeholder("float", [None, n_classes])
# 定义随机权重参数 tf.Variable，返回一个张量
weights = {
'h1': tf.Variable(tf.random_normal([n_input, n_hidden_1])),
'h2': tf.Variable(tf.random_normal([n_hidden_1, n_hidden_2])),
'out': tf.Variable(tf.random_normal([n_hidden_2, n_classes]))
}
```

```
# 定义随机误差参数
biases = {
'b1': tf.Variable(tf.random_normal([n_hidden_1])),
'b2': tf.Variable(tf.random_normal([n_hidden_2])),
'out': tf.Variable(tf.random_normal([n_classes]))
}
# 创建模型，multilayer_perceptron 函数为封装好的网络模型函数
def multilayer_perceptron(x, weights, biases):
    # 第一层隐藏层
    layer_1 = tf.add(tf.matmul(x, weights['h1']), biases['b1']) # tf.matmul 实现矩阵相乘
    layer_1 = tf.nn.relu(layer_1) # 使用 ReLU 激活函数
    # 第二层隐藏层
    layer_2 = tf.add(tf.matmul(layer_1, weights['h2']), biases['b2']) # tf.matmul 实现矩阵相乘
    layer_2 = tf.nn.relu(layer_2) # 使用 ReLU 激活函数
    # 输出层
    out_layer = tf.matmul(layer_2, weights['out']) + biases['out']
    return out_layer
# 输出值
pred = multilayer_perceptron(x, weights, biases)
# 定义损失值和优化器，损失值使用 Softmax 交叉熵
cost = tf.reduce_mean(tf.nn.softmax_cross_entropy_with_logits(logits = pred, labels = y))
# 采用 Adam 算法优化
optimizer = tf.train.AdamOptimizer(learning_rate = learning_rate).minimize(cost)
# 保存模型
saver = tf.train.Saver()
model_path = "log/521model.ckpt"
```

（4）运行会话，代码如下：

```
# 会话
with tf.Session() as sess:
    sess.run(tf.global_variables_initializer())
    for epoch in range(training_epochs):
        avg_cost = 0.
        total_batch = int(mnist.train.num_examples/batch_size)    #每次遍历多少批
        # 遍历全部数据集
        for i in range(total_batch):
            batch_xs, batch_ys = mnist.train.next_batch(batch_size)
            _, c = sess.run([optimizer, cost], feed_dict = {x: batch_xs, y: batch_ys})
            avg_cost + = c / total_batch
        if (epoch + 1) % display_step == 0:
            print ("Epoch:", '%04d' % (epoch + 1), "cost = ", "{:.9f}".format(avg_cost))
    print( " Finished!")
    # 准确率
    correct_prediction = tf.equal(tf.argmax(pred, 1), tf.argmax(y, 1))
    accuracy = tf.reduce_mean(tf.cast(correct_prediction, tf.float32))
    print ("Accuracy:", accuracy.eval({x: mnist.test.images, y: mnist.test.labels}))
    # 模型保存
```

```
    save_path = saver.save(sess, model_path)
    print("Model saved in file: %s" % save_path)
```

输出如下：

```
Extracting MNIST_data/train-images-idx3-ubyte.gz
Extracting MNIST_data/train-labels-idx1-ubyte.gz
Extracting MNIST_data/t10k-images-idx3-ubyte.gz
Extracting MNIST_data/t10k-labels-idx1-ubyte.gz
Epoch: 0001 cost = 153.176310869
Epoch: 0002 cost = 38.904487001
...
Epoch: 0024 cost = 0.385763397
Epoch: 0025 cost = 0.257976816
 Finished!
Accuracy: 0.9493
Model saved in file: log/521model.ckpt
```

全连接神经网络可以完成图片分类等各种分类任务。理论上，全连接神经网络随着层数和节点的增多，可学习到更多的特征，得到更好的拟合效果。但实际应用中，随着层数与节点数的增多，可能会出现梯度消失、网络训练时间过长或是过拟合等现象。针对这些问题，可以改变网络结构，采用 Dropout 等方法解决。

7.4　全连接神经网络模型的优化方法

随着技术的革新，技术人员在不断地训练神经网络的实验过程中，总结出许多有用的技巧，合理地运用这些技巧，可以使模型得到更好的拟合效果。下面来讲解全连接神经网络模型的常用训练技巧和优化方法。

7.4.1　利用异或数据集演示过拟合问题

全连接神经网络在处理拟合问题上具有强大的处理能力，那全连接神经网络是不是在拟合问题上就万无一失了呢？答案是否定的，因为全连接神经网络在拟合问题上还可能出现过拟合问题。那什么是过拟合呢？可以利用异或数据集来演示过拟合问题。

案例：构建具有异或特征的数据集。首先构建一个简单的多层神经网络来拟合其样本特征，观察欠拟合的现象，并通过全连接神经网络将它们进行分类；其次通过调整数据节点的数量来演示过拟合问题。具体步骤如下。

步骤一：构建异或特征的数据集。

调用 generate 函数生成四类数据，并将其中的两类数据进行合并，便可得到异或特征的数据集。实现代码如下所示：

```
np.random.seed(10)
input_dim = 2
num_classes = 4
# 调用 generate 函数生成四类数据
X, Y = generate(320,num_classes, [[3.0,0],[3.0,3.0],[0,3.0]],True)
```

```
Y = Y%2
xr = []
xb = []
for(l,k) in zip(Y[:],X[:]):
if l == 0.0 :
xr.append([k[0],k[1]])
else:
xb.append([k[0],k[1]])
xr = np.array(xr)
xb = np.array(xb)
plt.scatter(xr[:,0], xr[:,1], c = 'r',marker = ' + ')
plt.scatter(xb[:,0], xb[:,1], c = 'b',marker = 'o')
plt.show()
```

运行上面的代码，可以得到分为两类的数据集，如图 7-10 所示。

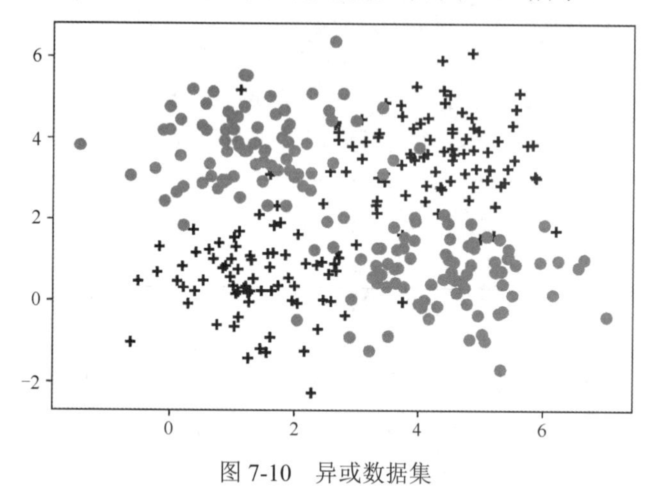

图 7-10　异或数据集

步骤二：构建简单的多层神经网络。

构建简单的多层神经网络，并对构建的网络进行训练。实现代码如下所示：

```
learning_rate = 1e-4
n_input = 2
n_label = 1
n_hidden = 2
x = tf.placeholder(tf.float32, [None, n_input])
y = tf.placeholder(tf.float32, [None, n_label])
weights = {
    'h1': tf.Variable(tf.truncated_normal([n_input, n_hidden], stddev = 0.1)),
    'h2': tf.Variable(tf.random_normal([n_hidden, n_label], stddev = 0.1))
}
biases = {
    'h1': tf.Variable(tf.zeros([n_hidden])),
    'h2': tf.Variable(tf.zeros([n_label]))
}
layer_1 = tf.nn.relu(tf.add(tf.matmul(x, weights['h1']), biases['h1']))
```

```
layer2 = tf.add(tf.matmul(layer_1, weights['h2']), biases['h2'])
y_pred = tf.maximum(layer2, 0.01 * layer2)
loss = tf.reduce_mean((y_pred - y) ** 2)
train_step = tf.train.AdamOptimizer(learning_rate).minimize(loss)
# 生成数据
X = [[0, 0], [0, 1], [1, 0], [1, 1]]
Y – [[0], [1], [1], [0]]
# 加载
sess = tf.InteractiveSession()
sess.run(tf.global_variables_initializer())
```

步骤三：可视化简单多层神经网络分类结果。

生成百余个数据点，放到上面训练好的简单多层神经网络的模型里，并将其显示在直角坐标系中。实现代码如下所示：

```
xTrain, yTrain = generate(120,num_classes, [[3.0,0],[3.0,3.0],[0,3.0]],True)
yTrain = yTrain % 2
xr = []
xb = []
for(l,k) in zip(yTrain[:],xTrain[:]):
if l == 0.0 :
xr.append([k[0],k[1]])
else:
xb.append([k[0],k[1]])
xr = np.array(xr)
xb = np.array(xb)
plt.scatter(xr[:,0], xr[:,1], c = 'r',marker = ' + ')
plt.scatter(xb[:,0], xb[:,1], c = 'b',marker = 'o')
yTrain = np.reshape(yTrain,[-1,1])
print ("loss:\n", sess.run(loss, feed_dict = {x: xTrain, y: yTrain}))
nb_of_xs = 200
xs1 = np.linspace(-1, 8, num = nb_of_xs)
xs2 = np.linspace(-1, 8, num = nb_of_xs)
xx, yy = np.meshgrid(xs1, xs2) # 创建网格
# 初始和填充 classification_plane
classification_plane = np.zeros((nb_of_xs, nb_of_xs))
for i in range(nb_of_xs):
for j in range(nb_of_xs):
classification_plane[i,j] = sess.run(y_pred, feed_dict = {x:[[ xx[i,j], yy[i,j] ]]} )
classification_plane[i,j] = int(classification_plane[i,j])
# 创建一个颜色集合，用来显示每一个格子的分类颜色
cmap = ListedColormap([
colorConverter.to_rgba('r', alpha = 0.30),
colorConverter.to_rgba('b', alpha = 0.30)])
# 图示样本的分类边界
plt.contourf(xx, yy, classification_plane, cmap = cmap)
plt.show()
```

代码运行结果如下：

```
Step: 0 Current loss: 0.50018156
Step: 1000 Current loss: 0.3076825
Step: 2000 Current loss: 0.26990777
Step: 3000 Current loss: 0.26431045
Step: 4000 Current loss: 0.25907356
Step: 5000 Current loss: 0.2542766
Step: 6000 Current loss: 0.2508698
Step: 7000 Current loss: 0.24997982
Step: 8000 Current loss: 0.24994381
Step: 9000 Current loss: 0.24994358
Step: 10000 Current loss: 0.24994358
Step: 11000 Current loss: 0.24994354
Step: 12000 Current loss: 0.24994352
Step: 13000 Current loss: 0.24994354
Step: 14000 Current loss: 0.24994354
Step: 15000 Current loss: 0.24994354
Step: 16000 Current loss: 0.24994357
Step: 17000 Current loss: 0.24994357
Step: 18000 Current loss: 0.24994354
Step: 19000 Current loss: 0.24994354
loss:
 0.25020537
```

模型在迭代训练 10 000 后停止了梯度，但准确率并不高，可视化的图片也没有将数据完全分开，如图 7-11 所示。

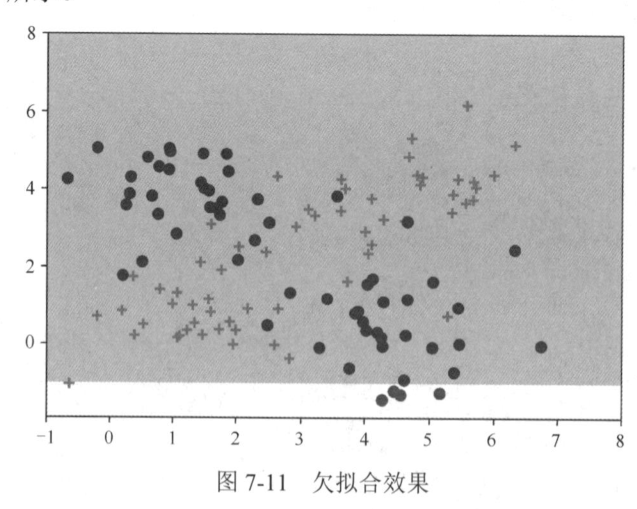

图 7-11　欠拟合效果

步骤四：调整模型。

由图 7-11 所示的欠拟合效果可知，多层神经网络在处理异或数据集分类问题上效果不够理想，究其原因可以发现，导致出现欠拟合问题是由于无法精准地学习到适合的模型参数。对此，可以采用增加节点或增加层的方式，使模型具有更高的拟合性，从而降低模型的训练难度。将隐藏层的节点提高到 200，即在构建网络模型时，参数 n_hidden = 200。对网络模型进行训练，并将数据集进行可视化，可发现数据划分效果明显提升，如图 7-12 所示。

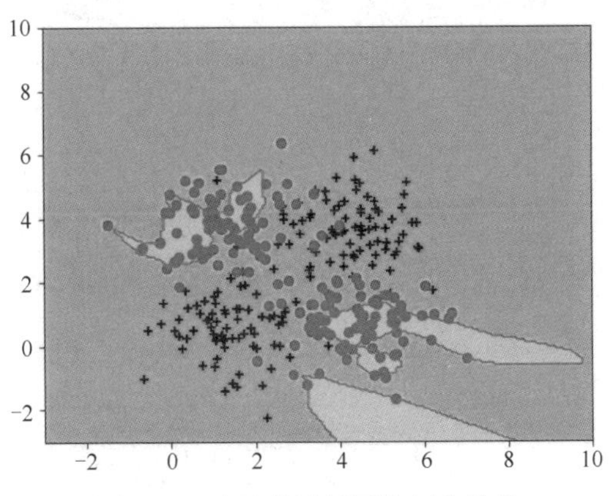

图 7-12　全连接神经网络划分效果

步骤五：模拟过拟合效果。

通过上面的实验可发现，全连接神经网络在处理大量数据集节点划分问题时，效果比较突出；但在处理少量数据集节点划分时，效果并不理想。例如，处理 12 个数据节点划分时，只需将上面代码中 generate 函数的第一个参数修改为 12 即可，即：

```
xTrain, yTrain = generate(12,num_classes, [[3.0,0],[3.0,3.0],[0,3.0]], True)
```

代码运行结果如下：

```
Step: 0 Current loss: 0.42743054
Step: 1000 Current loss: 0.10654032
Step: 2000 Current loss: 0.086779855
Step: 3000 Current loss: 0.077707104
Step: 4000 Current loss: 0.07200204
Step: 5000 Current loss: 0.06899152
Step: 6000 Current loss: 0.06719061
Step: 7000 Current loss: 0.06601168
Step: 8000 Current loss: 0.06518184
Step: 9000 Current loss: 0.06449258
Step: 10000 Current loss: 0.06364764
Step: 11000 Current loss: 0.062676154
Step: 12000 Current loss: 0.06160172
Step: 13000 Current loss: 0.05995962
Step: 14000 Current loss: 0.058409203
Step: 15000 Current loss: 0.057011046
Step: 16000 Current loss: 0.055691164
Step: 17000 Current loss: 0.054505892
Step: 18000 Current loss: 0.052928805
Step: 19000 Current loss: 0.05153262
loss:
 0.10481682
```

运行代码可发现，同样使用全连接神经网络模型，但是划分出来的效果并不是很理想，这种现象就是过拟合，如图 7-13 所示。

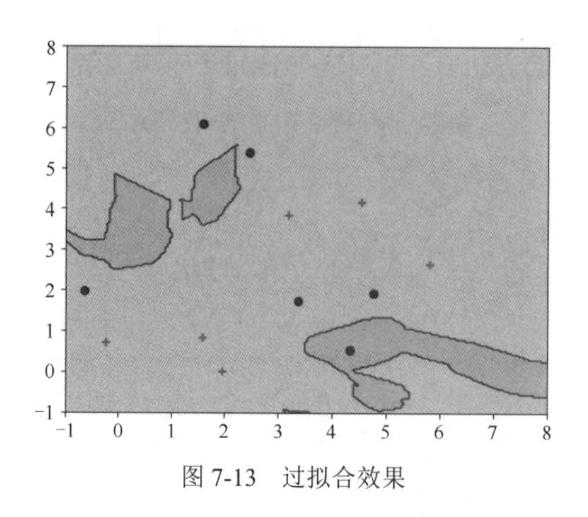

图 7-13　过拟合效果

过拟合与欠拟合都是在训练模型中不希望看到的现象。为了得到在测试情况下表现出良好的训练效果，需要对全连接神经网络模型进行优化，接下来将介绍几种常用的优化方法。

7.4.2　通过正则化改善过拟合情况

全连接神经网络模型的优化方法很多，这里首先介绍最常用的通过正则化改善过拟合的方法。

1．正则化

所谓的正则化（Regularization），简单来说，是一种为了减小测试误差的行为，即在神经网络计算损失值的过程中，在损失后面再增加一项，这样损失值所代表的输出与标准结果间的误差就会受到干扰，导致学习参数无法按照目标方向来调整，从而实现模型无法与样本完全拟合的结果，最终目的是使模型在面对新数据时，可以有很好的表现，防止出现过拟合。过拟合会导致模型的泛化能力下降，而使用正则化，则可以降低模型的复杂度。

正则化一般包括 L_1、L_2 两种范数，L_1 正则化时，对应惩罚项为 L_1 范数，其计算公式为

$$\Omega(\omega)=\|\omega\|_1=\sum_i|\omega_i|$$

L_2 正则化时，对应惩罚项为 L_2 范数，其计算公式为

$$\Omega(\omega)=\|\omega\|_2^2=\sum_i\omega_i^2$$

观察上面的公式可以发现，L_1 正则化的实现原理是，在原目标函数的基础上加上所有特征系数绝对值的和；而 L_2 正则化的实现原理是，在原目标函数的基础上加上所有特征系数的平方和。由于两者的实现原理不同，带来的效果也不同，L_1 正则化更适用于特征选择的使用场景，而 L_2 正则化更适用于防止模型过拟合的使用场景。虽然两者的实现原理不同，但是，两者都是通过加上一个和项来限制参数大小的。

在 TensorFlow 中，已经将 L_2 正则化函数封装好，可以直接使用。该函数如下所示：

```
tf.nn.12_loss(t, name = None)
```

而 L_1 的正则化函数目前还没有可以直接使用的，但可以通过组合使用达到相同的效果，如下所示：

```
tf.reduce_sum( tf.abs(w))
```

2. 通过正则化改善过拟合情况

正则化可以解决过拟合的问题，下面结合一个案例来展示通过正则化改善过拟合问题的效果。

案例：首先创建异或数据集模拟样本，其次使用全连接神经网络模型对其进行分类，分类的同时，添加正则化技术来改善过拟合情况。

由于前面已经进行了过拟合效果的实验，因此，可在过拟合实验基础上添加正则化的处理，具体操作为：在数据训练 tf.train.AdamOptimizer 函数之前添加 12_loss 参数，并在计算损失值时增加损失值的正则化处理。代码修改如下所示：

```
y_pred = tf.maximum(layer2,0.01*layer2)
reg = 0.01   # 12_loss 参数
# 计算损失值时增加，损失值的正则化
12_loss = tf.reduce_mean((y_pred-y)**2) + tf.nn.12_loss(weights['h1'])*reg + tf.nn.12_loss(weights['h2'])*reg
train_step = tf.train.AdamOptimizer(learning_rate).minimize(12_loss)
```

代码运行结果如下：

```
Step: 0 Current loss: 0.34955662
Step: 1000 Current loss: 0.11748048
Step: 2000 Current loss: 0.105145864
Step: 3000 Current loss: 0.09931505
Step: 4000 Current loss: 0.095794745
Step: 5000 Current loss: 0.09385425
Step: 6000 Current loss: 0.09277052
Step: 7000 Current loss: 0.092209086
Step: 8000 Current loss: 0.0919039
Step: 9000 Current loss: 0.09175091
Step: 10000 Current loss: 0.09166739
Step: 11000 Current loss: 0.091620095
Step: 12000 Current loss: 0.09159185
Step: 13000 Current loss: 0.091573924
Step: 14000 Current loss: 0.0915581
Step: 15000 Current loss: 0.09154397
Step: 16000 Current loss: 0.091530286
Step: 17000 Current loss: 0.0915163
Step: 18000 Current loss: 0.0915022
Step: 19000 Current loss: 0.09148767
loss:
 0.11066558
```

正则化可视化模型如图 7-14 所示。

图 7-14 左边是模型在训练时的结果，右边是测试时的结果。通过上面的运行结果不难发现，相比于没有进行正则化，正则化后分类效果明显提高了。

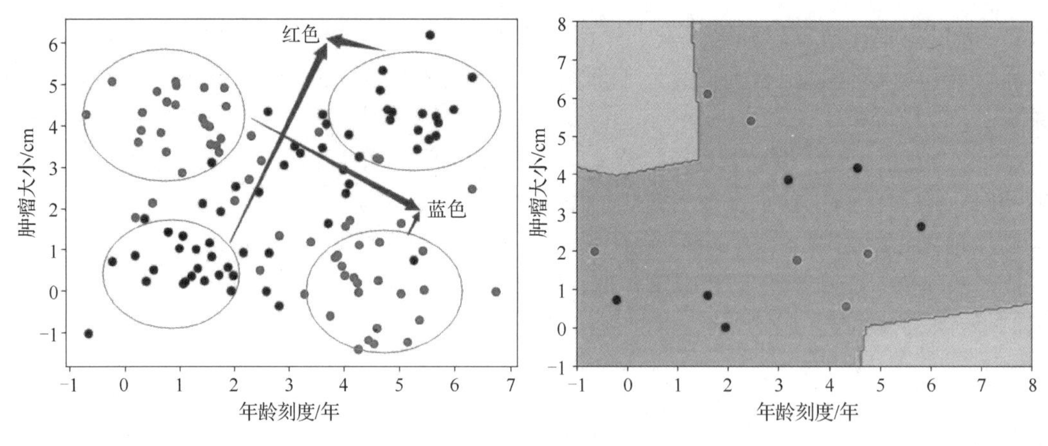

图 7-14　正则化可视化模型

7.4.3　通过增大数据集改善过拟合

通过前面的案例可知，简单多层神经网络在处理大量数据集时，划分效果比较差，而全连接神经网络模型的处理效果比较好。但是，全连接神经网络模型在处理少量数据集时的效果变得比较差。由此可见，全连接神经网络模型在处理大量数据集时会比较有优势，因此，可以通过增大数据集来改善全连接神经网络的过拟合问题。

案例：首先创建异或数据集模拟样本，其次使用全连接神经网络模型对其进行分类，最后使用增大数据集的方法来改善过拟合情况。

增大数据集改善过拟合问题的实验可以在通过正则化改善过拟合的实验基础上添加数据生成的内容来实现，具体操作为：循环训练时，在 for 循环里的 sess.run 函数之前添加生成数据的代码，每次取 1000 个点。代码修改如下所示：

```
for i in range(20000):
    # 添加生成数据的代码，每次取 1000 个点
    X, Y = generate(1000,num_classes,   [[3.0,0],[3.0,3.0],[0,3.0]],True)
    Y = Y % 2
    Y = np.reshape(Y,[-1,1])
    _, loss_val = sess.run([train_step, loss], feed_dict = {x: X, y: Y})
```

代码运行结果：

```
Step: 0 Current loss: 0.418357
Step: 1000 Current loss: 0.13758945
Step: 2000 Current loss: 0.11934044
Step: 3000 Current loss: 0.10917137
Step: 4000 Current loss: 0.10404997
Step: 5000 Current loss: 0.10153222
Step: 6000 Current loss: 0.10027532
Step: 7000 Current loss: 0.09972745
Step: 8000 Current loss: 0.09952993
Step: 9000 Current loss: 0.09942198
Step: 10000 Current loss: 0.09934919
Step: 11000 Current loss: 0.09929774
```

```
Step: 12000 Current loss: 0.09926083
Step: 13000 Current loss: 0.0992347
Step: 14000 Current loss: 0.09921711
Step: 15000 Current loss: 0.09920557
Step: 16000 Current loss: 0.09919789
Step: 17000 Current loss: 0.09919291
Step: 18000 Current loss: 0.09918942
Step: 19000 Current loss: 0.099186815
loss:
 0.09045694
```

增大数据集后模型可视化的结果如图 7-15 所示。

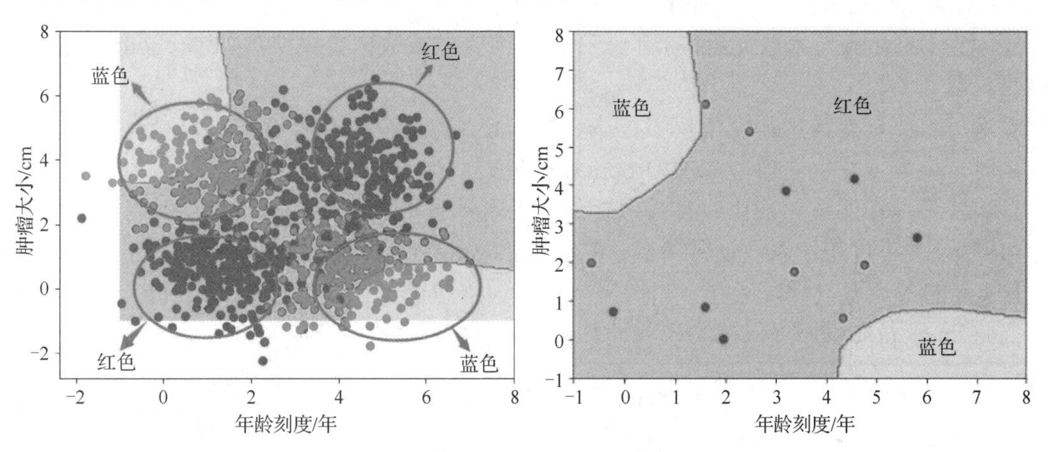

图 7-15　增大数据集后模型可视化的结果

左边为模型在训练时的结果，右边为测试时的结果。观察运行结果，发现模型测试值直接降到了 0.9，比训练时的低；增加数据集后，蓝色区域增大了，泛化效果也有了明显的提高。

7.4.4　基于 Dropout 技术来拟合异或数据集

改善过拟合问题的方法还有 Dropout 技术，接下来详细介绍 Dropout 技术以及如何使用 Dropout 技术改善过拟合的问题。

1．Dropout 技术

从样本数据的角度来看，数据本身一般存在噪音，即在某一类中一般会有一些异常数据，造成过拟合的原因是模型把这些异常数据也当成规律来学习了。所以我们希望训练出的模型能够有一定的“智商”，能过滤异常数据，只关心有用的规律数据。

异常数据的特点是，它与主流样本中蕴含的规律不同，但出现的概率较主流样本的低。因此，可以利用这个特性，在每次模型中忽略一些节点的数据学习，将小概率的异常数据获得学习的机会降得更低，以降低异常数据对模型的影响。

值得注意的是，由于 Dropout 让一部分节点不去“学习”，因此在增加模型泛化能力的同时，会使学习速度降低，使模型不太容易“学成”，所以在使用的过程中需要合理地调节丢弃节点的数量。在 TensorFlow 中，Dropout 的函数原型为：

```
def dropout(x, keep_prob, noise_shape = None, seed = None, name = None)
```

部分参数的意义如下：

- x：输入的模型节点。
- keep_prob：保持率。值为 0.8，表示保留 80%的节点参与学习。
- noise_shape：输入的模型中，哪些维度可以使用 Dropout 技术。当值为 None 时，表示所有维度都使用 Dropout 技术；也可以将某个维度标志为 1，来代表该维度使用 Dropout 技术。例如，x 的形状为[n,len,w,ch]，使用 noise_shape 为[n,1,1,ch]，这表明会对 x 中的第二维度 len 和第三维度 w 使用 Dropout 技术。
- seed：随机选取节点的过程中随机数的种子值。

2．为异或数据集模型添加 Dropout

了解完 Dropout 技术原理后，接下来介绍如何为异或数据集模型添加 Dropout，从而优化过拟合问题。

案例：首先创建异或数据集模拟样本，其次使用全连接神经网络模型对其进行分类，分类的同时，为异或数据集模型添加 Dropout 来改善过拟合情况。

该实验可以在通过正则化改善过拟合的代码基础上添加一个 Dropout 层，将 Dropout 的 keep_prob 设为占位符，以便设置参数；在会话的 run 中设置 keep_prob = 0.6，表示每次训练仅允许 0.6 的节点参与学习运算。如果需要加快训练速度，可以设置 keep_prob = 0.01，测试时，需将 keep_prob 设置为 1。实现代码如下所示：

```
for i in range(20000):
    X, Y = generate(1000, num_classes, [[3.0, 0], [3.0, 3.0], [0, 3.0]], True)
    Y = Y % 2
    Y = np.reshape(Y, [-1, 1])
    _, loss_val = sess.run([train_step, loss], feed_dict = {x: X, y: Y, keep_prob: 0.6})
    if i % 1000 == 0:
        print("Step:", i, "Current loss:", loss_val)
```

代码运行结果如下：

```
Step: 0 Current loss: 0.53442633
Step: 1000 Current loss: 0.0922747
Step: 2000 Current loss: 0.09398471
Step: 3000 Current loss: 0.09203285
Step: 4000 Current loss: 0.09339082
Step: 5000 Current loss: 0.09776896
Step: 6000 Current loss: 0.09624103
Step: 7000 Current loss: 0.09320224
Step: 8000 Current loss: 0.091983885
Step: 9000 Current loss: 0.093994886
Step: 10000 Current loss: 0.09223612
Step: 11000 Current loss: 0.09447443
Step: 12000 Current loss: 0.0941552
Step: 13000 Current loss: 0.09023295
Step: 14000 Current loss: 0.09167013
Step: 15000 Current loss: 0.09065286
```

```
Step: 16000 Current loss: 0.09276418
Step: 17000 Current loss: 0.097569875
Step: 18000 Current loss: 0.09405411
Step: 19000 Current loss: 0.09094353
loss:
 0.05782038
```

采用 Dropout 技术后模型可视化的结果如图 7-16 所示。

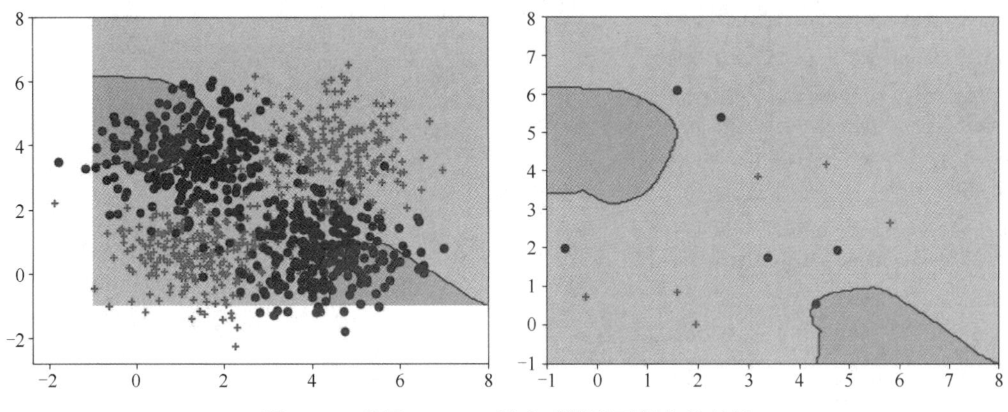

图 7-16 采用 Dropout 技术后模型可视化的结果

图 7-16 左侧为模型在训练时的结果，右侧为测试时的结果。通过运行结果可以发现，损失值低于 0.06，模型测试损失值低于训练的损失值。由此可见，为异或数据集模型添加 Dropout 技术在改善过拟合问题的效果还是比较显著的。

3．基于退化学习率 Dropout 技术来拟合异或数据集

从上面的代码运行结果可以发现，循环的次数 Step 在 10 000 时，损失值是 0.092，最高为 0.094，并且在后面也出现了抖动的现象，这表明后期的学习率有些过大。基于这样的问题，可以在上面的例子中添加退化学习率，使开始的学习率很大，后面逐渐变小，从而改善这个问题。

案例：首先创建异或数据集模拟样本，其次使用全连接神经网络模型对其进行分类，分类的同时，为异或数据集模型添加退化学习率的 Dropout 技术来改善过拟合情况。

基于退化学习率 Dropout 技术来拟合异或数据集的实验可以通过在为异或数据集模型添加 Dropout 技术改善过拟合的实验基础上添加退化学习率的思路来解决，具体操作为：在优化器的代码部分添加退化学习率 decaylearning_rate，设置总步数为 20 000，并且每执行 1000 步，学习率衰减 0.9。实现代码如下所示：

```
loss = tf.reduce_mean((y_pred - y) ** 2)
global_step = tf.Variable(0, trainable = False)
# 添加退化学习率
decaylearning_rate = tf.train.exponential_decay(learning_rate, global_step, 1000, 0.9)
# 调用函数 AdamOptimizer 时，添加学习率 decaylearning_rate
# train_step = tf.train.AdamOptimizer(learning_rate).minimize(loss)
train_step = tf.train.AdamOptimizer(decaylearning_rate).minimize(loss, global_step = global_step)
```

代码运行结果如下：

```
Step: 0 Current loss: 0.40900853
Step: 1000 Current loss: 0.08943779
Step: 2000 Current loss: 0.090320334
Step: 3000 Current loss: 0.09058855
Step: 4000 Current loss: 0.091154695
Step: 5000 Current loss: 0.08892454
Step: 6000 Current loss: 0.08858404
Step: 7000 Current loss: 0.08985461
Step: 8000 Current loss: 0.0899473
Step: 9000 Current loss: 0.0914356
Step: 10000 Current loss: 0.09023862
Step: 11000 Current loss: 0.09236728
Step: 12000 Current loss: 0.0888791
Step: 13000 Current loss: 0.090602666
Step: 14000 Current loss: 0.09087408
Step: 15000 Current loss: 0.090205245
Step: 16000 Current loss: 0.08726227
Step: 17000 Current loss: 0.087740056
Step: 18000 Current loss: 0.09009875
Step: 19000 Current loss: 0.09295766
loss:
 0.056243967
```

基于退化学习率 Dropout 技术的模型可视化的结果如图 7-17 所示。

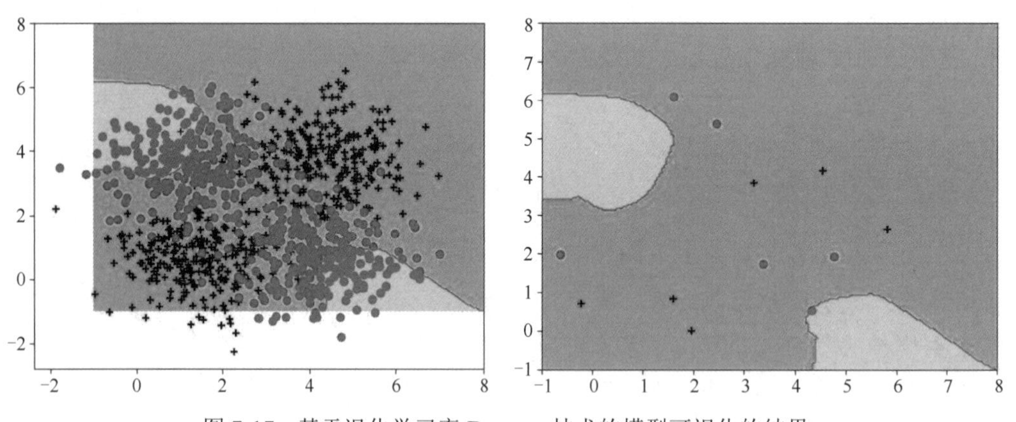

图 7-17　基于退化学习率 Dropout 技术的模型可视化的结果

图 7-17 左侧为模型在训练时的结果，右侧为测试时的结果。观察图 7-17 左侧图片显示结果可发现，损失值的趋势是在减小的，而且损失值直接变成了 0.056，低于仅仅使用 Dropout 技术时的值。由于 Dropout 随机受到了异常数据运算结果的影响，因此，虽然损失值仍有些波动，但是整体的趋势是在逐渐减小的。

7.4.5　全连接神经网络的深浅关系

全连接神经网络是一个通用的框架。只要有足够多的神经元，即使只有一层隐藏层的神经网络，利用常用的激活函数，就可以无限逼近任何连续函数。但是，若要使用浅层神经网络来拟合复杂非线性函数，则需要给浅层神经网络增加若干个神经元来实现。在训练神经网络时，神经元的个数越多，就需要更多的参数进行控制，这样会增加网络的学习难度，并降低网络的泛化能力。因此，在拟合复杂非线性函数问题时，一般倾向于搭建更深的模型结构，来减少网络中所需要神经元的数量，降低网络学习难度，使网络有更好的泛化能力。

7.5 本章小结

本章由线性问题分类任务的求解过渡到非线性问题的求解，从而引出多层神经网络可以很好地解决非线性任务，随后举例说明如何使用带有隐藏层的多层神经网络对异或问题进行拟合，并对此非线性问题的分类任务进行了可视化操作。最后，在利用全连接神经网络对图片进行分类任务的同时，进一步介绍了全连接神经网络模型过拟合问题的几种优化方法，分别为正则化、增大数据集以及 Dropout 技术等。

第 8 章　卷积神经网络

全连接神经网络可以实现图像分类的目的，但其有局限性，因此这里引入另一种多层网络结构——卷积神经网络（Convolutional Neural Network，CNN）。

8.1　认识卷积神经网络

按照网络层数，卷积神经网络可分为浅层结构和深层结构，但浅层结构的卷积神经网络由于准确度和表现力较为有限，目前很少使用，现阶段使用的卷积神经网络一般都是指深层结构的卷积神经网络，层数从“几层”到“上百层”不定。

8.1.1　全连接神经网络的局限性

全连接神经网络有下面几点局限性。

1．忽略了输入的拓扑结构

全连接神经网络的一个不足是完全忽略了输入数据的拓扑结构，全连接层需要将原本的多维结构拉平，这导致原始的空间结构被破坏，丢失了输入数据的空间信息。图像（或语音的时频表示）类的数据集具有较强的二维局部结构，空间或时间附近的变量（或像素）高度相关，如果丢失了空间信息会影响网络的准确性。

2．初始化参数多

在第 7 章的全连接神经网络案例中，对 MNIST 数据集分类的全连接神经网络包含两个隐藏层，每层包含 256 个节点。该全连接神经网络所需要的初始权重参数 w 为 268 800 个（$28 \times 28 \times 256 + 256 \times 256 + 256 \times 10$），偏差参数 b 为 522 个（$256 + 256 + 10$）。这说明全连接神经网络的参数个数与图像大小和层数有着正相关性。如果图像大小为 1000 像素，仅一层隐藏层所需要的初始权重参数 w 约等于 2 亿个（$1000 \times 1000 \times 256$）。如果数据集图像从灰度图变为 RGB 的真彩色，则需要的参数 w 的个数需要再乘以 3，约等于 6 亿个。随着网络层数的增加，需要学习的参数量将会继续增多。如此多的参数不仅消耗大量的内存，同时也需要大量的运算，这显然不是我们想要的结果。

3．处理高维度数据能力较弱

全连接神经网络处理比较复杂的高维度数据时，只能通过增加节点、增加层数的方式来解决，而增加节点会引起参数过多的问题。同时，全连接神经网络的隐藏层使用的是 Sigmoid 激活函数，其反向传播存在梯度消失问题，有效传播层数也只能为 4～6 层。

8.1.2　卷积神经网络简介

卷积神经网络从提出到目前的广泛应用，大致经历了理论萌芽阶段、实验发展阶段以及大规模应用和深入研究阶段。

- 理论萌芽阶段。1962 年，大卫·休伯尔（David Hunter Hubel）和托斯坦·维厄瑟尔（Torsten Wiesel）通过生物学研究发现，从视网膜传递脑中的视觉信息是通过多层次的感受野

(Receptive Field)激发完成的，并首先提出了感受野的概念。在卷积神经网络中，通过卷积层输出的图片称为特征图(Feature Map)，特征图上某个元素的计算受输入图像上感受野(卷积核)的影响。1980 年，日本学者 Fukushima 在基于感受野的基础上，提出了神经认知机(Neocognitron)，神经认知机可以理解为卷积神经网络的第一版。

● 实验发展阶段。1998 年，Yann LeCun 等提出了 LeNet-5 网络，其所采用的局部连接和权值共享的方式，一方面减少了权值的数量，使网络易于优化；另一方面降低了模型的复杂度，也就是减小了过拟合的风险。正是由于 LeNet-5 网络的提出，学术界开始了对卷积神经网络的关注。同时，卷积神经网络在语音识别、物体检测、人脸识别等应用领域的研究也逐渐开展起来。

● 大规模应用和深入研究阶段。在 LeNet 网络之后，卷积神经网络一直处于实验发展阶段，直到 2012 年卷积神经网络 AlexNet 的提出。AlexNet 是 2012 年 ImageNet 竞赛冠军获得者 Hinton 和他的学生 Alex Krizhevsky 设计的，AlexNet 在 ImageNet 的训练集上取得了图像分类的冠军，使卷积神经网络成为计算机视觉中的重点研究对象，并且不断深入。2012 年后，更多的、更深的神经网络被提出，如微软的 ResNet 网络、牛津大学的 VGG 网络、Google 的 GoogLeNet 网络。这些网络的提出使得卷积神经网络逐步开始走向商业化应用，几乎只要是存在图像的地方，就会有卷积神经网络的身影。

8.2 卷积神经网络的结构

在介绍卷积神经网络结构之前，先回顾下全连接神经网络。全连接神经网络包含一个输出层，输入层和输出层之间的都是隐藏层。每一层神经网络有若干个神经元，层与层之间的神经元相互连接，层内神经元互不连接，而且下一层神经元连接上一层所有的神经元。

卷积神经网络也是一种层级网络，只是与全连接神经网络相比，层的功能和形式有了一些变化。卷积神经网络不仅有全连接层，还有卷积层与池化层。卷积层与池化层可以减少深层网络占用的内存量，减少网络的参数个数，缓解了模型的过拟合问题。

8.2.1 网络结构简介

1. LeNet-5 网络

以 Yann LeCun 提出的 LeNet-5 网络为例，其网络结构如表 8-1 所示。

表 8-1 LeNet-5 的网络结构

网络层(操作)	输　入	filter(过滤)	stride(步长)	padding(填充)	输　出
Input	32 × 32 × 1				32 × 32 × 1
Conv1	32 × 32 × 1	5 × 5 × 6	1	0	28 × 28 × 6
MaxPool1	28 × 28 × 6	2 × 2	2	0	14 × 14 × 6
Conv2	14 × 14 × 6	5 × 5 × 16	1	0	10 × 10 × 16
MaxPool2	10 × 10 × 16	2 × 2	2	0	5 × 5 × 16
FC1	5 × 5 × 16				120
FC2	120				84
FC3	84				10

从表 8-1 中可以看出，LeNet-5 网络包括输入层（Input）、卷积层 1（Convolutional Layer，Conv1）、池化层 1（Pooling Layer，MaxPool1）、卷积层 2（Conv2）、池化层 2（MaxPool2）、全连接层 1（Fully Connected Layer，FC1）、全连接层 2（FC2）、全连接层 3（FC3）。关于卷积层和池化层的具体含义分别在 8.2.2 节和 8.2.3 节介绍。如果不将输入层计算在神经网络的层数内，则 LeNet-5 是一个 7 层的网络（有些地方也可能把卷积和池化作为一层）。LeNet-5 大约有 60 000 个参数。需要说明的是，现在常用的 LeNet-5 结构和 Yann LeCun 教授在 1998 年论文中提出的结构在某些地方有区别，如现在激活函数一般选择 ReLU，输出层一般选择 Softmax。下面对每层网络具体分析。

- Input：图像大小为 32 × 32 × 1，其中 1 表示为黑白图像，只有一个通道（channel）。
- Conv1：filter 大小为 5 × 5，filter 深度（个数）为 6，padding 为 0，卷积步长 stride = 1，输出矩阵大小为 28 × 28 × 6（计算方法为[(32 − 5)/1 + 1 = 28]），其中 6 表示生成 6 个特征图。
- MaxPool1：filter 大小为 2 × 2，padding 为 0，步长 stride = 2，输出矩阵大小为 14 × 14 × 6（计算方法为[(28 − 2)/2 + 1 = 14]）。
- Conv2：filter 大小为 5 × 5，filter 个数为 16，padding 为 0，卷积步长 stride = 1，输出矩阵大小为 10 × 10 × 16（计算方法为[(14 − 5)/1 + 1 = 10]），其中 16 表示 filter 的个数。
- MaxPool2：filter 大小为 2 × 2，步长 stride = 2，padding 为 0，输出矩阵大小为 5 × 5 × 16（计算方法为[(10 − 2)/2 + 1 = 2]）。在该层结束后，需要将 5 × 5 × 16 的矩阵使用 flatten 函数构造成一个 400 维的向量，用来作为全连接的输入。
- FC1：神经元数量为 120。
- FC2：神经元数量为 84。
- FC3：神经元数量为 10，代表 0～9 这 10 个数字的类别。

从网络结构可以看出，随着网络层数越来越深，图像的高度和宽度在缩小，图像的通道数量一直在增加，但通道的数量该如何确定，目前业界还没有明确的标准。

2. AlexNet 网络

以 2012 年的 AlexNet 为例，其网络结构如表 8-2 所示。

表 8-2　AlexNet 的网络结构

网络层（操作）	输　入	filter	stride	padding	输　出
Input	227 × 227 × 3				227 × 227 × 3
Conv1	227 × 227 × 3	11 × 11 × 96	4	0	55 × 55 × 96
MaxPool1	55 × 55 × 96	3 × 3	2	0	27 × 27 × 96
Conv2	27 × 27 × 96	5 × 5 × 256	1	2	27 × 27 × 256
MaxPool2	27 × 27 × 256	3 × 3	2	0	13 × 13 × 256
Conv3	13 × 13 × 256	3 × 3 × 384	1	1	13 × 13 × 384
Conv4	13 × 13 × 384	3 × 3 × 384	1	1	13 × 13 × 384
Conv5	13 × 13 × 384	3 × 3 × 256	1	1	13 × 13 × 256
MaxPool3	13 × 13 × 256	3 × 3	2	0	6 × 6 × 256
FC6	6 × 6 × 256				4096
FC7	4096				4096
FC8	4096				1000

从表 8-2 中可以看出，AlexNet 的整个网络结构是由 5 个卷积层和 3 个全连接层组成的，深度总共 8 层。各个层次的具体分析如下。

- Input：输入图像为 227 × 227 × 3（RGB 图像）。
- Conv1：输入为 227 × 227 × 3，filter 大小为 11 × 11，filter 深度为 96 个，stride 为 4。进行特征提取，卷积后的数据：55 × 55 × 96（计算方法为[(227 − 11)/4 + 1 = 55]）。

注意，filter 的宽度和高度通常是相同的，filter 的通道和输入通道的数量是相同的。有个大部分网络都在遵循的原则就是当输出特征图（Feature Map）尺寸减半时，输出特征图的通道数应该加倍，这样可以保证相邻卷积层所包含的信息量不会相差太大。激活函数选择 ReLU 函数。

- MaxPool1：filter 大小为 3 × 3，padding 为 0，步长 stride = 2，输出矩阵大小为 27 × 27 × 96（计算方法为[(55 − 3)/2 + 1 = 27]）。注意：AlexNet 中采用的是最大池化，是为了避免平均池化的模糊化效果，从而保留最显著的特征，并且 AlexNet 中步长比池化核的尺寸小，这样池化层的输出之间会有重叠和覆盖，既提升了特征的丰富性，又减少了信息的丢失。
- Conv2：filter 大小为 5 × 5，filter 深度为 256 个，padding 为 2，stride 为 1。进行特征提取，卷积后的数据：27 × 27 × 256（计算方法为[27 + 2 × 2 − 5)/1 + 1 = 27]）。其中，从 MaxPool1 层得到 96 个大小为 27 × 27 的特征图，开始卷积之前，需要对这些特征图的宽度和高度分别向外填充 2 个像素，变为 29 × 29 大小的特征图。之后对这 96 个特征图中的某几个特征图中相应的区域乘以相应的权重，再加上偏置之后所得区域进行步长大小为 1 的卷积。经过这样卷积之后，会得到 256 个 27 × 27 大小的特征图。激活函数选择 ReLU 函数。
- MaxPool2：filter 大小为 3 × 3，padding 为 0，步长 stride = 2，输出矩阵大小为 13 × 13 × 256（计算方法为[(27 − 3)/2 + 1 = 13]）。
- Conv3：filter 大小为 3 × 3，filter 深度为 384 个，padding 为 1，stride 为 1。进行特征提取，卷积后的数据：13 × 13 × 384（计算方法为[13 + 2 × 1 − 3)/1 + 1 = 13]）。
- Conv4：filter 大小为 3 × 3，filter 深度为 384 个，padding 为 1，stride 为 1。进行特征提取，卷积后的数据：13 × 13 × 384（计算方法为[13 + 2 × 1 − 3)/1 + 1 = 13]）。
- Conv5：filter 大小为 3 × 3，filter 深度为 256 个，padding 为 1，stride 为 1。进行特征提取，卷积后的数据：13 × 13 × 256（计算方法为[13 + 2 × 1 − 3)/1 + 1 = 13]）。
- MaxPool3：filter 大小为 3 × 3，padding 为 0，步长 stride = 2，输出矩阵大小为 6 × 6 × 256（计算方法为[(13 − 3)/2 + 1 = 6]）。
- FC6：这里使用 4096 个神经元。
- FC7：同 FC6 类似。
- FC8：采用的是 1000 个神经元，然后对 FC7 中 4096 个神经元进行全连接，再通过高斯过滤器，得到 1000 个 float 型的值，也就是我们所看到的预测的可能性。

通过 LeNet-5 网络和 AlexNet 网络的结构简介，可以看出，卷积神经网络与全连接神经网络的组成基本类似，它们的区别在于卷积神经网络有卷积层和池化层，而全连接神经网络没有。

3. 局部感知域与共享权重

卷积神经网络在处理图像时会考虑图像的 2D 结构，并且由于其权值共享性，参数量相比全连接神经网络也少了很多。下面介绍卷积神经网络的两个基本概念：局部感知域（Local Receptive Field）、共享权重（Shared Weight）。

局部感知域是指网络部分连通，每个神经元只与上一层的部分神经元相连，只感知局部，这个局部大小可能是 3 × 3、5 × 5、7 × 7 等，也就是 LeNet-5 网络中的卷积核大小。通过感知域的滑动（步长），可实现对全部网络的感知。局部感知是模仿生物视觉系统，生物对外界的感知大都是从局部到全局，并且对局部敏感。现实中也存在局部像素关系紧密，较远像素相关性弱的特点。如人类如果发现显露的一个猫耳朵（局部感知），即使猫的大部分身体都隐藏在其他事物后面，人类也可感知到猫的存在（有更高层的信息综合）。局部感知域的呈现形式为二维空间结构。

共享权重主要起到减少权重参数的作用，对于一张输入图片，用一个 filter 去扫描这张图，filter 里面的数就称为权重。这张图中的每个位置是被同样的 filter 扫描的，所以其权重是一样的，也就是共享。假设这个 filter 的大小为 7 × 7，则需要计算的参数量为 7 × 7 = 49 个。但在全连接神经网络中，如果输入是一张大小为 100 × 100 的单通道图片，需要生成一张 100 × 100 的特征图，则需要的参数个数是 10^8（$100 \times 100 \times 100 \times 100 = 10^8$）。参数多的原因在于输出层特征图上的每一个像素，与原图片的每一个像素都有连接，每一个连接都需要一个参数。

8.2.2 卷积层

1. 卷积操作过程

卷积神经网络是指使用卷积层的神经网络，卷积层由多个滤波器（网络结构中的 filter）组成，滤波器可以看作二维数字矩阵。从数学上讲，卷积操作就是一种运算，图 8-1 描述了卷积操作的过程。

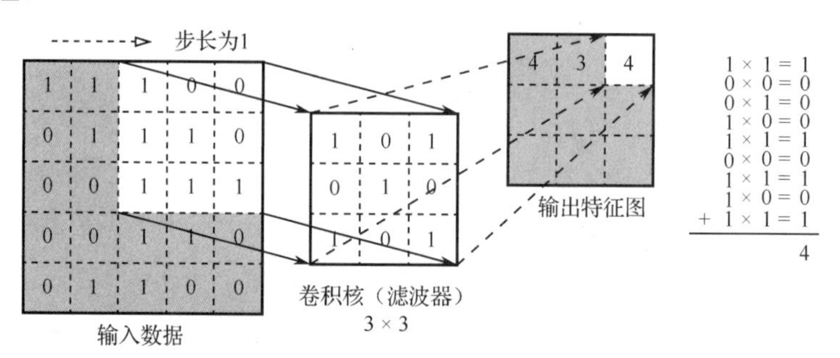

图 8-1　卷积操作的过程

依据图 8-1 中 LeNet 的网络结构中对卷积层的描述，卷积层可包含输入数据、卷积核（滤波器）、步长、输出特征图。从图中可以看出，滤波器与输入图像进行卷积操作产生输出数据。卷积操作的具体步骤如下：

（1）确定输入数据大小为 5 × 5，滤波器大小为 3 × 3，步长为 1，计算得出输出数据的大小为 3 × 3，计算公式为 (5−3)/1 + 1 = 3。

（2）在输入图像的左上角选择与滤波器大小等同的区域。

（3）将滤波器与图像左上角选中区域的值进行内积运算，将结果填入输出数据的对应位置。

（4）将输入图像的选中区域按照步长向右移动，获得新的选中区域，如果移动到最右侧，将选中区域向下移动一个步长并回到最左侧，重复步骤（2）（3）。

（5）得到右侧的输出数据，在卷积神经网络中，被称为特征图。

2. 卷积作用

了解了卷积的操作过程，再来看看对图像求卷积的作用。确定输入图像为 Lena 照片（这是一张非常有名的照片，在计算机视觉中常被用于进行测试，模特的名字为 Lena），滤波器选用 sobel 滤波器，如图 8-2 所示。

−1	0	1
−2	0	2
−1	0	1

图 8-2　sobel 滤波器

通过滤波器与输入图像进行卷积操作，得出输出图像，如图 8-3 所示。从输出结果可以看出，sobel 滤波器提取了原始图像中的边缘特征，卷积可以找到特定的局部图像特征（如边缘），输出结果称为特征图。如果当前卷积层有多个不同的滤波器，就可以得到多个不同的特征图，对应关系为 N 个滤波器产生 N 个特征图。

图 8-3　Lena 图像 sobel 滤波输出

3. 卷积相关概念

这里介绍卷积中的一些概念。

（1）步长是卷积操作的核心。通过步长的变换，可以得到不同类型的卷积操作。步长的作用在卷积操作的步骤中已经有所介绍，这里不再赘述。按照卷积输出结果与输入数据的大小不同，可以将卷积分为窄卷积、同卷积和全卷积。

（2）窄卷积（Valid 卷积）是指生成的特征图比输入图像小，且其步长可变。如果步长为 S，输入图像维度为 $N_1 \times N_1$，卷积核的大小为 $N_2 \times N_2$，则卷积后的图像大小为 $(N_1-N_2)/S+1$。

（3）同卷积（Same 卷积）是指卷积后的特征图与输入图像大小一致，且其步长不可变，滑动步长为 1。同卷积一般都要使用 padding（填充）技术（外围补 0，以确保生成的尺寸不变），同卷积 padding 的使用方式如图 8-4 所示。

0	0	0	0	0	0
0	15	80	70	60	0
0	22	120	159	169	0
0	33	144	5	153	0
0	255	255	0	144	0
0	0	0	0	0	0

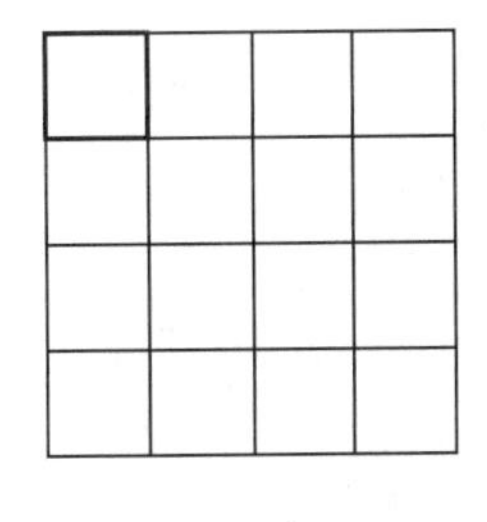

图 8-4　同卷积 padding 的使用方式

（4）全卷积，即反卷积，生成的特征图比输入图像大。反卷积也需要使用 padding 技术，常用于反卷积神经网络。

（5）卷积通道分为输入通道和输出通道。卷积输入通道数与图片颜色的通道数一致。如灰度图的通道为 1，其对应的卷积输入通道也是 1；RGB 彩色图的通道是 3，彩色图对应的卷积输入通道也为 3。输出通道对应特征图，N 个特征图对应 N 个卷积输出通道，即 N 个卷积核。

卷积层反向传播的核心步骤如下：

（1）将误差反向传到上一层。

（2）根据误差反向更新学习参数的值，具体为使用链式求导法则，找到使误差最小化的梯度，再配合学习率算出更新的差值。更具体的算法可参考相关论文。

4．AlexNet 的 Conv1 层分析

现在对 8.2.1 节中 AlexNet 网络 Conv1 层的描述进行进一步的分析：

- 输入为 227 × 227 × 3，表示输入的图像宽和高都为 227，输入通道数为 3。
- filter 大小为 11 × 11，filter 深度为 96 个。这里的 filter 就是卷积核，filter 深度 96 表示卷积核的数量为 96 个，也表示卷积核的输出通道为 96 个，生成 96 个特征图。卷积核包括大小和通道数，由于输入通道数为 3，则卷积核为 11 × 11 × 3。又因为卷积层输出的特征图数目等于卷积核的数量（filter 深度），与输入层的通道数没有关系，所以通常在描述 filter 时，可以只关注 filter 的大小，忽略 filter 的通道数。卷积核通道的计算过程如图 8-5 所示。从图 8-5 可以看出，无论输入有多少个通道，卷积核自身的通道数和输入通道数都一一匹配，卷积层的输出通道数与卷积核数相同。图 8-5 中，左列的 x 是输入的图像（输入通道数是 3），中间的两列是卷积核（filter 大小为 3 × 3，filter 通道数为 3），卷积核数为 2（输出的通道为 2），最后一列为卷积后生成的特征图（2 个卷积核对应 2 个特征图）。最终特征图的数量等于卷积核的数量，与卷积核的通道数无关。

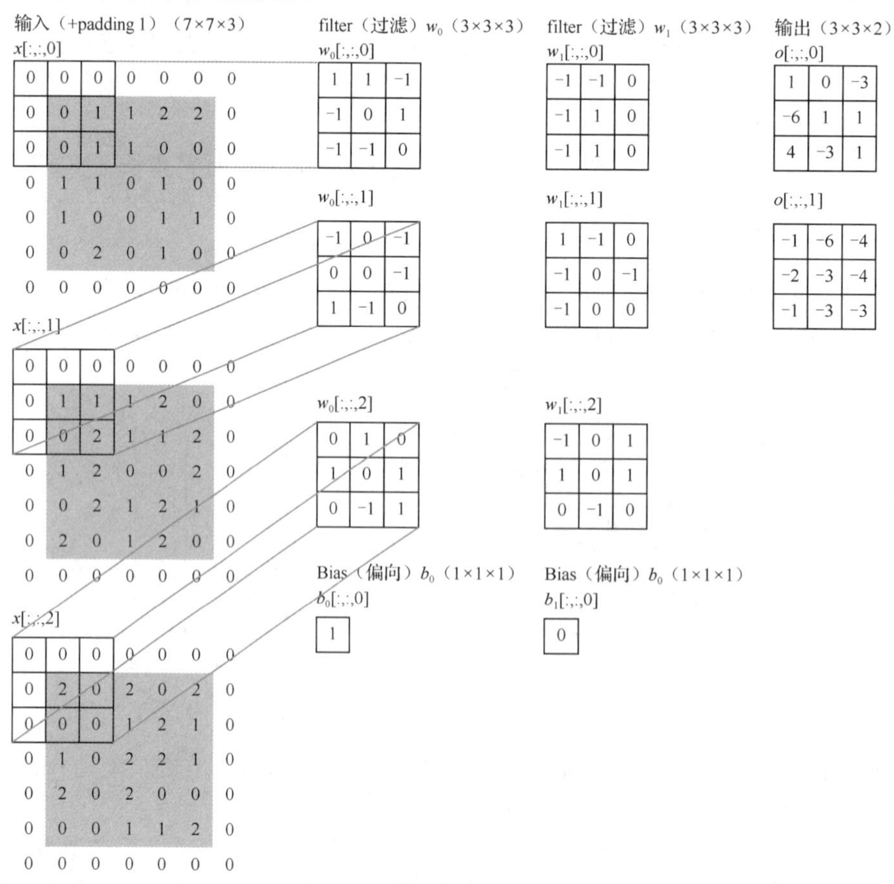

图 8-5 卷积核通道的计算过程

● 滑动步长为 4，根据输入数据、滑动步长、padding 值，可计算出输出的特征图大小为 55 × 55，数量为 96 个。

8.2.3 池化层

在图像中，非边缘区域的相邻像素值往往比较相似，因此卷积相邻像素值的输出像素也具有相似的值。如果使用边缘滤波器在图像某个区域发现强边缘，滤波这个边缘相邻区域也会得到边缘，但两个都是同一个边缘，导致滤波器输出信息有冗余。池化可以在保持原有特征的基础上减少输入数据的维数，通过减小输入数据的大小降低输出值的数量，即实现降维操作。

池化的操作同卷积类似，在算法上有所不同：卷积是滤波器和输入数据的对应区域像素做内积，按照步长进行滑动，生成特征图；而池化只关心滤波器的尺寸，不考虑滤波器的值。

池化是将滤波器映射区域内的像素点取平均值或最大值，再按照步长滑动，生成输出数据。池化层的步长与卷积层的步长一样。池化层按照滤波器算法可以分为均值池化和最大池化。

● 均值池化：在输入图片上选中滤波器大小的区域，对所选区域内所有不为 0 的像素点取平均值。均值池化得到的特征数据对背景信息较为敏感。应注意的是：一定是对不为 0 的像素点取平均值，如果还有带 0 的像素点，则会增加分母，从而使整体数据变低。

● 最大池化：在输入图片上选中滤波器大小的区域，对所选区域内所有像素点取最大值。最大池化得到的特征数据对纹理特征的信息较为敏感。

8.3 卷积神经网络的相关函数

在 TensorFlow 中，经常使用函数 tf.nn.conv2d 进行卷积操作，使用 tf.nn.max_pool 来实现最大池化操作。本节将重点讲解卷积神经网络中卷积函数 tf.nn.conv2d 以及池化函数 tf.nn.max_pool，并且举例说明其使用方法。

8.3.1 卷积函数 tf.nn.conv2d

tf.nn.conv2d 是 TensorFlow 里实现卷积的函数，是搭建卷积神经网络比较核心的一种方法，也是最常用的卷积函数。tf.nn.conv2d 是对一个四维的输入数据 input 和四维的卷积核 filter 进行操作，然后对输入的数据进行二维的卷积操作。

1. 卷积函数 tf.nn.conv2d 介绍

tf.nn.conv2d 的格式如下：

```
tf.nn.conv2d(input,filter,strides,padding,use_cudnn_on_gpu =None,name=None)
```

各个参数的含义介绍如下。

● input：需要进行卷积的输入图像，要求其为一个张量，形状为[batch,in_height,in_width,in_channels]，详细的定义为“在训练时，一个 batch 的图片数量、图片高度、图片宽度、图片通道数”。需要注意的是，此为一个四维的张量，要求类型是 float32 或 float64。

● filter：与 CNN 中的卷积核相似，要求其为一个张量，形状为[filter_height,filter_width,in_channels,out_channels]，详细的定义为“卷积核的高度、卷积核的宽度、图像通道数、滤波器个数”，被要求的类型和参数 input 一样。需要注意的是，第三维 in_channels 即参数 input 中的第四维。

● strides：卷积时在图像每一维的步长。一个长度为 4 的一维列表，strides 参数确定了滑动窗口在各个维度上移动的步数。当输入的默认格式为：“NHWC”时，则 strides = [batch , in_height ,in_width, in_channels]。其中 batch 和 in_channels 要求一定为 1，即只能在一个样本的一个通道的特征图上进行移动，in_height、in_width 表示卷积核在特征图的高度和宽度上移动的步长。

● padding：定义元素边框与元素内容之间的空间，值为“SAME”或“VALID”，不同的卷积方式被这个值决定。

● use_cudnn_on_gpu:bool 类型，是否使用 cudnn 加速，默认为 True。

● name：指定名字。

2. padding 规则介绍

tf.nn.conv2d 函数中，当变量 padding 为“SAME”或“VALID”时，可以用公式计算空间内的行列数。为便于理解，首先定义下面几个变量：

● 输入的高和宽：in_height、in_width。

● 输出的高和宽：output_height、output_width。

● 卷积核的高和宽：filter_height、filter_width。

● 步长的高和宽：strides_height、strides_width。

1）变量 padding 值为 VALID

输出的宽和高的公式如下所示：

$$\text{output\_width} = \frac{\text{in\_width} - \text{filter\_width} + 1}{\text{strides\_width}}$$

$$\text{output\_height} = \frac{\text{in\_height} - \text{filter\_height} + 1}{\text{strides\_height}}$$

2）变量 padding 值为 SAME

输出的宽和高与卷积核没有关系，公式代码如下所示:

```
output_height = in_height / strides_height
output_width = in_width / strides_width
# 此处涉及一个很关键的知识点——补零的规则
pad_height = max((output_height - 1) * strides_height + filter_height - in_height,0)
pad_width = max((output_width - 1) * strides_width + filter_width - in_width, 0)
pad_top = pad_height / 2
pad_bottom = pad_height - pad_top
pad_left = pad_width / 2
pad_right = pad_width - pad_left
```

补零的规则就是优先在输入矩阵的右边和底边处补零。例如，补零的行数为三行，则补在第一行和最后两行；补零的行数为一行，则补在最后一行。因为 filter 是从上到下、从左向右滑动的，所以滑到底边或右边时可能会因为大步长而损失边界的信息，所以优先在底边和右边补零。

3. 规则举例

现举例来学习 padding 的使用规则，输入为 13，filter 为 6，步长为 5，padding 的取值如下所示：

（1）padding = 'VALID'时，宽度为(13 − 6 + 1) / 5 = 2（向上取整）个数字。

（2）padding = 'SAME'时，宽度为 13 / 5 = 3（向上取整）。

padding 的计算方式如下：

$$pad\_width = (3 - 1) \times 5 + 6 - 13 = 3$$

$$pad\_left = pad\_width / 2 = 3 / 2 = 1$$

$$pad\_right = Pad\_width - pad\_left = 2$$

即从左边补一个 0，右边补 2 个 0。

4．卷积函数的使用

现举例说明卷积函数的实现方式。

1）实例一

输入一张 3 × 3 大小的图片，图像通道数为 5，卷积核为 1 × 1，数量为 1，步长为[1,1,1,1]，可得到一个 3 × 3 的特征图，输出是一个形状为[1,3,3,1]的张量。代码如下：

```
input = tf.Variable(tf.random_normal([1,3,3,5]))
filter = tf.Variable(tf.random_normal([1,1,5,1]))
op1 = tf.nn.conv2d(input, filter, strides=[1,1,1,1], padding='SAME')
```

代码结果如下：

```
[[[[ 0.78366613]
   [-0.11703026]
   [ 3.533338 ]]
  [[ 3.4455981 ]
   [-2.40102 ]
   [-1.3336506 ]]
  [[ 1.9816184 ]
   [-3.3166158 ]
   [ 2.0968733 ]]]]
```

输入一张 3 × 3 大小的图片，图像通道数为 5，卷积核为 2 × 2，数量为 1，步长为[1,1,1,1]，可得到一个 3 × 3 的特征图，输出是一个形状为[1,3,3,1]的张量。代码如下：

```
input = tf.Variable(tf.random_normal([1,3,3,5]))
filter = tf.Variable(tf.random_normal([2,2,5,1]))
op2 = tf.nn.conv2d(input, filter, strides=[1,1,1,1], padding='SAME')
```

代码结果如下：

```
[[[[-4.429776 ]
   [ 4.1218996 ]
   [-4.1383405 ]]
  [[ 0.4804101 ]
   [ 1.3983132 ]
   [ 1.2663789 ]]
  [[-1.8450742 ]
   [-0.02915052]
   [-0.5696235 ]]]]
```

2）实例二

接下来使用一张具体的图片来理解卷积函数的使用。

首先引进 numpy 和 matplotlib.pyplot：

```
import numpy as np
import matplotlib.pyplot as plt
```

之所以引入 numpy，是因为它有简洁的数组和矩阵操作；matplotlib.pyplot 可以实现图标绘制，这在机器学习或深度学习中是非常关键的，是因为数据可视化有助于我们理解和调试算法。

其次需要一张测试图片，如图 8-6 所示。

```
srcImg = plt.imread('./lena.jpg')
```

图 8-6　输入的原图

输入图片的尺寸为 512 × 512 × 3，宽高为 512，3 是 RGB 3 个颜色通道。

接着构建一个 3 × 3 的卷积核：

```
test_kernel = np.array([[-1,-1,-1],
                        [-1,9,-1],
                        [-1,-1,-1]])
```

在示例代码中，进行卷积操作时，设置跨度为 1。现在可根据输入图片矩阵去构建输出图片的图像矩阵：

```
def generate_dst(srcImg):
    m = srcImg.shape[0]
    n = srcImg.shape[1]
    n_channel = srcImg.shape[2]
    dstImg = np.zeros((m-test_kernel.shape[0] + 1,n-test_kernel.shape[0] + 1,n_channel ))
    return dstImg
```

应注意：构建输出图片图像矩阵时，它的通道和输入图片是一致的。搭建输出图片的数据结构后，就可以进行写卷积操作了。代码如下：

```
def conv_2d(src,kernel,k_size):
    dst = generate_dst(src)
    print (dst.shape)
    conv(src,dst,kernel,k_size)
```

```
        return dst
```

src 代表输入图片；kernel 是卷积核；k_size 是卷积核的大小，此处为 3。

上面的代码构建了输出图片的数据结构，并在内部调用了 conv 方法。conv 方法代码如下：

```
def conv(src,dst,kernel,k_size):
    for i in range(dst.shape[0]):
        for j in range(dst.shape[1]):
            for k in range(dst.shape[2]):
              value = _con_each(src[i:I + k_size,j:j + k_size,k],kernel)
                dst[i,j,k] = value
```

卷积操作需要滑动卷积核重复进行，最里面的嵌套需要对每一个颜色通道都进行卷积操作。设想输入图片被分成三份，每一份的尺寸与原图片一样，它们的层层叠加构成了原图。

可以看出，conv 方法的核心是_con_each：

```
def _con_each(src_block,kernel):
    pixel_count = kernel.size;
    pixel_sum = 0;
    _src = src_block.flatten();
    _kernel = kernel.flatten();
    for i in range(pixel_count):
        pixel_sum += _src[i]*_kernel[i];
    return pixel_sum / pixel_count;
```

注意，输入参数 src_block 是从输入图片上截取下来的像素块，其尺寸和卷积核的一样。下面的代码可以用来截取像素块：

```
src[i:i+k_size,j:j+k_size,k]
```

src 是 numpy 中的 ndarray 对象，它对数组和矩阵的操作十分简便。这行代码表示从原数组中截取起始坐标为(i, j)、宽和高都为 k_size 的数据块。

而_con_each 方法是对逐元素相乘、累计相加的操作，最终的结果还要求取平均值。在 RGB 模式中，数值的取值范围为[0～255]，如果超出这个范围就可以截断。优化该方法的代码如下：

```
def _con_each(src,kernel):
    pixel_count = kernel.size;
    pixel_sum = 0;
    _src = src.flatten();
    _kernel = kernel.flatten();
    for i in range(pixel_count):
        pixel_sum += _src[i]*_kernel[i];
    value = pixel_sum / pixel_count
    # 小于 0 时，像素值取 0；大于 255 时，取 255；其他情况保持现值
    value = value if value >0   else 0
    value = value if value < 255 else 255
    return value;
```

卷积操作的函数已完成，接下来可进行测试：

```
def  test_conv(src,kernel,k_size):
    plt.figure()
    # 121：1 代表行，2 代表列，一共有 2 张图，最后的 1 代表此时绘制第 1 个图
    plt.subplot(121)
    plt.imshow(src)
    dst = conv_2d(src,kernel,k_size)
    # 121：1 代表行，2 代表列，一共有 2 张图，最后的 2 代表此时绘制第 2 个图
    plt.subplot(122)
    plt.imshow(dst)
    plt.show()
```

该测试函数中，将输入图像和输出图像在一个图标中并排显示，然后调用这个函数。代码如下：

```
test_conv(srcImg,test_kernel,3)
```

运行结果如图 8-7 所示。

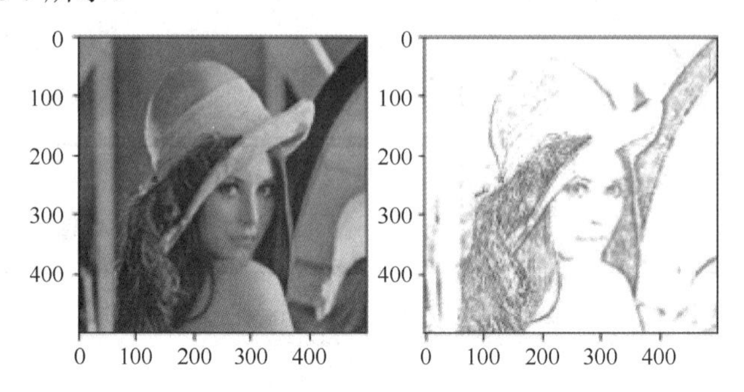

图 8-7　运行结果

卷积效果取决于卷积核，卷积核的大小不同，里面的值不同，卷积后的效果就会不同，读者可以自行设计不同的卷积核进行试验。

5．使用卷积提取图片的轮廓

这里以一个例子来解释卷积是如何提取图片轮廓的。

要求：将彩色图片生成带边缘化信息的图片。本例中首先输入一个例图，其次使用一个 3 通道输入、1 通道输出的 3 × 3 卷积核（sobel 算子），最后使用卷积函数输出生成结果。

1）输入图片并显示

先将图片放到代码的同级目录下，通过 imread 载入，然后将其显示并打印出来。代码如下：

```
import matplotlib.pyplot as plt # plt  用于显示图片
import matplotlib.image as mpimg # mpimg  用于读取图片
import numpy as np
import tensorflow as tf
#  读取和代码处于同一目录下的图片
myimg = mpimg.imread('2.jpg')
#  显示图片
plt.imshow(myimg)
#  不显示坐标轴
plt.axis('off')
```

```
plt.show()
print(myimg.shape)
```

这段代码的输出是（960, 720, 3）。可以看到，载入图片的维度是 960 × 720，3 个通道。

2）定义占位符、卷积核、卷积 op

这里需要手动将 sobel 算子填入卷积核里。通过 tf.constant 函数可以将常量直接初始化到 Variable 中，因为有 3 个通道，所以 sobel 卷积核的每个元素都扩增成 3 个。

应注意：sobel 算子处理过的图片并不能保证每个像素都在[0～255]之间，所以要进行一次归一化操作（即将每个值减去最小的结果，再除以最大值与最小值的差），使生成的值都在[0,1]之间，然后再乘以 255。代码如下：

```
full = np.reshape(myimg,[1,960,720,3])
inputfull = tf.Variable(tf.constant(1.0,shape = [1, 960, 720, 3]))
filter = tf.Variable(tf.constant([[-1.0,-1.0,-1.0], [0,0,0], [1.0,1.0,1.0],
                                  [-2.0,-2.0,-2.0], [0,0,0], [2.0,2.0,2.0],
                                  [-1.0,-1.0,-1.0], [0,0,0], [1.0,1.0,1.0]],shape = [3, 3, 3, 1]))
# 3 个通道输入，生成 1 个特征图
op = tf.nn.conv2d(inputfull, filter, strides=[1, 1, 1, 1], padding='SAME')
o = tf.cast(((op-tf.reduce_min(op))/(tf.reduce_max(op)-tf.reduce_min(op)) ) *255 ,tf.uint8)
```

在该代码中，卷积 op 的步长为 1 × 1，padding = 'SAME'表明这是个同卷积的操作。

3）运行卷积操作及显示

运行及显示卷积操作代码如下：

```
with tf.Session() as sess:
    sess.run(tf.global_variables_initializer()   )
    t,f = sess.run([o,filter],feed_dict = { inputfull:full})
    # print(f)
    # t = np.reshape(t,[3264,2448])
    t = np.reshape(t,[960,720])
    #  显示图片
    plt.imshow(t,cmap='Greys_r')
    #  不显示坐标轴
    plt.axis('off')
    plt.show()
```

原图如图 8-8 所示，结果如图 8-9 所示。

图 8-8　卷积提取图片轮廓原图

图 8-9　提取轮廓后的结果图

8.3.2 池化函数 tf.nn.max_pool 和 tf.nn.avg_pool

在神经网络中，池化函数（Pooling Function）一般在卷积函数的下一层。在经过卷积层提取特征后，得到的特征图代表了比像素更高级的特征，已经可以交给分类器。但是每一组卷积核都生成一副与原图像素相同大小的卷积图，节点数没有减少。如果使用多个卷积核，会使通道数比之前的多，所以卷积后需要进行池化，也就是进行降维操作。

在 TensorFlow 中，tf.nn.max_pool 和 tf.nn.avg_pool 是实现最大池化和平均池化的函数，也是卷积神经网络中比较核心的方法。

1．tf.nn.max_pool 和 tf.nn.avg_pool

tf.nn.max_pool 函数和 tf.nn.avg_pool 函数的格式如下：

```
tf.nn.max_pool(input,ksize,strides,padding,name=None)
tf.nn.avg_pool(input,ksize,strides,padding,name=None)
```

这两个函数中的参数和卷积的参数相似，说明如下：

- input：池化的输入。池化层一般位于卷积层之后，所以输入通常是特征图，形状的形式为[batch, height,width,channels]。
- ksize：池化窗口的大小。取一个四维向量，一般是[1,height,width,1]，两个 1 表明不在 batch 和 channels 上进行池化。
- strides：窗口在每一个维度上滑动的步长，一般是[1,stride,stride,1]。
- padding：同卷积参数含义一样，其值为“VALID”或“SAME”。

该函数返回一个张量，且类型不变，形状的形式为[batch,height,width,channels]。

2．池化函数的使用

为了更好地理解池化函数是如何实现的，这里以一个例子来说明。

1）定义输入变量

定义一个输入变量用来模拟输入图片，4 × 4 大小的 2 通道矩阵，并将其赋予指向的值。2 个通道分别为：4 个 0 到 4 个 3 组成的矩阵，4 个 4 到 4 个 7 组成的矩阵。实现代码如下：

```
import tensorflow as tf
img = tf.constant([[[0.0,4.0],[0.0,4.0],[0.0,4.0],[0.0,4.0]],
                   [[1.0,5.0],[1.0,5.0],[1.0,5.0],[1.0,5.0]],
                   [[2.0,6.0],[2.0,6.0],[2.0,6.0],[2.0,6.0]],
                   [[3.0,7.0],[3.0,7.0],[3.0,7.0],[3.0,7.0]]])
img = tf.reshape(img,shape=[1,4,4,2])
```

2）定义池化操作

此处定义了四个池化操作和一个取均值操作。前面两个操作是最大池化操作，后面两个操作是均值池化操作，最终是取均值操作。实现代码如下：

```
pooling = tf.nn.max_pool(img,[1,2,2,1],[1,2,2,1],padding='VALID')
pooling1 = tf.nn.max_pool(img,[1,2,2,1],[1,1,1,1],padding='VALID')
pooling2 = tf.nn.avg_pool(img,[1,4,4,1],[1,1,1,1],padding='SAME')
pooling3 = tf.nn.avg_pool(img,[1,4,4,1],[1,4,4,1],padding='SAME')
nt_hpool2_flat = tf.reshape(tf.transpose(img),[-1,16])
# 1 表示对行求均值（轴是行），0 表示对列求均值
```

```
pooling4 = tf.reduce_mean(nt_hpool2_flat,1)
```

3）运行池化操作

运行池化操作的代码如下：

```
with tf.Session() as sess:
    sess.run(tf.global_variables_initializer())
    print("image:")
    images = sess.run(img)
    print(images)
    result=sess.run(pooling)
    print("result:\n",result)
    result = sess.run(pooling1)
    print("result1:\n",result)
    result = sess.run(pooling2)
    print("result2:\n", result)
    result = sess.run(pooling3)
    print("result3:\n", result)
    flat,result = sess.run([nt_hpool2_flat,pooling4])
    print("result4:\n",result)
    print("flat:\n",flat)
```

运行结果如下：

```
image:
[[[[0. 4.]
[0. 4.]
[0. 4.]
[0. 4.]]
[[1. 5.]
[1. 5.]
[1. 5.]
[1. 5.]]
[[2. 6.]
[2. 6.]
[2. 6.]
[2. 6.]]
[[3. 7.]
[3. 7.]
[3. 7.]
[3. 7.]]]]
```

可以看出，img 与设置的初始值是一样的，即第一个通道为：

```
[[0 0 0 0],
[1 1 1 1],
[2 2 2 2],
[3 3 3 3]]
```

第二个通道为：

```
[[4 4 4 4],
[5 5 5 5],
[6 6 6 6],
[7 7 7 7]]。
```

result 的结果为：

```
result:
[[[[1. 5.]
[1. 5.]]
[[3. 7.]
[3. 7.]]]]
```

这个操作在卷积神经网络中是经常使用的，通常步长都会设成与池化滤波器尺寸一样（池化的卷积尺寸是 2 × 2，所以步长为 2），生成 2 个通道的 2 × 2 矩阵。矩阵内容是在原始输入中取得最大值，因为池化 filter 中对应的通道维度为 1，因此结果仍然保持为原通道数。

```
result1:
[[[[1. 5.]
[1. 5.]
[1. 5.]]
[[2. 6.]
[2. 6.]
[2. 6.]]
[[3. 7.]
[3. 7.]
[3. 7.]]]]
result2:
[[[[1. 5. ]
[1. 5. ]
[1. 5. ]
[1. 5. ]]
[[1.5 5.5]
[1.5 5.5]
[1.5 5.5]
[1.5 5.5]]
[[2. 6. ]
[2. 6. ]
[2. 6. ]
[2. 6. ]]
[[2.5 6.5]
[2.5 6.5]
[2.5 6.5]
[2.5 6.5]]]]
```

result1 与 result2 分别演示了 padding 的两种取值：

（1）VALID：运用的 filter 是 2 × 2，步长是 1 × 1，形成 2 × 2 大小的矩阵。

（2）SAME：filter 步长是 1 × 1，形成 4 × 4 的矩阵。padding 在运算 avg_pool 时，是把输入矩阵和 filter 对应尺寸内的元素总和除以这些元素中非 0 的个数（而非 filter 的总个数）。

```
result3:
[[[[1.5 5.5]]]]
result4:
[1.5 5.5]
flat:
[[0. 1. 2. 3. 0. 1. 2. 3. 0. 1. 2. 3. 0. 1. 2. 3.]
[4. 5. 6. 7. 4. 5. 6. 7. 4. 5. 6. 7. 4. 5. 6. 7.]]
```

result3 为经常使用的操作，也称为全局池化法，即运用一个与原有输入同样尺寸的 filter 进行池化，通常置于最后一层，作用为展现图像通过卷积网络处理后的最终特征。result4 是一个均值操作，可以看到，把数据转置后均值操作得到的值和全局池化平均值是一样的。

8.4 使用卷积神经网络对图片分类

8.4.1 CIFAR 数据集介绍及使用

本节主要介绍如何使用卷积网络对 CIFAR 数据集进行分类及 CIFAR 数据集如何下载和使用。

1. CIFAR

CIFAR 是从 Alex Krizhevsky、Vinod Nair 和 Geoffrey Hinton 三个教授收集的数据，主要来自 Google 和各类搜索引擎的图片。早期的数据集常以 CIFAR-10 命名。

CIFAR-10 数据集由 60 000 个 32 × 32 彩色图像组成，图像包含 10 个类别，每个类别包含 6000 个图像。其中，数据集有 50 000 个训练图像和 10 000 个测试图像，分为 5 个训练批次和一个测试批次，每个批次有 10 000 个图像。训练批次以随机顺序包含剩余图像，但一些训练批次可能包含来自一个类别的图像。测试批次包含来自每个类别的恰好 1000 个随机选择的图像。总体来说，5 个训练集之和包含来自每个类别的 5000 张图像。图 8-10 是 CIFAR-10 数据集中的 10 个类，以及来自每个类别的 10 个随机图像。

这些类别相互排斥。如汽车和卡车之间没有重叠图像，“汽车”包括轿车、SUV 等不同类型的车，而“卡车”只包括大卡车，二者都不包括皮卡车。

后来 CIFAR 又更新了一个比之前分类更多的版本——CIFAR-100。CIFAR-100 数据集与 CIFAR-10 很相似，它有 100 个类别，每个类别包含 600 个图像，600 个图像中有 500 个训练图像和 100 个测试图像。100 个类别实际由 20 个类别（每个类别又包含 5 个子类别）构成（20 × 5 = 100）。CIFAR-100 数据集将图片分得更细，这对神经网络图像识别来说是很大的挑战。

2. 下载 CIFAR 数据

CIFAR 数据集不同于 MNIST 数据集，CIFAR 数据集是已经打包好的文件，分别为 Python、MATLAB、二进制 bin 文件包，以方便不同的程序读取。这里以 Python3 为下载环境来解释 CIFAR 数据下载的过程。

首先需要下载数据集，示例所用数据集为官网下载，需要选择对应的 Python 版本，并且将数据集解压到本地路径下，本地路径设置为\tmp\cifar10_data。

其次在 Cifar10_data 文件夹下新建 Python 文件，用来下载和导入 CIFAR-10 图片。和 MNIST 数据集不同，Cifar10_data 数据集代码不方便使用，在下载和导入时都需要单独调用。

把下面的代码文件放到 cifar10 文件夹下（保证 import cifar10 可以找到对应文件），从而导入 CIFAR-10 数据集，再运用 maybe_download_and_extract 函数就可以完成数据的下载和解压。

图 8-10　CIFAR-10 数据集分类图

```
import cifar10
cifar10.maybe_download_and_extract()
```

这两句代码会自动把 CIFAR-10 的 bin 文件 ZIP 包下载到\tmp\cifar10_data 路径下（如果是 Windows 系统，则是本地磁盘下的这个路径，如 C:\tmp\cifar10_data），之后自动解压到\tmp\cifar10_data\cifar-10-batches-py 路径下。运行代码后，会看到对应路径下生成的相关文件。其中：

- batches.meta.txt：标签说明文件。
- data_batch_x.bin.：训练文件，一共有 5 个，每个 10 000 条。
- test.batch.bin：10 000 条测试文件。

3．导入并显示 CIFAR 数据集

导入并显示 CIFAR 数据集的过程如下。

1）引包

代码如下：

```
import cifar10_input
import tensorflow as tf
import pylab
```

2）获得数据

代码如下：

```
# 取数据
batch_size = 12
```

```
data_dir = '/tmp/cifar10_data/cifar-10-batches-py'
images_test, labels_test = cifar10_input.inputs(eval_data = True, data_dir = data_dir, batch_size = batch_size)
```

cifar10_input.inputs 是获取数据的函数，返回数据集和对应的标签。cifar10_input.inputs 会自动裁剪图片，由原来的 32 × 32 × 3 变成 24 × 24 × 3。该函数默认使用测试数据集，若使用训练数据集，则可以把第一个参数传入 eval_data = False，然后再将 batch_size 和 data_dir 传入，就可得到 data_dir 下面的 batch_size 个数据。

需要注意的是，这里得到的图片并不是原始图片，是进行了两次变换的，第一次把 32 × 32 × 3 裁剪成 24 × 24 × 3，第二次进行了一次图片标准化（减去均值像素，并除以像素方差）。这样做的好处在于，让全部的输入都在一个有效的数据分布内，方便特征的分类处理，可以使梯度下降算法的收敛更快。

3）显示图片

代码如下：

```
sess = tf.InteractiveSession()
tf.global_variables_initializer().run()
tf.train.start_queue_runners()
image_batch, label_batch = sess.run([images_test, labels_test])
print("__\n",image_batch[0])
print("__\n",label_batch[0])
pylab.imshow(image_batch[0])
pylab.show()
```

运行结果如图 8-11、图 8-12 所示。

```
[[[1.24836731  0.04940184 -1.49835348]
  [ 1.117571    0.02760247 -1.56375158]
  [ 1.24836731  0.18019807 -1.41115606]
 ......
   [-1.58555102 -0.40838495  0.5943861 ]
  [-1.82534409 -0.58277994  0.46358991]
  [-1.56375158 -0.23398998  0.89957732]]]
__
3
```

图 8-11　数据集显示结果

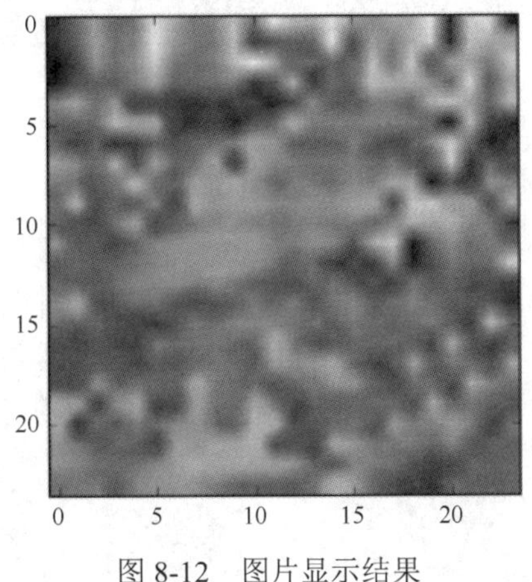

图 8-12　图片显示结果

4．显示 CIFAR 数据集的原始图片

代码如下：

```
import numpy as np
from scipy.misc import imsave
filename = '/tmp/cifar10_data/cifar-10-batches-py/test_batch'
bytestream = open(filename, "rb")
buf = bytestream.read(10000 * (1 + 32 * 32 * 3))
bytestream.close()
data = np.frombuffer(buf, dtype=np.uint8)
data = data.reshape(10000, 1 + 32*32*3)
labels_images = np.hsplit(data, [1])
labels = labels_images[0].reshape(10000)
images = labels_images[1].reshape(10000, 32, 32, 3)
# 导出第一幅图
img = np.reshape(images[0], (3, 32, 32))
img = img.transpose(1, 2, 0)
import pylab
print(labels[0])
pylab.imshow(img)
pylab.show()
```

运行上面的代码，显示如图 8-13 所示。

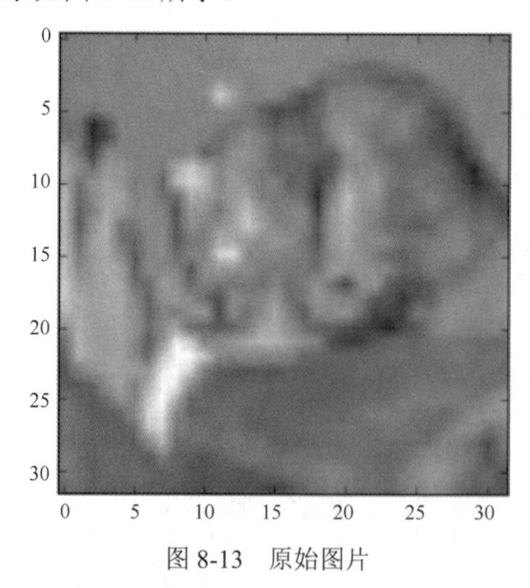

图 8-13　原始图片

8.4.2　CIFAR 数据集的处理

本文使用 Python 来讲解 CIFAR 数据集的处理。该数据集文件包含 data_batch1、…、data_batch5 和 test_batch，它们都是由 cPickle 库产生的、经过序列化后的对象。这里给出 Python2 和 Python3 的代码，可以打开 pkl 文件，返回一个字典结构的数据：

```
import numpy as np
import random
import pickle
```

```
import platform
import os
# 加载序列文件
def load_pickle(f):
# 判断 Python 的版本
    version = platform.python_version_tuple()
    if version[0] == '2':
        return pickle.load(f)
    elif version[0] == '3':
        return pickle.load(f,encoding='latin1')
    raise ValueError("invalid python version:{}".format(version))
```

经上述代码，传入的每个 batch 文件返回的是一个字典，该字典包含有：

● labels：对应的值是一个长度为 10 000 的列表，每个数字取值范围为 0～9，代表当前图片所属类别。

● data：10 000 × 3072（32 × 32 × 3=3072）的二维数组，每一行代表一张图片的像素值。

CIFAR-10 数据集除了 6 个 batch 外，还有一个文件 batches.meta。该文件包含一个 Python 字典对象，其内容为一个包含 10 个元素的列表，每一个描述了 label_names 数组中每个数字对应类别的名字，如 label_names[0] == "airplane", label_names[1] == "automobile"。数据处理代码如下：

```
# 处理原数据
def load_CIFAR_batch(filename):
    with open(filename,'rb') as f:
        datadict = load_pickle(f)
        X = datadict['data']
        Y = datadict['labels']
        X = X.reshape(10000,3,32,32).transpose(0,2,3,1).astype("float")
        Y = np.array(Y)
        return X,Y
# 返回可以直接使用的数据集
def load_CIFAR10(ROOT):
    xs = []
    ys = []
    for b in range(1,6):
        # os.path.join 函数可将多个路径组合后返回
        f = os.path.join(ROOT,'data_batch_%d'%(b,))
        X,Y = load_CIFAR_batch(f)
        xs.append(X)
        ys.append(Y)
    # 连接多个数组
    Xtr = np.concatenate(xs)
    Ytr = np.concatenate(ys)
    del X,Y
    Xte,Yte = load_CIFAR_batch(os.path.join(ROOT,'test_batch'))
    return Xtr,Ytr,Xte,Yte
```

测试代码如下：

```
datasets = 'cifar-10-batches-py'
X_train,Y_train,X_test,Y_test = load_CIFAR10(datasets)
print('Training data shape: ', X_train.shape)
print('Training labels shape: ', Y_train.shape)
print('Test data shape: ', X_test.shape)
print('Test labels shape: ', Y_test.shape)
```

经上述处理后，返回结果如下：

```
Training data shape:   (50000, 32, 32, 3)
Training labels shape:   (50000,)
Test data shape:   (10000, 32, 32, 3)
Test labels shape:   (10000,)
```

1．cifar10_input 的其他功能

cifar10_input.py 文件中还有一个功能更为强大的函数——distorted_inputs。它是针对 train 数据的，对 train 数据进行变形处理，起到数据增广的作用。在数据集比较小、数据量很少的状态下，它可以通过翻转图片、随机剪切等一系列操作来增多数据，从而制作出更多的样本来提高对图片的利用率。

该函数的核心代码如下：

```
# 图片随机裁剪[高度，宽度]部分
distorted_image = tf.random_crop(reshaped_image, [height, width, 3])
# 随机左右翻转图片
distorted_image = tf.image.random_flip_left_right(distorted_image)
# 由于这些运算是不可交换的，因此进行随机化
# 操作顺序如下
distorted_image = tf.image.random_brightness(distorted_image,
                                             max_delta=63)
distorted_image = tf.image.random_contrast(distorted_image,
                                           lower=0.2, upper=1.8)
# 减去均值像素，并除以像素方差
float_image = tf.image.per_image_standardization(distorted_image)
```

上述代码分别调用了不同的函数对图片进行不同的变换，具体解释如下：

- tf.random_crop：图片随机裁剪。
- tf.image.random_flip_left_right：随机左右翻转。
- tf.image.random_brightness：随机亮度变化。
- tf.image.random_contrast：随机对比度变化。
- tf.image.per_image_standardization：减去均值像素，并除以像素方差（图片标准化）。

注意：这些函数都可以用来增加数据。

2．在 TensorFlow 中使用队列

队列（Queue）是 TensorFlow 中的重要组成部件，主要包含入列（Enqueue）和出列（Dequeue）两个操作。入列操作返回计算图中的一个操作节点，出列操作返回一个张量值。该张量在创建时只是一个定义（或称为“声明”），需要在对话中运行才能获得真正的数值。

TensorFlow 的队列机制是通过多线程将读取数据与计算数据分开的。因为在处理海量数据集的训练时，无法把数据集一次全部载入内存中，需要一边从硬盘中读取数据，一边进行训练计算。对于建立队列读取文件部分代码，已经在 cifar10_input.py 中实现了，这里讲解内部机制以及如何使用。

1）队列的启动和挂起机制

队列的启动和挂起机制代码如下：

```
import cifar10_input
import tensorflow as tf
import pylab
# 取数据
batch_size = 12
data_dir = '/tmp/cifar10_data/cifar-10-batches-py'
images_test, labels_test = cifar10_input.inputs(eval_data = True, data_dir = data_dir, batch_size = batch_size)
sess = tf.InteractiveSession()
tf.global_variables_initializer().run()
# tf.train.start_queue_runners()
```

注释掉 tf.train.start_queue_runners()再运行后发现，程序停止运行，这时处于挂起状态。可见，tf.train.start_queue_runners 函数的作用是启动线程，向队列里面写数据。

tf.train.start_queue_runners 函数会启动输入管道的线程，填充样本到队列中，以便出队操作可以从队列中拿到样本。之所以挂起，源于下面第一行代码，这行代码的意思是拿出指定批次的数据。但是队列里没有数据，所以程序进入挂起等待状态。

```
image_batch, label_batch = sess.run([images_test, labels_test])
print("__\n",image_batch[0])
print("__\n",label_batch[0])
pylab.imshow(image_batch[0])
pylab.show()
```

2）在对话内部的退出机制

针对上面所说的由于队列里没有数据，导致程序进入挂起等待状态，增加在对话内部的退出机制，修改代码如下：

```
import    cifar10_input
import tensorflow as tf
import pylab
with tf.Session() as sess:
    tf.global_variables_initializer().run()
    tf.train.start_queue_runners()
    image_batch, label_batch = sess.run([images_test, labels_test])
    print("__\n",image_batch[0])
    print("__\n",label_batch[0])
    pylab.imshow(image_batch[0])
    pylab.show()
```

再次运行程序，发现虽然程序能够正常运行，但是结束后会报错，输出如下信息：

```
ERROR:tensorflow:Exception in QueueRunner: Run call was cancelled
ERROR:tensorflow:Exception in QueueRunner: Run call was cancelled
ERROR:tensorflow:Exception in QueueRunner: Run call was cancelled
ERROR:tensorflow:Exception in QueueRunner: Session has been closed.
ERROR:tensorflow:Exception in QueueRunner: Run call was cancelled
ERROR:tensorflow:Exception in QueueRunner: Run call was cancelled
ERROR:tensorflow:Exception in QueueRunner: Enqueue operation was cancelled
…
```

报错的原因是带有 with 语法的会话是自动关闭的。程序运行结束后，会话自动关闭的同时所有的操作也会被关闭，而此时队列还在等待另外一个进程往里面写数据，所以就会出现如上错误。

这种情况下的解决方法有两种：

（1）选择对话的创建方式，可用如下代码实现。

```
sess = tf.InteractiveSession()
```

（2）可以在原来代码中删除 with 语句，修改成如下代码：

```
sess = tf.Session()
tf.global_variables_initializer().run(session=sess)
tf.train.start_queue_runners(sess=sess)
image_batch, label_batch = sess.run([images_test, labels_test])
print("__\n",image_batch[0])
print("__\n",label_batch[0])
pylab.imshow(image_batch[0])
pylab.show()
```

上述代码在单例程序中运行没有问题，资源会随着程序的关闭而整体销毁。但如果在复杂代码中，需要某个线程自动关闭，而不是依赖进程的结束而销毁。

这种情况下需要使用 tf.train.Coordinator 函数来创建一个协调器，以信号量的方式来协调线程间的关系，完成线程间的同步。

3. 协调器的用法演示

下面举例说明协调器的用法。首先创建一个长度为 100 的队列，主线程的计数器不断加 1，队列线程把主线程里的计数器放到队列里。当队列为空时，主线程在 sess.run(queue.dequeue()) 语句位置挂起，当队列线程写进队列中时，主线程的计数器开始工作。所有的操作都是在使用 with 语法的会话中进行的，由于使用了 tf.train.Coordinator 函数创建了一个协调器，在会话关闭时会运行 coord.request_stop 函数，即所有线程关闭后才会关闭会话。协调器用法代码如下：

```
import tensorflow as tf
# 创建长度为 100 的队列
queue = tf.FIFOQueue(100,"float")
c = tf.Variable(0.0)   #计数器
# 操作 1：加 1 操作
op = tf.assign_add(c,tf.constant(1.0))
# 操作 2：将计数器的结果加入队列
enqueue_op = queue.enqueue(c)
```

```
# 创建一个队列管理器 qr，将操作添加到队列管理器中。这里只使用一个线程
qr = tf.train.QueueRunner(queue,enqueue_ops=[op,enqueue_op])
with tf.Session() as sess:
    sess.run(tf.global_variables_initializer())

    coordinator = tf.train.Coordinator()
    # 创建线程，运行已创建好的队列。coord 是线程的参数
    enqueue_threads = qr.create_threads(sess, coord = coord,start=True)
    # 启动入队线程
    # 主线程
    for i in range(0, 10):
        print ("------------------------")
        print(sess.run(queue.dequeue()))
```

运行结果如下：

```
------------------------
1788.0
------------------------
1789.0
------------------------
2066.0
------------------------
2073.0
------------------------
2347.0
------------------------
2562.0
------------------------
2568.0
------------------------
2573.0
------------------------
2578.0
------------------------
2580.0
```

4．为会话中的队列添加协调器

如何为会话中的队列添加协调器呢？具体实现是在 with tf.Session 函数中加入启动队列，然后加入 coord 协调器，使会话在关闭时同步内部线程一起退出。具体代码如下：

```
import    cifar10_input
import tensorflow as tf
import pylab
# 取数据
batch_size = 12
data_dir = '/tmp/cifar10_data/cifar-10-batches-py'
images_test, labels_test = cifar10_input.inputs(eval_data = True, data_dir = data_dir, batch_size = batch_size)
with tf.Session() as sess:
```

```
tf.global_variables_initializer().run()
# 定义协调器
coord = tf.train.Coordinator()
threads = tf.train.start_queue_runners(sess, coord)
image_batch, label_batch = sess.run([images_test, labels_test])
print("__\n",image_batch[0])
print("__\n",label_batch[0])
pylab.imshow(image_batch[0])
pylab.show()
coord.request_stop()
```

代码运行结果如图 8-14 所示。

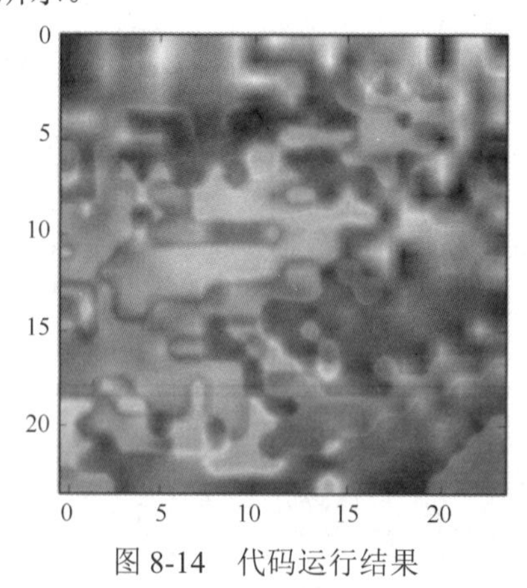

图 8-14　代码运行结果

8.4.3　建立一个卷积神经网络

为了读者更好地学习卷积神经网络，这里仍举例讲解如何建立一个卷积神经网络。本例通过一个具有全局平均池化层的神经网络对 CIFAR 数据集分类，具体步骤如下。

1．导入头文件引入数据集

在 cifar10_data 文件夹下建立卷积文件，部分代码如下（这段代码使用的是 cifar10_input 里的代码）：

```
import cifar10_input
import tensorflow as tf
import numpy as np
batch_size = 128
data_dir = 'cifar-10-batches-py/'
print("begin")
images_train, labels_train = cifar10_input.inputs(eval_data = False, data_dir = data_dir, batch_size = batch_size)
images_test, labels_test = cifar10_input.inputs(eval_data = True, data_dir = data_dir, batch_size = batch_size)
print("bedin data")
```

2．定义网络结构

对于权重 w 的定义，统一使用 truncated_normal 函数生成标准差为 0.1 的随机数；对于权重 b 的定义，统一初始化为 0.1。具体代码如下：

```
# 定义网络结构
def weight_variable(shape):
    initial = tf.truncated_normal(shape = shape,stddev = 0.1)
    return tf.Variable(initial)
def bias_variable(shape):
    initial = tf.constant(0.1, shape = shape)
    return tf.Variable(initial)
def conv2d(x, W):
    return tf.nn.conv2d(x, W, strides = [1, 1, 1, 1], padding = 'SAME'
def max_pool_2x2(x):
    return tf.nn.max_pool(x, ksize = [1, 2, 2, 1], strides = [1, 2, 2, 1], padding = 'SAME' )
def avg_pool_6x6(x):
    return tf.nn.avg_pool(x, ksize = [1, 6, 6, 1], strides = [1, 6, 6, 1], padding = 'SAME')
# 定义占位符
x = tf.placeholder(tf.float32, [None, 24, 24, 3])
# CIFAR 数据的形状为 24 × 24 × 3
y = tf.placeholder(tf.float32, [None, 10])        # 数字 0～9 的分类问题，共有 10 个类别
W_conv1 = weight_variable([5, 5, 3, 64])
b_conv1 = bias_variable([64])
x_image = tf.reshape(x, [-1, 24, 24, 3])
h_conv1 = tf.nn.relu(conv2d(x_image, W_conv1) + b_conv1)
h_pool1 = max_pool_2x2(h_conv1)
W_conv2 = weight_variable([5, 5, 64, 64])
b_conv2 = bias_variable([64])
h_conv2 = tf.nn.relu(conv2d(h_pool1, W_conv2) + b_conv2)
h_pool2 = max_pool_2x2(h_conv2)
W_conv3 = weight_variable([5, 5, 64, 10])
b_conv3 = bias_variable([10])
h_conv3 = tf.nn.relu(conv2d(h_pool2, W_conv3) + b_conv3)
nt_hpool3 = avg_pool_6x6(h_conv3)#10
nt_hpool3_flat = tf.reshape(nt_hpool3, [-1,10])
y_conv = tf.nn.softmax(nt_hpool3_flat)
cross_entropy = -tf.reduce_sum(y*tf.log(y_conv))
train_step = tf.train.AdamOptimizer(1e-4).minimize(cross_entropy)
correct_perdiction = tf.equal(tf.argmax(y_conv, 1), tf.argmax(y, 1))
accuracy = tf.reduce_mean(tf.cast(correct_perdiction, "float"))
```

3．运行会话进行训练

启动会话，迭代 15 000 次。代码如下：

```
sess = tf.Session()
sess.run(tf.global_variables_initializer())
tf.train.start_queue_runners(sess = sess)
for i in range(15000):
    image_batch, label_batch = sess.run([images_train, labels_train])
    label_b = np.eye(10, dtype = float)[label_batch]
    train_step.run(feed_dict = {x:image_batch, y:label_b}, session = sess)
```

```
        if i%200 == 0:
            train_accuracy = accuracy.eval(feed_dict = {x:image_batch, y:label_b}, session = sess)
            print("step %d, training accuracy %g "%(i, train_accuracy))
```

4．评估结果

在模型中运行测试数据集里的数据，查看模型的正确率。具体代码如下：

```
image_batch, label_batch = sess.run([images_test, labels_test])
label_b = np.eye(10, dtype = float)[label_batch]    #one-hot 编码
print("Finished! test accuracy %g" %accuracy.eval(feed_dict = {x: image_batch, y: label_b}, session = sess))
```

运行代码后，输出结果（部分）如图 8-15 所示。

```
step 9800, training accuracy 0.601562
step 10000, training accuracy 0.65625
step 10200, training accuracy 0.578125
step 10400, training accuracy 0.664062
step 10600, training accuracy 0.570312
step 10800, training accuracy 0.671875
step 11000, training accuracy 0.671875
step 11200, training accuracy 0.617188
step 11400, training accuracy 0.632812
step 11600, training accuracy 0.664062
step 11800, training accuracy 0.585938
step 12000, training accuracy 0.679688
step 12200, training accuracy 0.71875
step 12400, training accuracy 0.671875
step 12600, training accuracy 0.640625
step 12800, training accuracy 0.640625
step 13000, training accuracy 0.648438
step 13200, training accuracy 0.578125
step 13400, training accuracy 0.710938
step 13600, training accuracy 0.664062
step 13800, training accuracy 0.609375
step 14000, training accuracy 0.625
step 14200, training accuracy 0.65625
step 14400, training accuracy 0.640625
step 14600, training accuracy 0.671875
step 14800, training accuracy 0.609375
Finished! test accuracy 0.609375

Process finished with exit code 0
```

图 8-15　运行结果图

从运行结果得知，识别效果得到了收敛，正确率在 0.6 左右，主要原因是模型相对简单，仅有两层卷积操作。如果要提高准确率，则需要进行模型优化。

8.5　反卷积神经网络

2010 年，Zeiler 发表的论文 *Deconvolutional networks* 中首次出现了反卷积（Deconvolution）的概念，随后在论文 *Adaptive deconvolutional networks for mid and high level feature learning* 中反卷积被正式使用。反卷积还被称为转置卷积（Transposed Convolution）、小步长卷积（Fractional Strided Convolution）等。

反卷积是指通过测量输出和已知输入重构未知输入的过程。在神经网络中，反卷积过程并不具备学习的能力，它只是用来可视化一个经过训练的卷积网络模型，没有学习和训练的过程。VGG16 的卷积与反卷积结构如图 8-16 所示，图中展示了卷积网络与反卷积网络结合的过程。VGG16 的反卷积就是将中间的数据，按照前面卷积、池化等变化的过程，完全相反地做一遍，从而得到类似原始输入的数据。

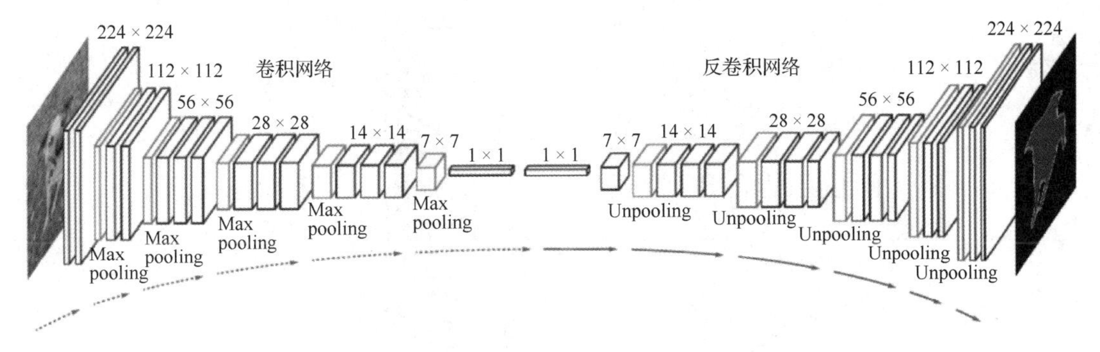

图 8-16　VGG16 的卷积与反卷积结构

8.5.1　反卷积计算

反卷积可以理解为卷积操作的逆操作。现通过图示来解释卷积：对于一个 4 × 4 的输入，使用 3 × 3 的卷积核，步长为 1 进行 VALID 卷积操作，如图 8-17 所示。

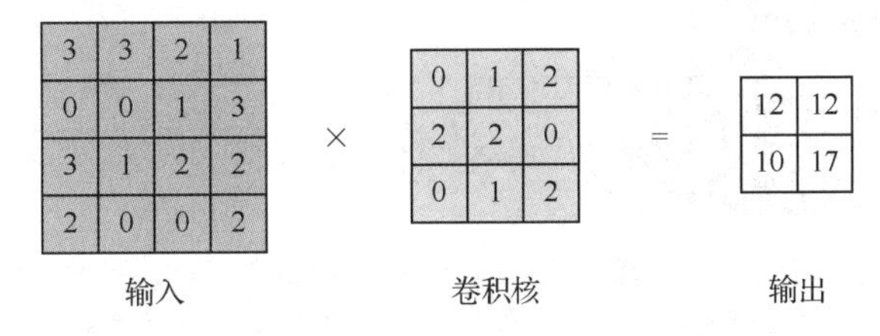

图 8-17　示例卷积操作

将输入拉成一个长向量，四个 4 × 4 卷积核也分别拉成长向量并进行拼接，如图 8-18 所示。

下面用数学形式进行解释：记向量化的图像为 $\boldsymbol{I}$，向量化的卷积矩阵为 $\boldsymbol{C}$，输出特征向量为 $\boldsymbol{O}$。则卷积过程可以表示为

$$\boldsymbol{I}^{\mathrm{T}} \cdot \boldsymbol{C} = \boldsymbol{O}^{\mathrm{T}}$$

卷积的计算如图 8-19 所示。

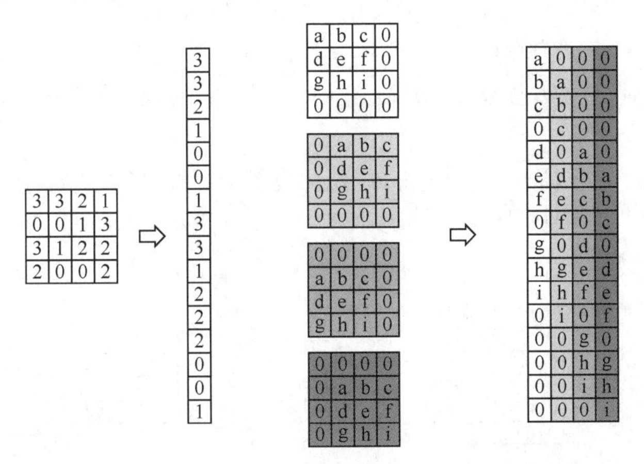

图 8-18　输入的向量形式和卷积核的矩阵形式

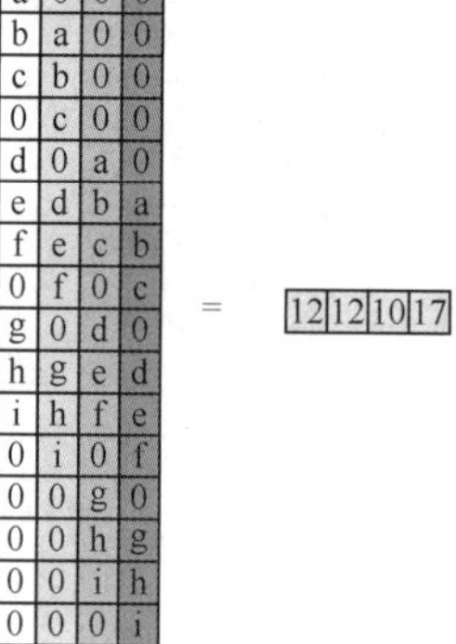

图 8-19 卷积的计算

反卷积操作就是对这个矩阵运算过程进行逆运算，即通过 $\boldsymbol{C}$ 和 $\boldsymbol{O}$ 得到 $\boldsymbol{I}$。根据各个矩阵的尺寸大小，可以很轻易地得到计算的过程，即为反卷积的操作：

$$\boldsymbol{O}^{\mathrm{T}} \cdot \boldsymbol{C}^{\mathrm{T}} = \boldsymbol{I}^{\mathrm{T}}$$

反卷积的计算如图 8-20 所示。

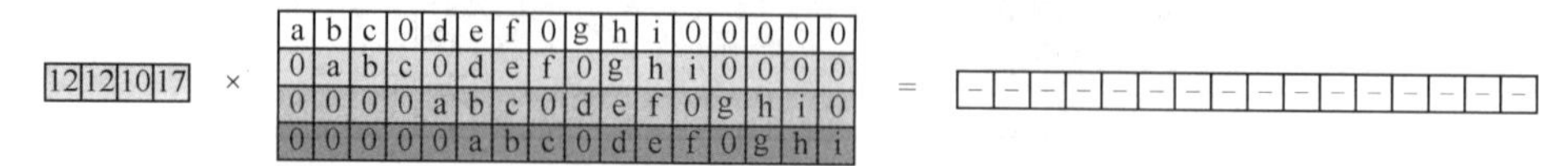

图 8-20 反卷积的计算

反卷积的操作只是恢复了向量 $\boldsymbol{I}$ 的尺寸大小，并不能恢复 $\boldsymbol{I}$ 的每个元素值，它仅仅是将卷积变换过程中的步骤反向变换一次而已。实际效果如同将卷积核转置，与卷积后的结果再做一遍卷积。虽然它不能恢复原来的卷积样子，但在功能上有相似的效果。它可以最大限度地恢复丢失信息中的一小部分信息，也可以用来恢复卷积产生的原始输入。

反卷积的具体步骤如下：

（1）将卷积核上下左右方向进行反转。

（2）将卷积结果作为输入，进行补 0 的扩充操作。对每一个元素沿着步长的方向补 0（步长-1）。这一步是根据步长计算的，若步长为 1，则不用补 0。

（3）以原始输入的尺寸作为输出，在扩充后的输入基础上再对整体补 0。即按照前面介绍的卷积 padding 规则，计算 padding 的补 0 个数和位置，得到的补 0 位置在左右和上下分别进行颠倒。

（4）将补 0 后的卷积结果作为真正的输入，反转后的卷积核进行步长为 1 的卷积操作。

以上述例子，进行卷积核为 3 × 3、步长为 1 × 1 的反卷积操作，其对应的直接卷积操作步骤如图 8-21 所示。

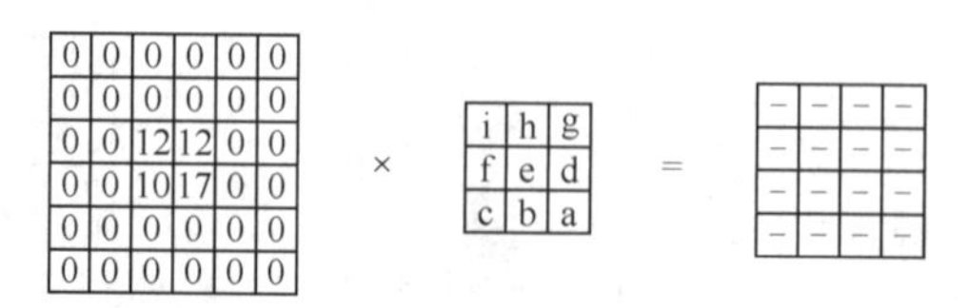

图 8-21 反卷积对应的直接卷积操作步骤

8.5.2 反池化计算

反池化是池化的逆操作，它无法通过池化的结果恢复所有原始数据。因为池化的过程是只保留主要信息，舍去部分信息。如要从这些池化后的主要信息恢复出全部信息，则信息会缺失，此时只能通过填充来实现最大限度的信息完整性。

池化主要有两种：最大池化和平均池化，反池化也需要与其对应。平均池化的操作相对简单，首先还原成平均池化操作前的大小，其次将池化结果中的每个值填充到原始数据区域中相应的位置。最大池化的反池化会复杂一些。在池化过程中要求记录最大激活值的坐标位置，在反池化时，只把池化过程中最大激活值所在位置坐标的值激活，其他的值填充 0。两种反池化原理如图 8-22 所示。

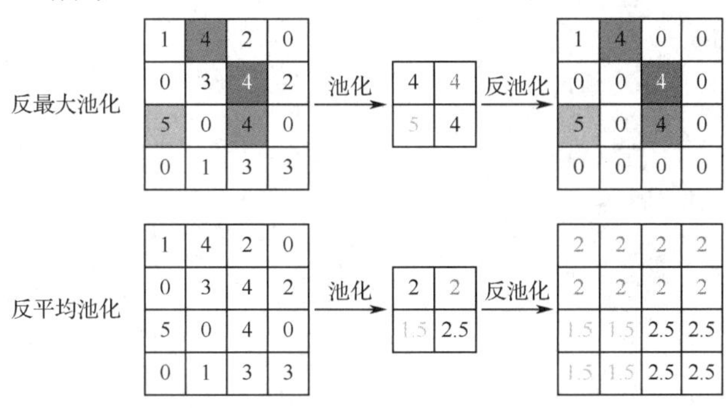

图 8-22 反最大池化与反平均池化原理

8.5.3 反卷积神经网络的应用

从技术上分，反卷积神经网络的应用主要有以下三个方面。

（1）无监督学习：这里的反卷积只是观念上和传统的卷积的反向，传统的卷积是从图片生成特征图，而反卷积是用无监督的方法找到一组卷积核和特征图，让它们重建图片。

（2）卷积神经网络可视化：通过反卷积将卷积神经网络中卷积得到的特征图还原到像素空间，以观察特定的特征图对哪些模式的图片敏感。这里的反卷积不是卷积的可逆运算，而是卷积的转置，因此 TensorFlow 里一般取名为 conv2d_transpose。

（3）上采样（Upsampling）：在像素级预测（Pixel-wise Prediction），如图像分割以及图像生成中，由于需要对原始图片尺寸空间进行预测，而卷积由于步长往往会降低图片尺寸，所以需要通过上采样的方法来还原到原始图片尺寸，反卷积就充当了上采样的角色。

反卷积网络的特性使得它有许多特殊的应用。它可用于信道均衡、图像恢复、语音识别、地震学、无损探伤等未知输入估计和过程辨识方面。在神经网络的研究中，反卷积更多的是用于可视化。在一个复杂的深卷积网络中，通过对每一层的卷积核的变换和反卷积的还原，可以清楚地看到每个卷积核关注的是什么、变换后的特征是什么。以每层提取的特征图作为输入，得到反卷积结果，用于验证和显示从各层提取的特征图。

8.6 卷积神经网络进阶

本节从代码优化和性能提升两个方面介绍 TensorFlow 在实现卷积神经网络上的进阶。

8.6.1 函数封装库的使用

TensorFlow 中封装了一个高级库——tf.contrib.layers 库，该库封装了很多函数，使用这个高级库来开发将会提高效率。这里我们改写 CIFAR-10 图像分类的例子，使用 tf.contrib.layers 改写网络结构中的全连接、卷积和池化。卷积函数使用 tf.contrib.layers.conv2d，池化函数使用 tf.contrib.layers.max_pool2d 和 tf.contrib.layers.avg_pool2d，并演示全连接函数 tf.contrib.layers.fully_connected 的使用。

1．tf.contrib.layers 中的具体函数

（1）tf.contrib.layers.conv2d 函数定义如下：

```
def conv2d(inputs,
                num_outputs,
                kernel_size,
                stride=1,
                padding='SAME',
                data_format=None,
                rate=1,
                activation_fn=nn.relu,
                normalizer_fn=None,
                normalizer_params=None,
                weights_initializer=initializers.xavier_initializer(),
                weights_regularizer=None,
                biases_initializer=init_ops.zeros_initializer(),
                biases_regularizer=None,
                reuse=None,
                variables_collections=None,
                outputs_collections=None,
                trainable=True,
                scope=None):
```

常用的参数说明如下：

- inputs：数据输入，默认形状为[batch_size, height, width, channels]。如果 data_format = 'NCHW'，则 inputs 形状为[batch_size, channels, height, width]。
- num_outputs：输出通道数。因为函数会自动根据参数 inputs 的形状判断，因此此处不需要再指定输入的通道。
- kernel_size：[长,宽]形式的卷积核大小，只需要输入尺寸，不需要填写批次和通道。如[5,5]代表 5 × 5 的卷积核。只有一个数字表示长和宽都一样。
- stride：步长，默认长宽都相等。卷积时，一般使用 1，所以默认值也是 1。如果需要长和宽不相等，也可以使用数组，如[1,2]。
- padding：填充方式，“SAME”或者“VALID”。
- data_format：数据输入的格式字符串，“NHWC”（默认）或者“NCHW”。
- activation_fn：激活函数，默认是 ReLU，也可以设置为 None。
- weights_initializer：权重的初始化，默认为 initializers.xavier_initializer 函数。
- weights_regularizer：权重正则化项，可以加入正则函数。
- biases_initializer：偏置的初始化，默认为 init_ops.zeros_initializer 函数。

● biases_regularizer：偏置正则化项，可以加入正则函数。

● trainable：是否可训练。如果是微调网络，有时候需要冻结某一层的参数，则设置为False。如作为训练节点，必须设置为 True，通常使用默认值即可。

（2）tf.contrib.layers.max_pool2d 函数定义如下：

```
def max_pool2d(inputs,
                        kernel_size,
                        stride=2,
                        padding='VALID',
                        data_format=DATA_FORMAT_NHWC,
                        outputs_collections=None,
                        scope=None):
```

常用参数说明如下：

● inputs：数据输入，默认形状为[batch_size, height, width, channels]。如果 data_format = 'NCHW'，则形状为[batch_size, channels, height, width]。

● kernel_size：[长,宽]形式的卷积核大小，不需要批次和通道，只需要输入尺寸即可。

● stride：步长，默认长宽都相等。卷积时一般使用 1，所以默认值也是 1。如果需要长和宽不相等，也可以使用数组，如[1,2]。

● padding：填充方式，“SAME”或者“VALID”。

● data_format：数据输入的格式字符串，“NHWC”（默认）或者“NCHW”。

● outputs_collections：指定一个列表名，输出（output）会被添加到这个列表中。

（3）tf.contrib.layers.avg_pool2d 函数的参数与 tf.contrib.layers.max_pool2d 函数的参数一致。该函数定义如下：

```
def avg_pool2d(inputs,
                       kernel_size,
                       stride=2,
                       padding='VALID',
                       data_format=DATA_FORMAT_NHWC,
                       outputs_collections=None,
                       scope=None):
```

（4）tf.contrib.layers.fully_connected 函数的参数与 tf.contrib.layers.conv2d 函数的参数一致。该函数的定义如下：

```
def fully_connected(inputs,
                             num_outputs,
                             activation_fn=nn.relu,
                             normalizer_fn=None,
                             normalizer_params=None,
                             weights_initializer=initializers.xavier_initializer(),
                             weights_regularizer=None,
                             biases_initializer=init_ops.zeros_initializer(),
                             biases_regularizer=None,
                             reuse=None,
                             variables_collections=None,
```

```
                outputs_collections=None,
                trainable=True,
                scope=None):
```

2．使用 tf.contrib.layers 改写代码

根据前面介绍的几个函数，CIFAR-10 分类代码改写如下：

```
...
# 定义占位符
input_x = tf.placeholder(dtype=tf.float32,shape=[None,24,24,3])      # 图像大小 24 × 24 × 3
input_y = tf.placeholder(dtype=tf.float32,shape=[None,10])           # 类别 0～9
x_image = tf.reshape(input_x,[batch_size,24,24,3])
# 卷积层→池化层
h_conv1 = tf.contrib.layers.conv2d(inputs=x_image,num_outputs=64,kernel_size=5,stride=1,padding='SAME',
activation_fn=tf.nn.relu)                    # 输出为[-1,24,24,64]
h_pool1 = tf.contrib.layers.max_pool2d(inputs=h_conv1,kernel_size=2,stride=2,padding='SAME')   # 输出
为[-1,12,12,64]
# 卷积层→池化层
h_conv2 =tf.contrib.layers.conv2d(inputs=h_pool1,num_outputs=64,kernel_size=[5,5],stride=[1,1],padding=
'SAME', activation_fn=tf.nn.relu)          # 输出为[-1,12,12,64]
h_pool2 =  tf.contrib.layers.max_pool2d(inputs=h_conv2,kernel_size=[2,2],stride=[2,2],padding='SAME')
# 输出为[-1,6,6,64]

# 全连接层
nt_hpool2 = tf.contrib.layers.avg_pool2d(inputs=h_pool2,kernel_size=6,stride=6,padding='SAME')   # 输出
为[-1,1,1,64]
nt_hpool2_flat = tf.reshape(nt_hpool2,[-1,64])
y_conv = tf.contrib.layers.fully_connected(inputs=nt_hpool2_flat,num_outputs=10,activation_fn=tf.nn.softmax)
# reduce_mean 可计算张量的各个维度上的平均值
cost = tf.reduce_mean(-tf.reduce_sum(input_y * tf.log(y_conv),axis=1))
# 求解器
train = tf.train.AdamOptimizer(learning_rate).minimize(cost)
# 返回一个准确度的数据
correct_prediction = tf.equal(tf.arg_max(y_conv,1),tf.arg_max(input_y,1))
# 准确率
accuracy = tf.reduce_mean(tf.cast(correct_prediction,dtype=tf.float32))
sess = tf.Session()
...
```

这里只修改了 CIFAR-10 图像分类案例中间的代码，代码可以正常运行。在深层网络结构中，大量的重复代码会使代码的可读性越来越差，tf.contrib.layers 可以降低代码的重复率，使代码段变得简洁。

8.6.2 深度学习的模型训练技巧

在使用卷积神经网络时有一些训练技巧，如使用优化卷积核技术、多通道卷积技术及批量归一化技术。

1. 优化卷积核技术

由于浮点运算中乘法消耗的资源比较多，因此应该尽可能减少乘法运算的次数。在实际的卷积训练中，为了加快训练速度，可以将卷积核进行分解。例如，一个 3 × 3 的卷积核，可以分解为一个 3 × 1 和一个 1 × 3 的卷积核，这样可以有效提升运算的速度。

● 如对一个 5 × 2 的原始图片进行一次 3 × 3 的 SAME 卷积，相当于生成的 5 × 2 的像素中，每一个像素都需要经历 3 × 3 次乘法，共 90 次。

● 同一张图片，如果先进行一次 3 × 1 的 SAME 卷积，相当于生成的 5 × 2 的像素中，每一个像素都需要经历 3 × 1 次乘法，共 30 次，再进行一次 1 × 3 的 SAME 卷积，也是经历 30 次计算，两者相加，共 60 次。

而随着张量层数的增多以及维度的增大，运算量减少得会更多。以下为改写 CIFAR-10 数据集分类的例子：

```
...
x_image = tf.reshape(x, [-1,24,24,3])
h_conv1 = tf.nn.relu(conv2d(x_image, W_conv1) + b_conv1)
h_pool1 = max_pool_2x2(h_conv1)
W_conv21 = weight_variable([5, 1, 64, 64])
b_conv21 = bias_variable([64])
h_conv21 = tf.nn.relu(conv2d(h_pool1, W_conv21) + b_conv21)
W_conv2 = weight_variable([1, 5, 64, 64])
b_conv2 = bias_variable([64])
h_conv2 = tf.nn.relu(conv2d(h_conv21, W_conv2) + b_conv2)
h_pool2 = max_pool_2x2(h_conv2)
...
```

在上面代码中，注释掉了原来的第二层 5 × 5 的卷积操作 conv2d，改写为 5 × 1 和 1 × 5 的两个卷积操作。代码运行后可以看到，准确率没有明显变化，但是速度提高了。

2. 多通道卷积技术

这里介绍的多通道卷积，是在原有的卷积模型基础上的扩展，可以理解为一种新型的 CNN 网络模型。

原有的卷积层中是使用单个尺寸的卷积核对输入数据进行卷积操作（如图 8-23 中的上半部分所示），生成若干个特征图；而多通道卷积是在单个卷积层中加入若干个不同尺寸的过滤器（如图 8-23 中的下半部分所示），使生成的特征图更加多样化。

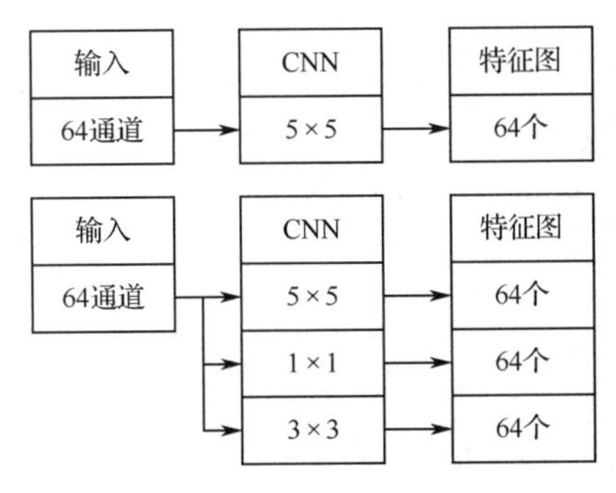

图 8-23　多通道卷积示意图

同样还是在 CIFAR-10 分类的代码中，为网络的卷积层增加不同尺寸的卷积核。这里将原有的 5 × 5 卷积扩展到 7 × 7 卷积、1 × 1 卷积、3 × 3 卷积，并将它们的输出通过 concat 函数拼接在一起。具体代码如下：

```
# 卷积层→池化层，这里使用多通道卷积
W_conv2_1x1 = weight_variable([1,1,64,64])
b_conv2_1x1 = bias_variable([64])
W_conv2_3x3 = weight_variable([3,3,64,64])
b_conv2_3x3 = bias_variable([64])
W_conv2_5x5 = weight_variable([5,5,64,64])
b_conv2_5x5 = bias_variable([64])
W_conv2_7x7 = weight_variable([7,7,64,64])
b_conv2_7x7 = bias_variable([64])

h_conv2_1x1 = tf.nn.relu(conv2d(h_pool1,W_conv2_1x1) + b_conv2_1x1)      # 输出为[-1,12,12,64]
h_conv2_3x3 = tf.nn.relu(conv2d(h_pool1,W_conv2_3x3) + b_conv2_3x3)      # 输出为[-1,12,12,64]
h_conv2_5x5 = tf.nn.relu(conv2d(h_pool1,W_conv2_5x5) + b_conv2_5x5)      # 输出为[-1,12,12,64]
h_conv2_7x7 = tf.nn.relu(conv2d(h_pool1,W_conv2_7x7) + b_conv2_7x7)      # 输出为[-1,12,12,64]
# 合并 3 表示沿着通道合并
h_conv2 = tf.concat((h_conv2_1x1,h_conv2_3x3,h_conv2_5x5,h_conv2_7x7),axis=3)   # 输出为[-1,12,12,256]
h_pool2 = max_pool_2x2(h_conv2)                                   # 输出为[-1,6,6,256]
# 卷积层→全局平均池化层
W_conv3 = weight_variable([5, 5, 256, 10])
b_conv3 = bias_variable([10])
h_conv3 = tf.nn.relu(conv2d(h_pool2, W_conv3) + b_conv3)          # 输出为[-1,6,6,10]
nt_hpool3=avg_pool_6x6(h_conv3)
nt_hpool3_flat = tf.reshape(nt_hpool3, [-1, 10])                  # 输出为[-1,1,1,10]
y_conv=tf.nn.softmax(nt_hpool3_flat)
...
```

在上面的代码中，1 × 1、3 × 3、5 × 5、7 × 7 卷积操作的输入都是 h_pool1，每个卷积操作后都生成了 64 个特征图，再使用 concat 函数将它们合在一起变成一个[batch，12，12，256]大小的数据（4 个 64 通道，总计 256 个通道）。concat 函数的定义如下：

```
tf.concat(values, axis, name='concat')
```

部分参数含义如下：

- values：需要拼接的张量，需要以数组形式放入。
- axis：从横轴或纵轴进行拼接。

可通过下面的例子来理解 concat 函数的使用：

```
t1 = [[1, 2, 3], [4, 5, 6]]
t2 = [[7, 8, 9], [10, 11, 12]]
# [[1, 2, 3], [4, 5, 6], [7, 8, 9], [10, 11, 12]]
tf.concat([t1, t2], 0)
# [[1, 2, 3, 7, 8, 9], [4, 5, 6, 10, 11, 12]]
tf.concat([t1, t2], 1)
```

代码运行后，输出如下：

```
step 0, training accuracy 0.0859375
step 200, training accuracy 0.296875
step 400, training accuracy 0.445312
step 600, training accuracy 0.414062
step 800, training accuracy 0.4375
step 1000, training accuracy 0.484375
step 1200, training accuracy 0.5
…
step 14000, training accuracy 0.671875
step 14200, training accuracy 0.671875
step 14400, training accuracy 0.59375
step 14600, training accuracy 0.695312
step 14800, training accuracy 0.609375
finished！ test accuracy 0.664062
```

3．批量归一化技术

批量归一化（Batch Normalization，BN）是一种应用十分广泛的优化方法，通常用于完全连接或卷积神经网络。随着这一里程碑技术的出现，整个神经网络的识别精度提高到了一个更高的水平。

1）批量归一化

假设有一个三层网络的最小网络模型，如果每层只有一个节点，则没有偏移。网络的输出值可以表示为

$$Z = X \cdot w_1 \cdot w_2 \cdot w_3$$

假设有两个神经网络，学习出了两套权重（w_1:1，w_2:1，w_3:1）和（w_1:0.01，w_2:10000，w_3:0.01），它们对应的输出 Z 都是相同的。现在让它们按如下步骤训练一次，看看它们的差异。

（1）反向传播：假设反向传播时计算出的损失值 Δy 为 1，则对于这两套权重的修正值将变为（Δw_1:1，w_2:1，Δw_3:1）和（Δw_1:100，Δw_2:0.0001，Δw_3:100）。

（2）更新权重：更新后的两套权重为（w_1:2，w_2:2，w_3:2）和（w_1:100.01，w_2:10000.0001，w_3:100.01）。

（3）第二次正向传播：假设输入样本是 1，则第一个神经网络的值为 $Z_1 = 1 \times 2 \times 2 \times 2 = 8$，第二个神经网络的值为 $Z_2 = 1 \times 100.01 \times 10000.0001 \times 100.01 = 100\,000\,000$。

可以看出，两个网络的输出值相差很大。如果继续下去，这时计算出的损失值会变得更大，使得网络无法计算，这种现象也被称为梯度爆炸。产生梯度爆炸的原因是网络的内部协变量转移（Internal Covariate Shift），即正向传播中不同层的参数会改变反向训练计算中所涉及的数据样本的分布。

引入批量归一化的目的是保证每个正向传播输出尽可能在同一分布上，使反向计算中的参考数据样本分布与正向计算中的样本分布相同。如果分布均匀，则权重的调整将会更有意义，这样可以保留样品的分布特征，消除层间分布差异。批量归一化方法非常简单，即将每层计算的数据归一化为均值为 0、方差为 1 的标准高斯分布。在实际应用中，批量归一化的收敛速度快、泛化能力强，某些条件下可完全代替正则化和 Dropout。

2）批量归一化的定义

TensorFlow 中自带的 BN 函数签名为：

```
tf.nn.batch_normalization(x,mean,variance,offset,scale,variance_epsilon,name=None)
```

部分参数说明如下：

- x：输入。
- mean：样本的均值。
- variance：方差。
- offset：偏移，即相加一个转化值，后面会用激活函数来转换，所以这里不需要再转化，直接使用 0。
- scale：缩放，即乘以一个转化值，一般都乘以 1。
- variance_epsilon：为了避免分母为 0 的情况，给分母加一个极小值。默认即可。

这个函数必须与另一个函数 tf.nn.moments 配合使用，并由 tf.nn.moments 来计算均值和方差。

tf.nn.moments 的定义如下：

```
tf.nn.moments(x, axes, name=None, keep_dims=False)
```

参数 axes 用来指定求均值与方差的轴。

注意：对于 axes 的设置，可以直接使用公式 axes = list(range(len(x.get_shape()) - 1)) 来计算。例如，当输入为[128，3，3，12]时，axes 为[0，1，2]。

为了达到更好的效果，通常希望使用平滑指数衰减的方法来优化每次的均值和方差，这里可以使用 tf.train.ExponentialMovingAverage 函数。它的作用是使上一次的值对本次值有衰减影响，这样每次的值连接后会相对平滑。tf.train.ExponentialMovingAverage 函数展开后可以用下面的代码来表示：

```
shadow_variable = decay * shadow_variable + (1 - decay) * variable
```

各参数说明如下：

- decay：衰减指数，在 ExponentialMovingAverage 中指定，如 0.9。
- variable：本批次样本中的值。
- 等式右边的 shadow_variable：上次总样本的值。
- 等式左边的 shadow_variable：计算出来的本次总样本的值。

3）批量归一化的简单用法

批量归一化需要多个函数一起使用，因此 TensorFlow 中的 layers 模块里又实现了一次 BN 函数，相当于把几个函数合并到一起，使用起来更加简单。在使用时，首先需要用如下方式引入头文件：

```
from tensorflow.contrib.layers.python.layers import batch_norm
```

batch_norm 函数的定义如下：

```
def batch_norm(inputs,
                    decay=0.999,
                    center=True,
```

```
                          scale=False,
                          epsilon=0.001,
                          activation_fn=None,
                          param_initializers=None,
                          param_regularizers=None,
                          updates_collections=ops.GraphKeys.UPDATE_OPS,
                          is_training=True,
                          reuse=None,
                          variables_collections=None,
                          outputs_collections=None,
                          trainable=True,
                          batch_weights=None,
                          fused=False,
                          data_format=DATA_FORMAT_NHWC,
                          zero_debias_moving_mean=False,
                          scope=None,
                          renorm=False,
                          renorm_clipping=None,
                          renorm_decay=0.99):
```

这里只列出一些常用的参数及其使用习惯。

- inputs：输入。
- decay：移动平均值的衰减速度，使用了平滑指数衰减的方法来更新均值方差，一般会设为0.9；值太小会导致均值和方差更新太快，而值太大又会导致几乎没有衰减，容易出现过拟合。
- scale：是否进行变化（通过乘一个Gamma值进行缩放），通常习惯在BN后面接一个线性的变化，如ReLU。一般会设为False，因为后面有对数据的转化处理，这里不需要再进行处理了。
- epsilon：为了避免分母为0，需要给分母加上一个极小值。一般默认即可。
- is_training：是否在训练。True代表训练过程，这时会不断更新样本集的均值与方差；False表示测试，此时将使用训练样本集的均值与方差。
- updates_collections：更新机制。其变量默认为tf.GraphKeys.UPDATE_OPS，即通过一个计算任务中的tf.GraphKeys.UPDATE_OPS变量来更新。但是，它只在当前批次的每次训练后更新均值和方差，这会导致当前数据总是使用之前的均值和方差，而不会得到最新的更新。因此，通常将其设置为“None”，以立即更新均值和方差。虽然这样训练的优化速度比性能上的默认值慢一点，但对于模型的训练仍然非常有用。
- reuse：支持共享变量，与参数scope联合使用。
- scope：指定变量的作用域。

4．案例：为CIFAR图片分类模型添加BN

本例将演示BN函数的使用方法，对代码进行重构，并观察其效果。本例仍在CIFAR-10图像分类代码的例子中修改，具体步骤如下。

1）添加BN函数

在池化函数后面加入BN函数：

```
def avg_pool_6x6(x):
    '''
    全局平均池化层，使用一个与原有输入同样尺寸的filter进行池化，填充方式为'SAME'，池化层处理后的输出参数如下：
            out_height = in_hight / strides_height（向上取整）
            out_width = in_width / strides_width（向上取整）
    参数说明如下：
        x:输入图像，形状为[batch,in_height,in_width,in_channels]
    '''
    return tf.nn.avg_pool(x, ksize=[1, 6, 6, 1],strides=[1,6,6,1],padding='SAME')

def batch_norm_layer(value, is_training=None,name='batch_norm'):
    '''
    批量归一化，返回批量归一化的结果
    参数说明如下：
        value：输入，第一个维度为batch_size
        is_training：True，代表训练过程，这时会不断更新样本集的均值与方差。测试时，应设置为False，这样就会使用训练样本集的均值和方差。None，表示默认测试模式
        name：名称
    '''
    if is_training is not None:
        # 训练模式，使用指数加权函数不断更新均值和方差
        return batch_norm(inputs=value,decay=0.9,updates_collections= None,is_training = True)
    else:
        # 测试模式，不更新均值和方差，直接使用
        return batch_norm(inputs=value,decay=0.9,updates_collections= None,is_training = False)
```

2）为 BN 函数添加占位符参数

由于 BN 函数里面需要设置是否为训练状态，所以这里定义一个变量 train，将训练状态当成一个占位符来传入。具体代码如下：

```
# 定义占位符
input_x = tf.placeholder(dtype=tf.float32,shape=[None,24,24,3])      # CIFAR 数据集的形状为 24 × 24 × 3
input_y = tf.placeholder(dtype=tf.float32,shape=[None,10])           # 类别 0～9
train = tf.placeholder(dtype=tf.bool)        #设置为 True，表示训练；设置为 False，表示测试
```

3）添加 BN 层

在第一层 h_conv1 与第二层 h_conv2 的输出之前卷积之后加入 BN 层，代码如下：

```
...
h_conv1 = tf.nn.relu(batch_norm_layer(conv2d(x_image,W_conv1) + b_conv1, is_training= is_training ))
                                              # 输出为[-1,24,24,64]
h_pool1 = max_pool_2x2(h_conv1)               # 输出为[-1,12,12,64]
# 卷积层→池化层，在激活函数之前追加 BN 层
W_conv2 = weight_variable([5,5,64,64])
b_conv2 = bias_variable([64])
h_conv2 = tf.nn.relu(batch_norm_layer((conv2d(h_pool1, W_conv2) + b_conv2), train))
                                              # 输出为[-1,12,12,64]
```

```
h_pool2 = max_pool_2x2(h_conv2)            # 输出为[-1,6,6,64]
...
```

4）加入退化学习率

将原来的学习率修改为退化学习率，学习率初始值使用 0.04，设置每 1000 次退化 0.9。具体代码如下：

```
...
cross_entropy = -tf.reduce_sum(y*tf.log(y_conv))
# 加入退化学习率。初始值为 learning_rate，每 1000 次衰减 0.9
# 退化学习率 = learning_rate × 0.9^(global_step/1000)
global_step = tf.Variable(0,trainable=False)
decaylearning_rate = tf.train.exponential_decay(0.04, global_step, 1000, 0.9)
# 开始训练。执行一次训练，global_step 变量会自加 1
train_step = tf.train.AdamOptimizer(decaylearning_rate).minimize(cross_entropy,global_step=global_step)
# 返回一个准确度的数据
correct_prediction = tf.equal(tf.argmax(y_conv,1), tf.argmax(y,1))
# 准确率
accuracy = tf.reduce_mean(tf.cast(correct_prediction, "float"))
...
```

5）在运行会话中添加训练标志

在会话中找到循环的部分，设置占位符 train 为 1，表明当前是训练状态。其他代码保持不变，因为在第一步 BN 函数里设定 train 为 None 时，已经认为是测试状态。在运行会话中添加训练标志的代码如下：

```
...
for step in range(20000):
    # 获取 batch_size 大小数据集
    image_batch, label_batch = sess.run([images_train, labels_train])
    # one-hot 编码
    label_b = np.eye(10,dtype=float)[label_batch]
    # 开始训练。执行一次训练，global_step 变量会自加 1，decaylearning_rate 的值也会改变
    train_step.run(feed_dict={x:image_batch, y: label_b,train:1}, session=sess)
...
```

运行代码，得到如下输出：

```
begin
begin data
step 0, training accuracy 0.210938
step 200, training accuracy 0.484375
step 400, training accuracy 0.601562
step 600, training accuracy 0.617188
……
step 18400, training accuracy 0.921875
step 18600, training accuracy 0.921875
step 18800, training accuracy 0.921875
step 19000, training accuracy 0.953125
```

```
step 19200, training accuracy 0.9375
step 19400, training accuracy 0.914062
step 19600, training accuracy 0.96875
step 19800, training accuracy 0.9375
finished!  test accuracy 0.71875
```

可以看到，准确率有了明显的提升，训练时达到了 90%以上，而测试时模型的准确率却下降了。可以使用 cifar10_input 中的 distorted_inputs 函数来增大数据集，或者采用一些过拟合的方法继续优化。

8.7 本章小结

本章学习了卷积神经网络模型的相关理论，并介绍了卷积神经网络在 TensorFlow 中的实践。借助反卷积神经网络，可以更好地看到卷积神经网络从图像数据中学到了哪些特征。卷积神经网络是深度学习中最基本的模型，读者可以通过本章的案例掌握卷积神经网络的原理以及 TensorFlow 卷积神经网络对应的操作。

第 9 章　循环神经网络

在生活中，当听到“我要去游”四个字后，我们通常倾向于预测下一个字是“泳”，而不是其他字，这是因为在预测下一个字时，利用了前面四个字包含的信息，如图 9-1 所示。

因此利用计算机解决类似的问题时，不仅要求计算机具备单次运算的能力，还要求计算机具有像人一样的记忆功能，处理具有一定顺序意义的样本，以解决连续序列问题。

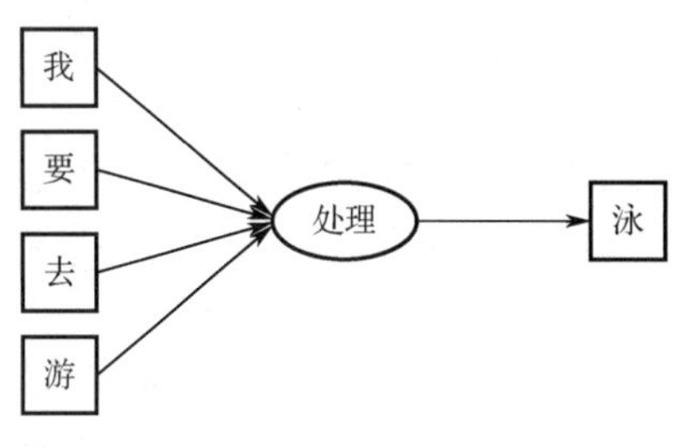

图 9-1　人脑处理文字举例

通过前几章的知识可知，单个神经元、多层神经网络和卷积神经网络处理的样本数据是单次的，彼此之间没有联系，可以将其理解为静态数据的处理。因此，基于“让神经网络记住过去的输入序列”这一思想，诞生了循环神经网络（Recurrent Neural Network, RNN）。近些年来，RNN 不断发展，在深度学习领域占据了重要地位。

作为深度学习的重要工具之一，RNN 适合解决具有序列化特征的任务，其常见的应用如下：

- 情感分析（Sentiment Analysis）：输入文本或语音数据，并对其进行分析、处理和抽取的过程，主要的任务有情感分类、情感检索等。
- 关键字提取（Key Term Extraction）：输入文本数据，提取出文本中的关键字，以便后续进行文本处理、文本分类等。
- 语音识别（Speech Recognition）：将输入的语音数据转化为相应的文本信息，如微信的语音转文字功能。
- 机器翻译（Machine Translation）：使用一种或几种形式的 RNN，将文本内容从一种语言翻译成其他语言。
- 股票分析：分析股票的量化交易数据，发现股票的走势。

9.1　循环神经网络的原理

9.1.1　循环神经网络的基本结构

传统的神经网络由输入层、隐藏层和输出层构成，循环神经网络也是如此。图 9-2 展示了一个 RNN 的正向传播结构。

其中 X_t 表示 t 时间节点的输入，h_t 表示 t 时间节点的输出，A_t 代表网络，是模型的处理部分。与传统的神经网络相比，RNN 的网络结构带有一个指向自身的环（即 A_t 有一条指向自己的线），表示它可以传递当前时刻处理的信息给下一时刻使用。

将此结构按照时间线展开，如图 9-3 所示，则可以更清楚地解释上一时刻的输出是如何影响当前时刻的计算结果的。

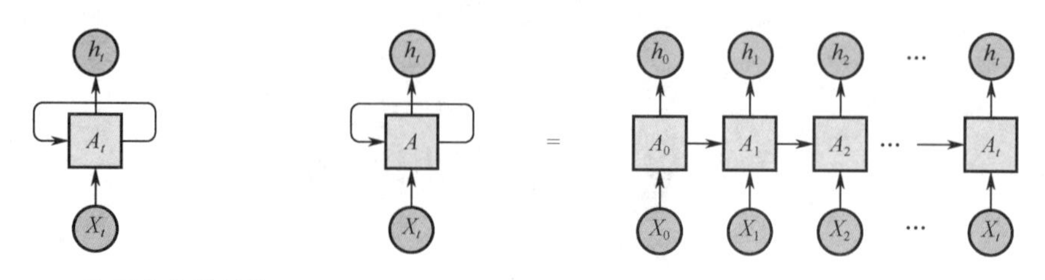

图 9-2　RNN 的正向传播结构　　　　图 9-3　按时间线展开的 RNN

图 9-3 中，等号右侧为按时间展开的 RNN，上一时刻隐藏层计算后除了输出结果外，还将输出传递给下一次的正向传播过程。因此，当前的正向传播过程中除了包含当前的输入值外，还包含上一时刻的输出值，由此获取了上一时刻的输入信息。

RNN 的网络结构与传统神经网络的网络结构有明显的区别：

● 传统神经网络中，同一个隐藏层的节点之间是无连接的；而 RNN 的同一个隐藏层的节点之间是有连接的。

● 传统神经网络的隐藏层只有一个输入，且这个输入是上一层的输出；而 RNN 的隐藏层有两个输入，一个是上一层的输出，另一个是上一时刻隐藏层的输出。

RNN 在每个时间都会有一个输入 X_t，然后根据网络当前的状态 A_t 提供一个输出 h_t，而网络当前的状态 A_t 是由上一时刻的状态 A_{t-1} 和当前时刻的输入 X_t 共同决定的。RNN 的正向传播如图 9-4 所示。

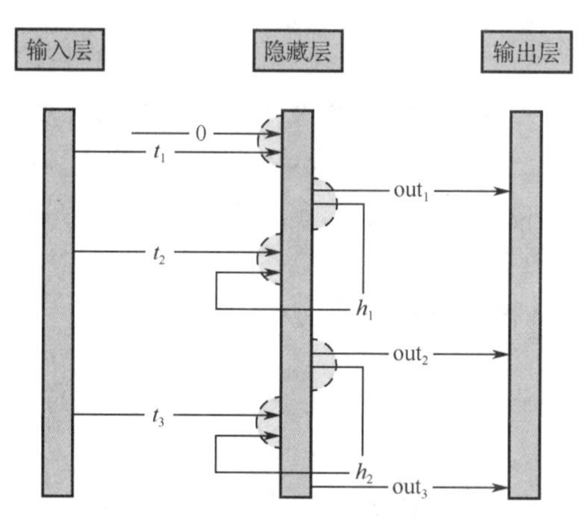

图 9-4　RNN 的正向传播

图 9-4 中，t_1，t_2，t_3 为三个时序。RNN 的正向传播过程可以分解为下面三个步骤。

（1）开始时，t_1 以 0 和自己的输入权重作为输入，得到当前时刻的输出 out_1。

（2）out_1 通过自己的权重生成 h_1，然后和 t_2 经过输入权重转化后一起作为输入，生成 out_2。

（3）out_2 通过自己的权重生成 h_2，然后和 t_3 经过输入权重转化后一起作为输入，生成 out_3。

9.1.2　RNN 的反向传播过程

RNN 本质上仍是神经网络，因此与简单神经元相似，需要进行网络参数的训练，也需要根据误差进行反向传播来调整网络的参数。RNN 常用的网络训练方法是随时间反向传播（Back Propagation Through Time，BPTT）的链式求导算法。

BPTT 算法的本质是 BP 算法，只因 RNN 要处理时间序列数据，所以要基于时间反向传播。BPTT 算法的核心与 BP 算法相同，都是沿着需要优化的参数的负梯度方向不断寻找更优的点直至收敛。BP 算法的本质是梯度下降，因此 BPTT 算法的核心也是求各个参数的梯度。因此，可通过 BP 算法来理解 BPTT 算法。

图 9-5 展示了一个含有一个隐藏层的网络结构，隐藏层的节点数为 1。

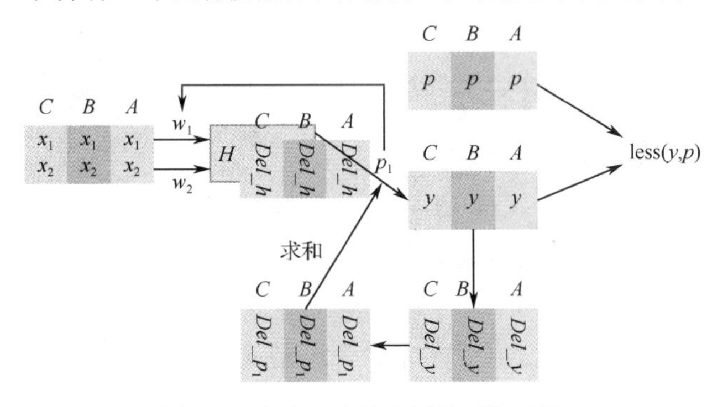

图 9-5　含有一个隐藏层的网络结构

图 9-5 中变量的计算为

$$Del\_y = \text{less}(y, p) \cdot g'(y)$$

$$Del\_p_1 = h^T \cdot del\_y$$

具体的计算过程如下：

（1）某一批次含有 A、B、C 三个样本数据，批次中每个样本都有两个特征 (x_1, x_2)，通过对应的权重 (w_1, w_2) 进入隐藏层 H 并生成批次 h，如图 9-5 中 w_1、w_2 两个箭头所在方向。

（2）该批次的 h 经过隐藏层权重 p_1 在函数 g 的作用下，计算得到最终的输出结果 y。

（3）该批次的输出结果 y 与实际的标签 p 进行比较，得到输出层的误差 $less(y, p)$。

（4）误差 $\text{less}(y, p)$ 与生成 y 的函数 g 的导数相乘，得到 Del_y。Del_y 为输出层的调整值。

（5）由于 y 是由 h 和隐藏层权重 p_1 相乘在函数 g 的作用下得到的，所以隐藏层的调整值 Del_p_1 是 h 的转置与 Del_y 相乘得到的。

（6）将该批次的 Del_p_1 求和并更新到 p_1 上。

（7）同理，将误差反向传递到上一层以计算 Del_h。得到 Del_h 后，再计算 Del_w_1、Del_w_2 并更新。

下面来比较学习 BPTT 算法，如图 9-6 所示。

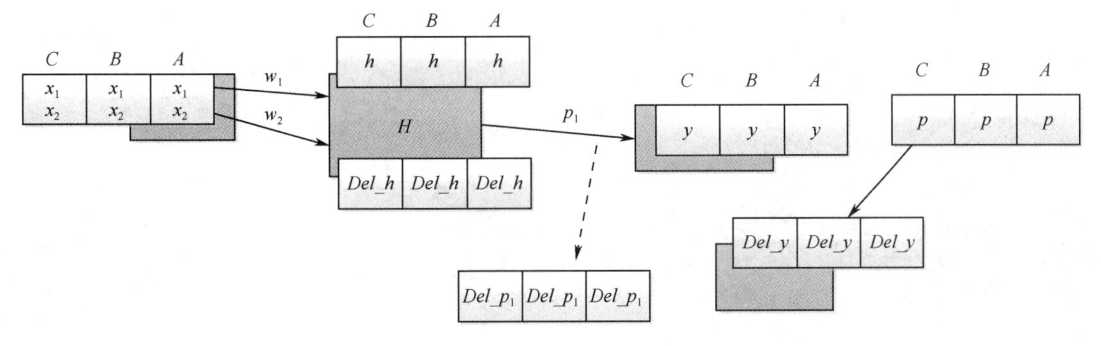

图 9-6　数据 B 进入 RNN 时网络的反向传播

图 9-6 中，各变量的计算公式为

$$Del\_y = \mathrm{less}(y, p) \cdot g'(y)$$

$$Del\_h = (Del\_y \cdot p_1^T \cdot g'(h)$$

$$Del\_p_1 = h^T \cdot Del\_y$$

与 BP 反向传播类似，同样使用 A、B、C 三个数据作为一个批次的数据，并按照顺序进入 RNN。正向传播时，按照 A、B、C 的顺序进入网络进行计算；反向传播时，按照与正向传播相反的顺序进行反向传播，即按照 C、B、A 的顺序进行误差计算和梯度传递。

图 9-6 中展示的正向传播过程是数据 B 在进入网络的时刻，可以看到上一时刻的数据 A 生成的 h 参与进来，并一起经过隐藏层的权重 p_1 在函数 g 的作用下生成了数据 B 的输出 y。此刻，数据 C 还未进入网络，没有结果产生，这里使用空白方格表示。

当该批次的所有数据都进入网络后，将实际标签 p 与网络输出 y 进行误差计算，并计算得到输出层的调整值 Del_y。由于数据 C 的结果 y 是最后生成的，所以先计算 C 对 h 的传递误差 Del_h。

图 9-6 中的反向传播过程表示的是数据 C 的反向传播已经完成，开始进行数据 B 的反向传播的时刻。可以看到，数据 B 的调整值 Del_h 是由数据 B 的 Del_y 和数据 C 的 Del_h 计算得到的。对比 BP 算法可以发现，BP 算法中的 Del_h 只与自己的 Del_y 有关，与其他值都无关，这也是 BPTT 算法与 BP 算法的不同之处。

9.1.3 搭建简单 RNN

为了加深对 RNN 基本原理的理解，本节通过一个具体的案例，用代码实现 RNN 的理论内容。

案例要求：使用 Python 编写简单 RNN 拟合一个退位减法的操作，观察其反向传播过程。

退位减法，又称借位减法，是指输入两个数相减，当被减数对应位的数字不够减时，需要向前一位借位，这个操作称为退位运算。一旦发生退位运算，就需要将运算的中间状态保存起来，这样才能保证高位的数传入时将退位标志一并传入参与运算。

搭建简单 RNN 的具体步骤如下。

1．基本函数的定义

使用 Python 自定义激活函数，包含一个 Sigmoid 函数和一个 Sigmoid 函数的导数，其中导数用于反向传播。代码如下：

```
import copy, numpy as np
# 固定随机数生成器的种子，可以每次得到一样的值
np.random.seed(0)
# 定义激活函数 Sigmoid
def sigmoid(x):
    output = 1/(1 + np.exp(-x))
    return output
# 定义 Sigmoid 函数的导数
def sigmoid_output_to_derivative(output):
    return output*(1-output)
```

2．二进制映射的建立

本案例将减法的最大值限制在 256 以内，即将减法定义为 8 位二进制位的减法。定义一个数组 int2binary，其作用是将整型（int）转化为二进制（binary），代码如下：

```
# 整数到其二进制位表示的映射
int2binary = {}
# 定义 8 位二进制位，即只计算 256 以内的减法
binary_dim = 8
# 计算 0～256 的二进制表示。定义最大值为 2^8，即 256
largest_number = pow(2,binary_dim)
# np.unpackbits 函数用于把整数转化成二进制数
binary = np.unpackbits(np.array([range(largest_number)], dtype = np.uint8).T, axis = 1)
for i in range(largest_number):
    int2binary[i] = binary[i]
```

3．网络学习参数的定义

定义 RNN 的学习参数和结构参数：

- 学习速率 alpha。
- 输入维度 input_dim。
- 输出维度 output_dim。
- 隐藏层维度 hidden_dim。
- 隐藏层的权重 synapse_0。
- 循环节点的权重 synapse_h（输入节点 16、输出节点 16）。
- 输出层的权重 synapse_1（输入节点 16，输出节点 1）。

为了减小网络和计算的复杂度，这里忽略偏置 b，只设置权重 w，代码如下：

```
# 参数设置
# 学习速率
alpha = 0.9
# 输入的维度是 2，分别表示减数和被减数
input_dim = 2
# 隐藏层维度为 16
hidden_dim = 16
# 输出维度为 1
output_dim = 1
# 初始化网络
# 随机初始化隐藏层权重，维度为 2 × 16，2 是输入维度，16 是隐藏层维度
synapse_0 = (2*np.random.random((input_dim,hidden_dim)) - 1)*0.05
# 随机初始化输出层权重，维度为 16 × 1，16 是隐藏层维度，1 是输出维度
synapse_1 = (2*np.random.random((hidden_dim,output_dim)) - 1)*0.05
# 随机初始化循环节点权重，维度为 16 × 16，16 是隐藏层维度
synapse_h = (2*np.random.random((hidden_dim,hidden_dim)) - 1)*0.05
# = > [-0.05, 0.05)
# 定义三个变量，分别用于存放反向传播的权重更新值
# 存储隐藏层的更新权重
synapse_0_update = np.zeros_like(synapse_0)
```

```
# 存储输出层的更新权重
synapse_1_update = np.zeros_like(synapse_1)
#存储循环节点的更新权重
synapse_h_update = np.zeros_like(synapse_h)
```

注意：本案例不使用 TensorFlow 中的函数，因此需要定义一组变量（synapse_0_update、synapse_1_update 和 synapse_h_update），目的是在反向优化参数时存储参数需要调整的调整值，这一组变量分别对应三个权重 synapse_0、synapse_1 和 synapse_h。

4．样本数据的准备

样本数据准备的过程如下：

（1）建立循环生成样本。生成两个十进制数 *a* 和 *b*，如果 *a* 小于 *b*，交换位置，保证被减数 *a* 始终不小于减数 *b*。

（2）计算出 *a* 减 *b* 的结果 *c*。

（3）将十进制数 *a*、*b*、*c* 转化为二进制数，为模型的训练做准备。

对应的代码如下：

```
# 开始训练
for j in range(10000):
    # 生成一个数字 a
    a_int = np.random.randint(largest_number)
    # 生成一个数字 b，b 的最大值为 largest_number/2
    b_int = np.random.randint(largest_number/2)
    # 如果生成的 b 大于 a，则与 a 交换
    if a_int < b_int:
        tt = a_int
        b_int = a_int
        a_int = tt
    # 二进制编码 a
    a = int2binary[a_int]
    # 二进制编码 b
    b = int2binary[b_int]
    # 计算 a - b 的值
    c_int = a_int - b_int
    # 二进制编码 c
    c = int2binary[c_int]
```

5．模型初始化

模型初始化的具体内容如下：

● 初始化模型输出值为 0。

● 初始化总误差为 0。

● 定义 layer_2_values，存储反向传播过程中的循环层的误差。

● 定义 layer_1_values，存储隐藏层的输出值。

● 由于第一个数据传入时，网络还未经历过计算，没有上一次的隐藏层输出值作为本次的输入，因此需要为其定义一个初始值，这里定义为 0.1。

对应的代码如下：

```
# 存储神经网络的预测值
d = np.zeros_like(c)
# 每次清零总误差
overallError = 0
# 存储每个时间点输出层的误差
layer_2_deltas = list()
# 存储每个时间点隐藏层的值
layer_1_values = list()
# 开始没有隐藏层，需要初始化
layer_1_values.append(np.ones(hidden_dim)*0.1)
```

注意：本段代码与4.中的代码不是并列关系，应放在4.代码中for循环最后一行的后面，作为for循环的一部分。

6. 正向传播过程

该案例中，正向传播过程为：循环遍历每个二进制位，从低位开始依次相减，并将中间隐藏层的输出传入下一位的计算（退位减法）；记录每个时间点的误差的导数，同时计算截止到当前时间点的所有误差的总和，为输出准备。代码如下：

```
# 正向传播
# 循环遍历每一个二进制位
for position in range(binary_dim):
    # 生成输入。从右到左，每次取两个输入数字的一个位
    X = np.array([[a[binary_dim - position - 1], b[binary_dim - position - 1]]])
    # 生成正确答案
    y = np.array([[c[binary_dim - position - 1]]]).T

    # hidden layer (input ~ + prev_hidden)
    #（输入层 + 之前的隐藏层）→新的隐藏层，这是体现 RNN 的最核心的地方
    layer_1 = sigmoid(np.dot(X,synapse_0) + np.dot(layer_1_values[-1],synapse_h))

    # 输出层，使用二进制形式表示
    # 将隐藏层(layer_1)进行向量乘积运算，将其值保存至输出层矩阵 synapse_1 中
    layer_2 = sigmoid(np.dot(layer_1,synapse_1))
    # 预测误差
    layer_2_error = y - layer_2
    # 记录每一个时间点的误差导数
    layer_2_deltas.append((layer_2_error)*sigmoid_output_to_derivative (layer_2))
    # 总误差
    overallError + = np.abs(layer_2_error[0])
    # 记录每一个预测位
    d[binary_dim - position - 1] = np.round(layer_2[0][0])
    # 记录隐藏层的值，用于下一个时间点
    layer_1_values.append(copy.deepcopy(layer_1))
    future_layer_1_delta = np.zeros(hidden_dim)
```

注意：本段代码与5.中的代码是并列关系，应放在5.中最后一行代码的后面，作为4.的for循环的一部分。

本段代码的最后一行定义了一个变量 future_layer_1_delta，是为了给反向传播做准备。这是因为网络的反向传播是从最后一次计算往前反向计算误差，每一个当前的计算都需要有它的下一次结果参与，但是最后一次没有下一次的输出，所以需要初始化一个值作为其后一次的输入，这里初始化为 0。

7. 反向训练过程

反向传播初始化后，开始从高位数字往回遍历，计算每一位数字的所有层的误差；然后根据每层的误差对权重求偏导，得到网络权重的调整值；最后将每一位数字计算出的各层权重的调整值求和，再乘以学习率，将得到的值用来更新各层的权重，这样就完成了一次优化训练。具体代码如下：

```
# 反向传播，从最后一个时间点到第一个时间点
for position in range(binary_dim):
# 最后一次的两个输入
    X = np.array([[a[position],b[position]]])
    # 当前时间点的隐藏层
    layer_1 = layer_1_values[-position-1]
    # 前一个时间点的隐藏层
    prev_layer_1 = layer_1_values[-position-2]
    # 当前时间点输出层导数
    layer_2_delta = layer_2_deltas[-position-1]
    # 通过后一个时间点（因为是反向传播）的隐藏层误差和当前时间点的输出层误差，计算当前时
    # 间点的隐藏层误差
    layer_1_delta = (future_layer_1_delta.dot(synapse_h.T) + layer_2_delta.dot(synapse_1.T)) * sigmoid_
output_to_derivative(layer_1)
    # 完成所有反向传播误差计算后，才会更新权重矩阵，因此先暂存更新矩阵
    synapse_1_update + = np.atleast_2d(layer_1).T.dot(layer_2_delta)
    synapse_h_update + = np.atleast_2d(prev_layer_1).T.dot(layer_1_delta)
    synapse_0_update + = X.T.dot(layer_1_delta)
    future_layer_1_delta = layer_1_delta
# 完成所有反向传播后，更新权重矩阵，并将矩阵变量清零
synapse_0 + = synapse_0_update * alpha
synapse_1 + = synapse_1_update * alpha
synapse_h + = synapse_h_update * alpha
synapse_0_update * = 0
synapse_1_update * = 0
synapse_h_update * = 0
```

注意：本段代码与 6.中的代码是并列关系，应放在 6.中最后一行代码的后面，作为 4.的 for 循环的一部分。

反向传播完成后，需要更新权重矩阵（synapse_0、synapse_1 和 synapse_h），更新完权重矩阵后需要将中间变量（synapse_0_update、synapse_1_update 和 synapse_h_update）的值清零，用于下一次存储。

8. 结果输出

在代码中设置每循环 800 次将结果输出，便于对比观察网络训练的结果，具体代码如下：

```
# 打印输出过程
```

```
if(j % 800 == 0):
    print("总误差:" + str(overallError))
    print("Pred:" + str(d))
    print("True:" + str(c))
    out = 0
    for index,x in enumerate(reversed(d)):
        out + = x*pow(2,index)
    print(str(a_int) + " - " + str(b_int) + " = " + str(out))
    print("------------")
```

注意：本段代码与 7.中的代码是并列关系，应放在 7.中最后一行代码的后面，作为 4.中 for 循环的一部分。

运行整体代码，得到的输出结果如下：

```
总误差:[3.97242498]
Pred:[0 0 0 0 0 0 0 0]
True:[0 0 0 0 0 0 0 0]
9 - 9 = 0
------------
总误差:[2.1721182]
Pred:[0 0 0 0 0 0 0 0]
True:[0 0 0 1 0 0 0 1]
17 - 0 = 0
------------
总误差:[1.1082385]
Pred:[0 0 0 0 0 0 0 0]
True:[0 0 0 0 0 0 0 0]
59 - 59 = 0
------------
总误差:[0.18727913]
Pred:[0 0 0 0 0 0 0 0]
True:[0 0 0 0 0 0 0 0]
19 - 19 = 0
------------
总误差:[0.21914293]
Pred:[0 0 0 0 0 0 0 0]
True:[0 0 0 0 0 0 0 0]
71 - 71 = 0
------------
总误差:[0.26861004]
Pred:[0 0 1 1 1 1 0 0]
True:[0 0 1 1 1 1 0 0]
71 - 11 = 60
------------
总误差:[0.11815367]
Pred:[1 0 0 0 0 0 0 0]
True:[1 0 0 0 0 0 0 0]
230 - 102 = 128
```

```
------------
总误差:[0.2927243]
Pred:[0 1 1 1 0 0 0 1]
True:[0 1 1 1 0 0 0 1]
160 - 47 = 113
------------
总误差:[0.04298749]
Pred:[0 0 0 0 0 0 0 0]
True:[0 0 0 0 0 0 0 0]
3 - 3 = 0
------------
总误差:[0.04243453]
Pred:[0 0 0 0 0 0 0 0]
True:[0 0 0 0 0 0 0 0]
17 - 17 = 0
------------
总误差:[0.04588656]
Pred:[1 0 0 1 0 1 1 0]
True:[1 0 0 1 0 1 1 0]
167 - 17 = 150
------------
总误差:[0.08098026]
Pred:[1 0 0 1 1 0 0 0]
True:[1 0 0 1 1 0 0 0]
204 - 52 = 152
------------
总误差:[0.03262333]
Pred:[1 1 0 0 0 0 0 0]
True:[1 1 0 0 0 0 0 0]
209 - 17 = 192
------------
```

从结果中可以看出，前面的训练中有不准确的结果，但随着网络训练次数的增加，网络已逐渐趋于稳定，且可以正确拟合退位减法。

9.2 改进的 RNN

神经网络都需要通过反向误差传递来更新网络权重，使网络趋于稳定。但随着网络层数的增加，反向误差传递的误差值会越来越小，甚至消失，这种现象称为梯度消失。当发生梯度消失时，靠近输出层的隐藏层由于其梯度相对正常，权重更新也相对正常，越靠近输入层的隐藏层的权重更新越缓慢，甚至可能停止更新。这就导致虽然网络结构很深、层数很多，但训练只等价于后面的几个浅层网络的学习。

这种现象的根本原因在于激活函数。在神经网络的正向传播过程中，数据在权重参数的加权下经过激活函数作用传递给下一层，在反向传递过程中，需要根据预测值和实际标签值的误差进行反向误差传递从而更新权重值，这一过程中无可避免地要对激活函数进行求导。

而有些激活函数，如 Sigmoid 函数，它是一个 S 形函数，会将正无穷到负无穷的数映射到 0～1 间，其导数的取值范围是 0～0.25。因此随着网络层数的增多，权重调整值在计算过程中需要不断乘以一个 0～1 的数，从而不断减小，最终可能会出现梯度消失的情况。而 RNN 不仅在层与层之间存在反向误差传递，每一层的样本序列之间也存在着反向误差传递，这使得 RNN 无法对过长的序列特征进行学习。

9.2.1 LSTM

长短记忆（Long Short-Term Memory，LSTM）网络是 1997 年由 Hochreiter 和 Schmiduber 提出，并在近期被 Alex Graves 进行了改良和推广的 RNN 的一种变体，是为了解决一般的 RNN 存在的长期依赖（Long Term Dependency）问题而专门设计出来的，适合处理和预测时间序列中间隔和延迟非常长的重要事件。

1. LSTM 的网络结构

RNN 由于梯度消失的原因只能短期记忆网络，而 LSTM 通过引入门控制将短期记忆与长期记忆结合在一起，一定程度上解决了长序列训练过程中的梯度消失问题。

所有的 RNN 都具有一种重复神经网络模块的链式形式。在标准 RNN 中，这个重复的结构模块（后续的描述称为 cell 或细胞）只有一个非常简单的结构，如一个 tanh 层（激活函数是 Tanh），如图 9-7 所示。RNN 的 cell 比较简单，用 x_t 表示 t 时刻 cell 的输入，C_t 表示 t 时刻 cell 的状态，h_t 表示 t 时刻的输出，则其正向传播公式为

$$h_t = C_t = \text{Tanh}[h_{t-1}, x_t] \cdot W + b$$

式中：[,]表示数据连接；W 和 b 分别为 RNN 的权重和偏置。

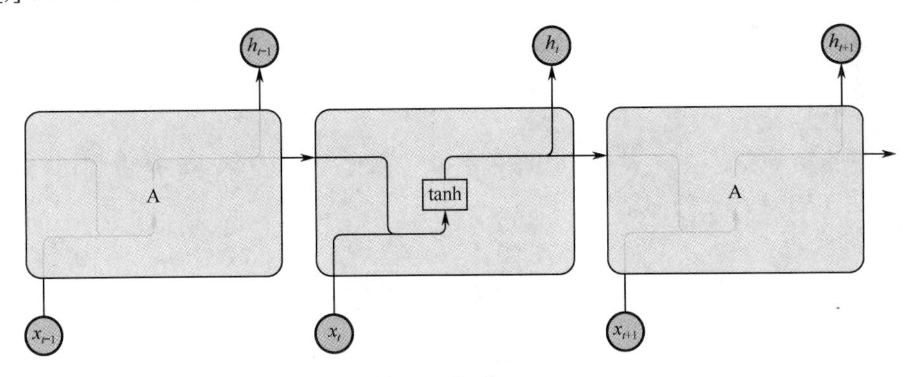

图 9-7　标准 RNN

LSTM 网络同样具备图 9-7 所示的标准 RNN 的链式形式，但是重复模块的结构是不同的。LSTM 中的重复模块包含四个交互的层，如图 9-8 所示。图中每个方框表示神经网络层；每个方框上面的圆圈表示一种运算操作（如向量的乘积、向量的和等）；每条单线箭头表示数据传输，将一整个向量从一个节点的输出传到其他节点的输入；合在一起的箭头表示向量的连接，分开的箭头表示数据的复制，连接或复制的数据按照箭头指向被传输到不同的位置。

LSTM 网络结构的核心在于引入了 cell 状态。cell 状态的作用是存放要记忆的东西，类似于简单 RNN 中的 h，但 LSTM 中不再只存放上一个 cell 的状态，而是存放那些在网络学习中学到的有用的状态。

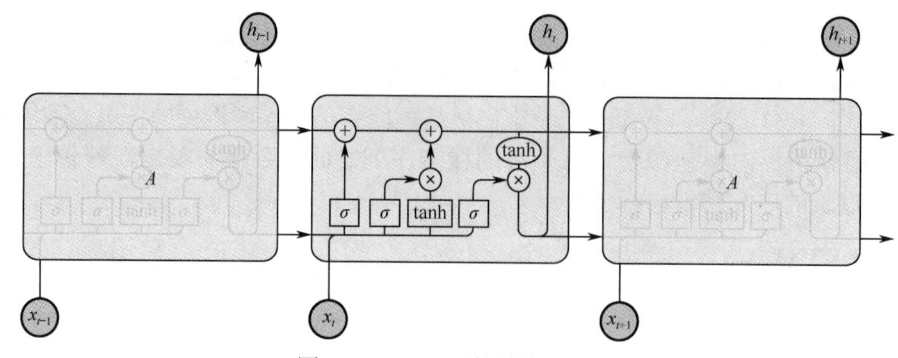

图 9-8　LSTM 网络结构示意图

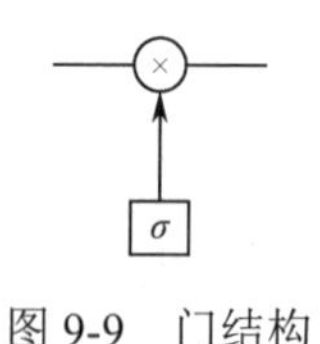

图 9-9　门结构

信息的选择记忆是通过门（Gate）来实现的。门使信息选择性地通过，包含一个 Sigmoid 的神经层和一个按位的乘法操作，其结构如图 9-9 所示。

Sigmoid 层的输出是一个向量，向量中的每个元素都是介于 0 和 1 之间的实数，表示让对应信息通过的权重（或者占比）。例如，0 表示“不让任何信息通过”，1 表示“让所有信息通过”。

LSTM 通过三个门来实现信息的保护和控制，分别是忘记门（Forget Gate）、输入门（Input Gate）和输出门（Output Gate）。

- 忘记门：决定何时忘记以前的状态。
- 输入门：决定何时加入新的状态。
- 输出门：决定何时把状态和输入放在一起输出。

简单的 RNN 只是将上一时刻的状态加入当前时刻的输入一起输出，而 LSTM 可以灵活地选择状态的更新和状态是否参与到下一次的输入，具体的选择结果是由神经网络的训练机制训练出来的。

2．忘记门

LSTM 中的第一步是决定从 cell 状态中丢弃什么信息，这个决定是由忘记门决定的。图 9-10 展示了 LSTM 忘记门的结构。

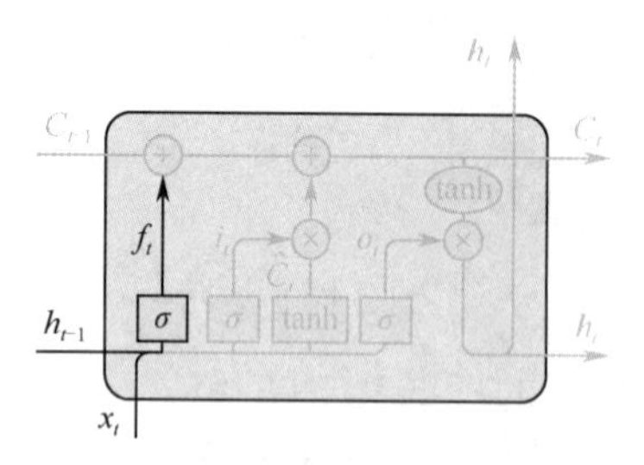

图 9-10　LSTM 忘记门的结构

图 9-10 中，$f_t = \sigma(W_f \cdot [h_{t-1}, x_t] + b_f)$。

忘记门会读取上一个 cell 的输出 h_{t-1} 和当前 cell 的输入 x_t，在激活函数 σ 的作用下输出一个在 0～1 间的数值 f_t，并将结果 f_t 给到上一个 cell 状态 C_{t-1} 中的数字。0 表示“完全舍弃”，1 则表示“完全保留”。

以语言模型为例，假设 cell 状态包含了当前主语的性别，根据这个状态就可以正确地选择要使用的代词。当新的主语进入时，就需要在记忆中更新主语。忘记门的功能就是先在记忆中找到旧的主语（这里只是找到，并没有真正执行忘记操作）。

3. 输入门

LSTM 中的第二步是决定让多少信息加入 cell 状态中，这个决定的实现需要两个步骤：第一步需要输入门的 Sigmoid 层决定哪些信息需要更新，以及由 tanh 层创建的用来更新 cell 状态的量—— C_t；第二步，将两部分联合起来，对 cell 状态进行更新。

如图 9-11 所示，忘记门找到了需要忘记的信息 f_t 后，将其与旧状态 C_{t-1} 相乘，这样就丢弃掉确定要丢弃的信息。然后将结果加上 $i_t \otimes \widetilde{C}_t$，使 cell 状态得到新的信息，完成 cell 状态的更新。经过输入门并更新后，cell 状态更新为：$C_t = f_t \otimes C_{t-1} + i_t \otimes \widetilde{C}_t$。

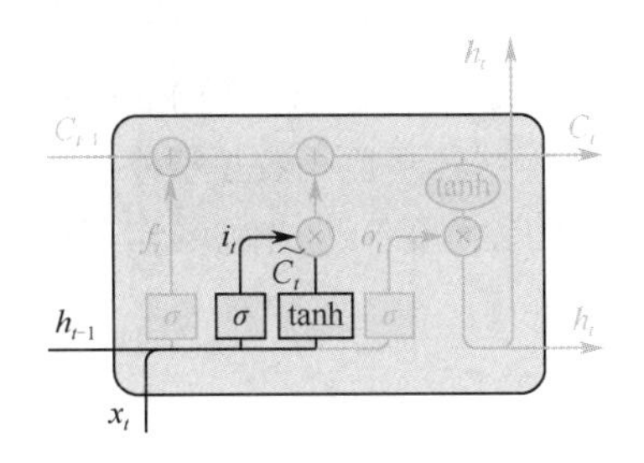

图 9-11 LSTM 输入门

图 9-11 中，$i_t = \sigma(W_i \cdot [h_{t-1}, x_t] + b_i)$，$\widetilde{C}_t = \mathrm{Tanh}(W_C \cdot [h_{t-1}, x_t] + b_C)$。

4. 输出门

输出门决定最终要输出什么值，这个值是基于 cell 状态的，但也是一个过滤后的版本。如图 9-12 所示，输出门首先通过一个 Sigmoid 层确定 cell 状态的哪个部分将会输出，其次通过 tanh 层将 cell 状态进行处理，得到一个在－1～1 间的值，然后将得到的值与 Sigmoid 门的输出相乘，得到最终要输出的那部分。图中 o_t 表示输出门的计算值，t_t 表示当前 cell 更新输出的结果，即 h_t。以语言模型为例，假设已经输入了一个代词，后续就需要计算输出一个与动词相关的信息。

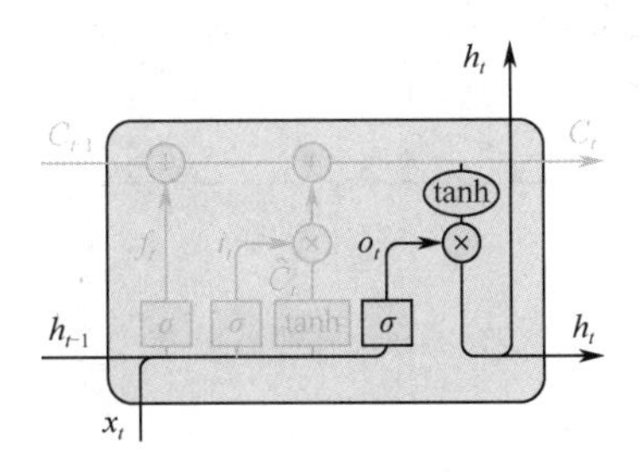

图 9-12 LSTM 输出门

图 9-12 中，$o_t = \sigma(W_o \cdot [h_{t-1}, x_t] + b_o)$，$h_t = o_t \cdot \mathrm{Tanh}(C_t)$。

观察 LSTM 整个 cell 的计算过程可知，共使用到四对参数（权重和偏置）、三个门、两次更新。

5. 基于梯度剪辑的 cell

LSTM 的损失函数是所有时间点的 RNN 的预测输出与实际标签的交叉熵（Cross-Entropy）之和。由于 LSTM 学习过程使用的是 BPTT 梯度下降算法，损失值在训练过程中很可能会出现剧烈抖动的现象，从而导致网络无法很好地收敛。基于梯度剪辑的 cell（Clipping cell）就是针对这一问题的改进方法。

当神经网络的参数值在梯度较为平坦的区域更新时，由于该区域的梯度较小，一般会采用较大的学习率使梯度下降得更快，从而减少学习时间、加快网络的学习。但如果到了梯度陡峭的区域，梯度值会忽然变得很大，若还是使用较大的学习率，就会使网络参数有很大幅度的更新，从而导致网络学习过程非常不稳定。

为了优化这一问题，Clipping cell 为梯度设置了一个阈值：小于该阈值的梯度，正常进行学习和参数更新；超过该阈值的梯度，则会被剪掉，以此来保证参数更新的幅度不会过大，也可使网络比较容易收敛。

从原理上来看：RNN 和 LSTM 的记忆单元的相关运算是不一样的，RNN 中每一个时间点的记忆单元中的内容（隐藏层节点）都会更新，而 LSTM 则是使用忘记门机制将记忆单元中的值与输入值相加（按某种权值）后再更新（cell 状态），记忆单元中的值会始终对输出产生影响（除非忘记门完全关闭），因此梯度值易引起爆炸，所以 Clipping 功能是很有必要的。

9.2.2 改进的 LSTM

1. 加入窥视孔连接的 LSTM

标准 LSTM 中的忘记门有一个缺点：当前时刻 cell 的状态不能影响到输入门和忘记门在下一时刻的输出，否则会使整个 cell 对上个序列的处理丢失部分信息。为了解决这一问题，Gers & Schmidhuber 于 2000 年提出了一种 LSTM 变体，该变体在 LSTM 中加入了窥视孔连接（Peephole Connection），如图 9-13 的虚线部分所示。

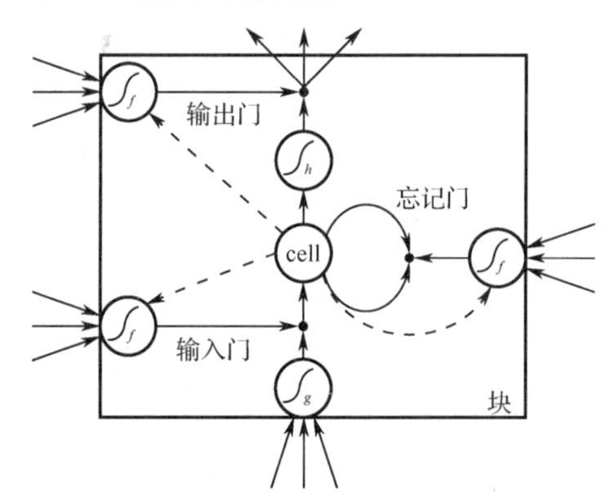

图 9-13　窥视孔连接

加入窥视孔连接后，各个门的计算顺序为：

（1）上一时刻 cell 的输出数据，与当前时刻的数据一起进入忘记门和输入门。

（2）将忘记门和输入门的输出同时输入到 cell 中。

（3）将 cell 输出的数据输入到当前时刻的输出门，同时也输入到下一时刻的忘记门和输入门。

（4）忘记门输出的数据与 cell 激活后的数据一起作为整个模块的输出。

图 9-14 为窥视孔连接的详细结构。在这种结构下，各个门的输入都增加了一个来源——上一个 cell 的输出：忘记门、输入门的输入增加了前一时刻 cell 的输出，输出门的输入增加了当前时刻的输出，使得 cell 具有更强的序列记忆功能。

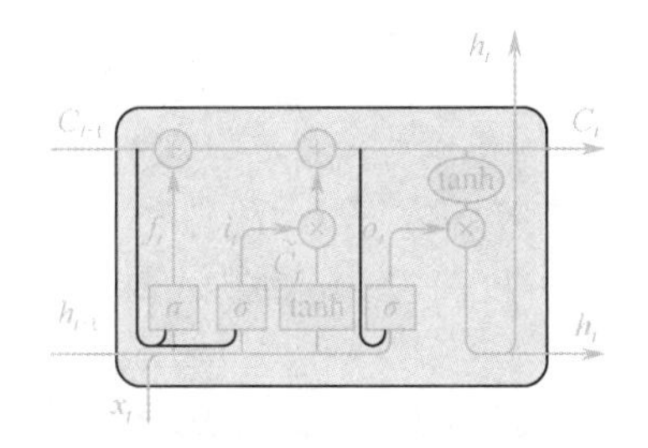

图 9-14　窥视孔连接的详细结构

图 9-14 中，$f_t=\sigma(W_f\cdot[C_{t-1},h_{t-1},x_t]+b_f)$，$i_t=\sigma(W_i\cdot[C_{t-1},h_{t-1},x_t]+b_i)$，$o_t=\sigma(W_o\cdot[C_t,h_{t-1},x_t]+b_o)$。

图 9-14 中展示的结构是在每个门上都增加了窥视孔，实际上很多应用只是加入了部分的窥视孔。

2．LSTMP

LSTM 相比于一般的 RNN 增加了三个门，每个门都要有相应的参数（权重和偏置）参与计算，因此增加了整个网络的参数总个数。网络训练中，当前时刻的输入门、输出门和 cell 状态的权重矩阵的维度是 $n_i\cdot n_c$，上一时刻的权重矩阵的维度是 $n_c\cdot n_c$，连接至网络输出的输出矩阵的维度是 $n_o\cdot n_c$，其中 n_i 和 n_o 分别是输入维度和输出维度，n_c 是记忆细胞的个数。由此，LSTM 的 cell 在计算时参数的总个数 N 的公式为

$$\begin{aligned}N_{\text{LSTM}}&=3\cdot n_i\cdot n_c+3\cdot n_c\cdot n_c+n_o\cdot n_c\\&=3\cdot n_i\cdot n_c+n_c\cdot(3\cdot n_c+n_o)\end{aligned}$$

可以看出，随着 n_c 的增大，N_{LSTM} 呈平方增长。因此，如果增加记忆细胞的个数，网络计算时的存储成本会增大；但如果记忆细胞的个数较小，网络又无法达到好的效果。

LSTMP（LSTM with a Projection Layer）的出现很好地解决了这一问题。LSTMP 是 LSTM 的另一种变体，它在 LSTM 的基础上增加了一个映射层（Projection Layer），并将其连接到 LSTM 的输入，如图 9-15 所示，虚线框部分就是增加的映射层。这个映射层是通过全连接神经网络来实现的，可以通过改变其输出维度调节总的参数量，起到模型压缩的作用。

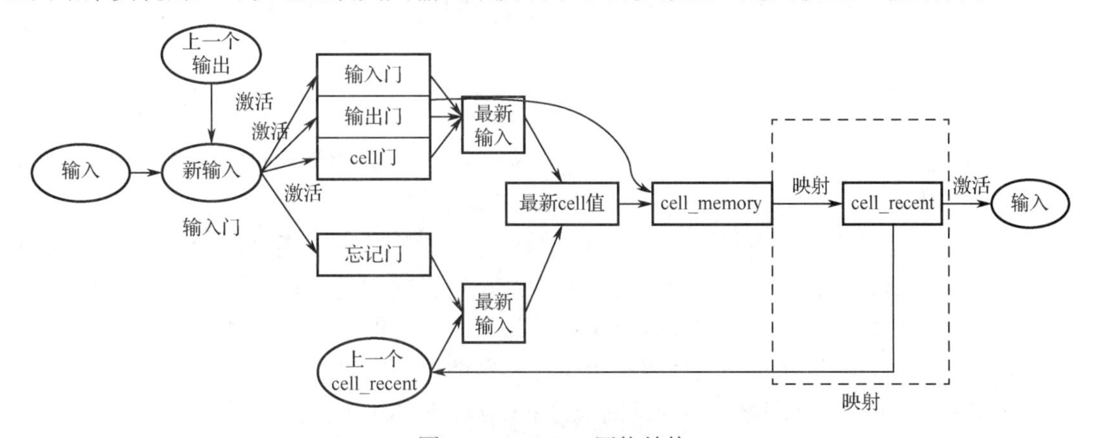

图 9-15　LSTMP 网络结构

LSTM 的 cell 输出一个大小为 $n_c^2\cdot m_t$ 的矩阵，m_t 表示 t 时刻记忆细胞输出的数据。然后，m_t 被送到输出层进行计算输出，同时也作为下一时刻网络的输入。在 LSTMP 中，m_t 为 $n_c\cdot n_r$

（nr 表示保护层的输出维度），又称为 r_t，并用 r_t 代替 m_t 作为下一个 cell 的输入。此时，LSTMP 的 cell 在计算时参数的总个数为

$$\begin{aligned}N_{\text{LSTMP}} &= 3\cdot n_i\cdot n_c + 3\cdot n_c\cdot n_r + n_o\cdot n_r + n_c\cdot n_r \\ &= 3\cdot n_i\cdot n_c + n_r\cdot(4\cdot n_c + n_o)\end{aligned}$$

由此可得：

$$N_{\text{LSTM}} - N_{\text{LSTMP}} = n_c\cdot(3\cdot n_c + n_o) - n_r\cdot(4\cdot n_c + n_o)$$

由此可知，影响参数总个数的因素从 $n_c\cdot n_c$ 变成了 $n_c\cdot n_r$。此时，可以通过改变 n_c/n_r 的值来降低计算的复杂度。当 $n_c/n_r > 3/4$ 时，LSTMP 的训练速度会高于 LSTM 的。同时，借助映射层，LSTMP 训练时的收敛速度会更快。

3．GRU

门控循环单元（Gated Recurrent Unit，GRU）是由 Cho 等于 2014 年提出的一种 LSTM 的变体。如图 9-16 所示，GRU 对 LSTM 的改动比较大，它将忘记门和输入门合在一起，形成了一个单一的更新门，同时还混合了细胞状态和隐藏状态，以及一些其他的改动。

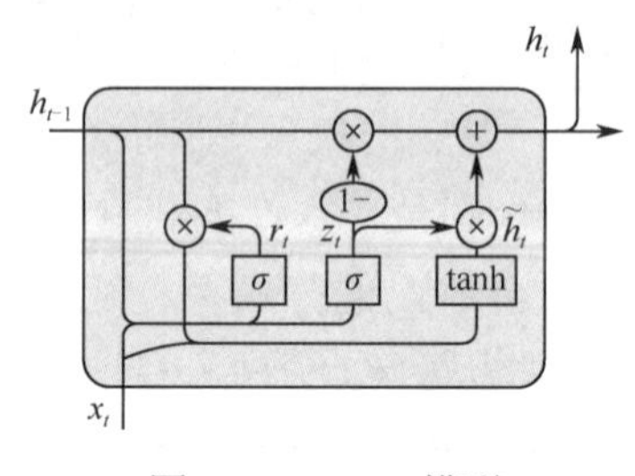

图 9-16　GRU 模型

图 9-16 中，$z_t = \sigma(W_z\cdot[h_{t-1},x_t])$，$r_t = \sigma(W_r\cdot[h_{t-1},x_t])$，$\widetilde{h}_t = \text{Tanh}(W\cdot[r_t\cdot h_{t-1},x_t])$，$h_t = (1-z_t)\cdot h_{t-1} + z_t\cdot\widetilde{h}_t$。

LSTM 虽然有很多变体，但经过专业人士测评，这些变体和 LSTM 在性能及准确度上几乎无差别，只是在具体的业务使用上稍有差异。图 9-16 展示了 GRU 模型的网络结构，可以看到，相比于 LSTM 网，GRU 少了一个状态输出，但模型结构反而更简单，这也使得 GRU 在代码编程时更简单。

9.2.3　Bi-RNN

RNN 在处理连续数据方面具有优势，是由于计算时不仅使用到当前时刻输入数据的信息，还使用到上一时刻的信息，从而能够发现连续数据之间的规律。连续数据的规律不仅有正向规律，还有反向规律，RNN 在处理连续数据时只考虑到了正向规律，并没有在计算中体现未来数据包含的信息。因此，可以设计一种网络，将正向和反向相结合，以此来学习数据在两个方向上的规律。相比于单向的训练网络，这样做会使网络具有更好的拟合度。如对一个语句进行缺失部分的填充时，需要根据上下文信息综合考虑才能得到准确的结果。

双向 RNN（Bidirectional Recurrent Neural Network，Bi-RNN）是一个将正向 RNN 和反向 RNN 结合之后形成的网络。双向 RNN 的网络结构是在传统 RNN 的基础上，将 RNN 表示状态的神经元分解为两部分：一部分负责正向时间方向（Forward State），另一部分负责反向时间方向（Backward State），正向方向的输出不与反向方向的输入相连，反之亦然。图 9-17 展示了一个沿时间展开的双向 RNN 的结构示意图。

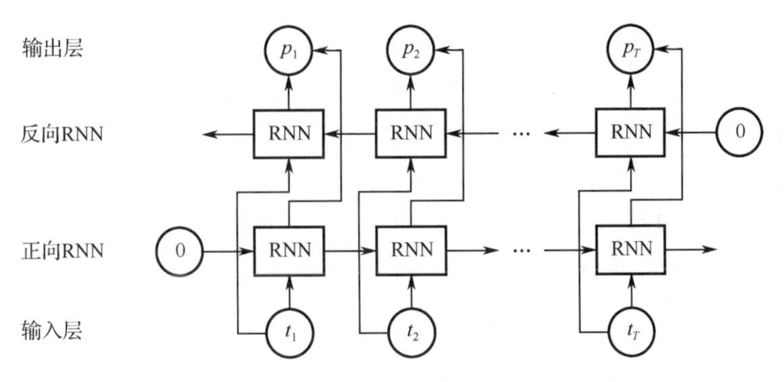

图 9-17　沿时间展开的双向 RNN 的结构示意图

从双向 RNN 的结构可以看出，这种结构可以给输出层的输入序列提供每一个时刻完整的过去（上一时刻）和未来（下一时刻）的上下文信息。双向 RNN 的隐藏层有两个输出：一个是正向 RNN 的输出，一个是反向 RNN 的输出，两个方向的输出结果被合并在一起，然后交给后面的网络层进行处理。

双向 RNN 的正向传播过程为：

（1）从左到右移动，沿着 t_1 到 t_T 正向计算一遍，得到每个时刻正向隐藏层的输出。

（2）从右向左移动，沿着 t_T 到 t_1 反向计算一遍，得到每个时刻反向隐藏层的输出。

（3）正向和反向所有输入时刻计算结束后，根据每个时刻的正向和反向隐藏层输出得到最终的输出。

双向 RNN 的时序图如图 9-18 所示，先按照时间序列正向计算，然后按照反向时间序列 t_3、t_2、t_1 计算一遍。反向计算的过程是：把 t_3 时刻的输入与默认值 0 一起生成反向的 out_3，把反向 out_3 当成 t_2 时刻的输入与 t_2 时刻的原始输入一起生成反向 out_2；依次类推，直到计算出第一个时序数据的反向输出。

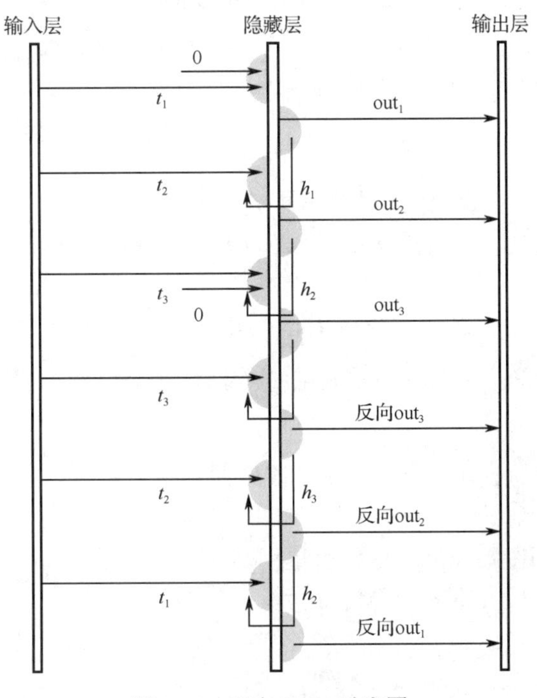

图 9-18　双向 RNN 时序图

双向 RNN 的反向传播过程为：

（1）计算所有时刻输出层的误差。

（2）对所有输出层的误差，使用 BPTT 算法更新正向 RNN 层。

（3）对所有输出层的误差，使用 BPTT 算法更新反向 RNN 层。

双向 RNN 中的循环模块可以是常规的 RNN，也可以是 LSTM 或 GRU 等其他的结构。在实际应用中，大多数的问题都会采用双向 LSTM + LSTM/RNN 的结构，以提高网络的使用效果。

9.2.4 CTC

Connectionist Temporal Classification（CTC，基于神经网络的时序类分类）是语音识别中的关键技术之一，用来解决输入序列和输出序列难以一一对应的问题。

在语音识别中，最好的识别结果是音频中的音素和翻译后的字符可以一一对应。但实际情况下，有人说话快，有人说话慢，音素和字符很难对齐，而人工对齐又太耗时。CTC 技术就是通过增加一个额外的特征值（Symbol）代表空值（NULL）来解决叠字问题，在处理连续时间序列分类任务中，常会使用该方法。

CTC 方法的独特之处在于对损失值的处理。当序列的标签无法对齐时，添加一个 blank（空标签），以此将预测的输出值与给定的标签值在时间序列上对齐，然后通过交叉熵算法计算具体的损失值。

在语音识别中，当一条语音有它对应的序列值和文本时，就可以使用 CTC 方法计算模型输出与实际标签之间的损失值，再通过迭代训练使损失值不断变小，直至收敛，从而将模型训练出来。关于 CTC 对损失值处理的具体细节，这里不做具体描述，后续的例子会有演示。

9.3 RNN 实战

本节主要是构建各种类型的 RNN 网络实战以及对 RNN 网络进行优化。

9.3.1 cell 类

cell 是 TensorFlow 中实现 RNN 的基本单元，是循环神经网络中的神经元，可以理解为 RNN 中的一个特殊的隐藏层。构建 RNN 网络的第一步是定义 cell 的类型，TensorFlow 中定义了 5 个关于 cell 的类。

（1）最基本的 RNN 类实现——BasicRNNCell 类。

```
def __init__(self, num_units, activation = tanh, reuse = None)
```

参数介绍如下：

- num_units：包含的 cell 的个数，也即隐藏层的节点数。
- activation：激活函数。
- reuse：在一个范围（scope）里是否重用。

（2）LSTM 实现的一个 BasicLSTMCell 类。

```
def __init__(self, num_units, forget_bias = 1.0, state_is_tuple = True,
             activation = tanh, reuse = None)
```

参数介绍如下：

- num_units：LSTM 网络单元的个数，即隐藏层的节点数。
- forget_bias：遗忘门的偏差，默认被初始化为 1。
- state_is_tuple：该参数将废弃。含义为由于细胞状态 C_t 和输出 h_t 是分开的，为 True 时放在一个数组（tuple）中，为 False 时两个状态按列连接起来，一般建议为 True。

（3）LSTM 实现的一个高级版本 LSTMCell 类。

```
def __init__(self, num_units,use_peepholes = False,
             cell_clip = None,initializer = None, num_proj = None,
             proj_clip = None,num_unit_shards = None, num_proj_shards = None,
             forget_bias = 1.0, state_is_tuple = True,activation = tanh, reuse = None)
```

参数介绍如下：

- use_peepholes：True 表示启用窥视孔连接，默认为 False。
- cell_clip：是否在输出前对 cell 状态按照给定值进行截断处理。
- initializer：指定初始化函数。
- num_proj：通过映射（projection）层进行模型压缩得到的输出维度。
- proj_clip：将 num_proj 按照给定的 proj_clip 截断。
- num_unit_shards：已弃用，已在 2017 年 1 月前删除，现使用 variable_scope 分区器代替。
- num_proj_shards：已弃用，已在 2017 年 1 月前删除，现使用 variable_scope 分区器代替。

（4）GRUCell 类。

```
def __init__(self,num_units,activation = tanh, reuse = None)
```

参数含义同上。

（5）多层 RNN——MultiRNNCell 类。

```
def __init__(self, cells, state_is_tuple = True)
```

参数介绍如下：

- cells：一个 cell 列表。将列表中的 cell 一个个堆叠起来，如果使用 cells = [cell1,cell2]，即一共有两层，数据经过 cell1 后还要经过 cell2。
- state_is_tuple：如果是 True，则返回 *n*-tuple，即 cell 的输出值与 cell 的输出状态组成了一个元组。其中，输出值和输出状态的结构均为[batch,num_units]。

注意： 在使用 MultiRNNCell 时，如果在 cells 参数中直接使用[cell] × n 来代表创建 n 层的 cell，则需要使用作用域进行隔离。

9.3.2 构建 RNN

定义好 cell 类后，就可以将 cell 类连接起来构成 RNN 网络，TensorFlow 提供了几种可供选择的构建网络的模式（封装好的函数），具体使用方式如下。

1. 静态 RNN 的构建

构建静态 RNN 的函数为 static_rnn，其定义如下：

```
def static_rnn(cell, inputs, initial_state = None, dtype = None,
               sequence_length = None, scope = None)
```

各参数含义如下：

● cell：cell 类对象。

● inputs：输入数据为一个列表（list），每个列表元素为[batch_size, input_size]的二维张量，或者嵌套元组，列表的顺序就是时间序列。

● initial_state：初始化 cell 状态。如果 cell.state_size 是一个整数，则它必须是一个具有合适类型和[batch_size, cell.state_size]维度的张量；如果 cell.state_size 是一个元组，则它应该是一个张量元组，而 cell.state_size 中的 s 应该是具有形如[batch_size, s]的张量组成的元组。

● dtype：初始状态和预期输出的数据类型。

● sequence_length：每一个输入的序列长度。

● scope：命名空间，默认为 rnn。

返回值：

两个返回值，分别为输出结果和 cell 状态。输出结果为列表，且输入有多少个时序，列表里就会有多少个元素，每个元素大小为[batch_size,num_units]。

注意：在输入时，一定要将张量改为由张量组成的列表。

2．动态 RNN 的构建

构建动态 RNN 的函数为 dynamic_rnn，其定义如下：

```
def dynamic_rnn (cell, inputs, sequence_length = None, initial_state = None,
                 dtype = None,parallel_iterations = None, swap_memory = False,
                 time_major = False, scope = None)
```

各参数含义如下：

● cell：cell 类对象。

● inputs：输入数据为一个张量，默认为三维张量，即[batch_size,max_time,cell.output_size]。其中，batch_size 为一个批次数量，max_time 为时间序列总数，后面是一个时序输入数据的长度。

● sequence_length：输入序列的长度。

● initial_state：初始化 cell 状态。

● dtype：期望输出和初始化状态的类型。

● parallel_iterations：并行运行的迭代次数，值越大，占用内存越大，所需时间越短，反之亦然。

● swap_memory：交换内存。

● time_major：决定了输入和输出张量的维度。如果为 True，则张量维度要求为[max_time, batch_size, depth]；如果为 False，则张量维度要求为[batch_size, max_time, depth]。

● scope：命名空间。

3．双向 RNN 的构建

双向 RNN 是一个可以学习正反规律的 RNN，TensorFlow 中提供了四个函数，具体如下。

（1）bidirectional_dynamic_rnn 函数，可用于建立一个简单的双向 RNN 网络，两个方向各一个 cell。该函数定义如下：

```
def bidirectional_dynamic_rnn(
    cell_fw,
```

```
    cell_bw,
    inputs,
    sequence_length = None,
    initial_state_fw = None,
    initial_state_bw = None,
    dtype = None,
    parallel_iterations = None,
    swap_memory = False,
    time_major = False,
    scope = None
    )
```

各参数含义如下。

- cell_fw，cell_bw：用于正向传播和反向传播的 RNNCell。
- inputs：输入数据，类型为张量。如果 time_major 为 False（默认值），则张量维度为[batch_size, max_time, cell.output_size]；如果 time_major 为 True，则张量维度为[max_time, batch_size, cell.output_size]。
- sequence_length：输入序列的实际长度（默认为输入序列的最大长度）。
- initial_state_fw，initial_state_bw：正向和反向的初始化状态。
- dtype：初始化和输出的数据类型。如果初始化模型的参数中未定义初始化状态或 RNN 状态具有异构 dtype，则该参数必须指定具体的形式。
- parallel_iterations：并行运行的迭代次数。
- swap_memory：交换内存。
- time_major：决定了输入和输出张量的维度。
- scope：命名空间。

返回值：

一个元组，即（outputs, output_state_fw,output_state_bw）。outputs 是一个包含正向 cell 输出张量（output_fw）和反向 cell 输出张量（output_bw）的元组，output_state_fw 和 output_state_bw 表示正向和反向最终状态。

（2）static_bidirectional_rnn 函数，用于构建多层的双向 RNN，每个方向都是一个多层 cell。该函数定义如下：

```
def static_bidirectional_rnn(
    cell_fw,
    cell_bw,
    inputs,
    initial_state_fw = None,
    initial_state_bw = None,
    dtype = None,
    sequence_length = None,
    scope = None
)
```

各参数含义如下：

- cell_fw，cell_bw：用于正向传播和反向传播的 RNNCell。

- inputs：输入数据为列表类型，列表中的元素类型为张量，每个张量的维度为[batch_size, input_size]。
- initial_state_fw，initial_state_bw：正向和反向的初始化状态。
- dtype：初始化和输出的数据类型。
- sequence_length：输入序列的长度。
- scope：命名空间。

返回值：

一个元组，即（outputs, output_state_fw,output_state_bw）。outputs 是一个长度为 t 的列表，每一个元素包含正向 cell 输出和反向 cell 输出。

（3）stack_bidirectional_rnn 函数，用于创建一个多层双向网络（指创建一个双向循环神经网络），正向和反向的输入大小必须一致，两个层之间不共享信息，是相互独立的。该函数定义如下：

```
def stack_bidirectional_rnn(
    cell_fw,
    cell_bw,
    inputs,
    initial_state_fw = None,
    initial_state_bw = None,
    dtype = None,
    sequence_length = None,
    scope = None
)
```

各参数含义如下：

- cell_fw，cell_bw：正向传播和反向传播的 cell 列表，正反向的列表具有相同的深度，输入必须相同。
- inputs：输入数据是一个长度为 t 的列表，列表中的元素类型为张量，每个张量的维度为[batch_size, input_size]。
- initial_state_fw，initial_state_bw：正向和反向的初始化状态。
- dtype：初始化和输出的数据类型。
- sequence_length：输入序列的长度。
- scope：命名空间。

返回值：

一个元组，即（outputs, output_state_fw,output_state_bw）。outputs 是一个长度为 t 的列表，每一个元素包含正向 cell 输出和反向 cell 输出。

（4）stack_bidirectional_dynamic_rnn 函数，用于创建一个多层双向网络（指创建双向递归神经网络的动态版本），正向和反向的输入大小必须一致，两个层之间不共享信息，是相互独立的。

```
def stack_bidirectional_dynamic_rnn(
    cell_fw,
    cell_bw,
    inputs,
```

```
        initial_state_fw = None,
        initial_state_bw = None,
        dtype = None,
        sequence_length = None,
        parallel_iterations = None,
        scope = None
    )
```

各参数含义如下：

- cell_fw，cell_bw：正向传播和反向传播的 Cell 列表，正反向的列表具有相同的深度，输入必须相同。
- inputs：输入数据是一个张量，维度为[batch_size, max_time,cell.output_size]。
- initial_state_fw，initial_state_bw：正向和反向的初始化状态。
- dtype：初始化和输出的数据类型。
- sequence_length：输入序列的长度。
- parallel_iterations：并行运行的迭代次数。
- scope：命名空间。

返回值：

一个元组，即（outputs, output_state_fw,output_state_bw）。outputs 是一个张量，维度为[batch_size, max_time,layers_output]，layers_output 包含 tf.concat 之后的正向和反向输出。

RNN 函数有静态的（static）和动态的（dynamic）之分。静态 RNN 和动态 RNN 的区别主要在于其实现不同。调用静态 RNN 会生成 RNN 按时间序列展开之后的图，其每个批次的 sequence_length 必须一致；静态会把 RNN 展平，用空间换时间；静态 RNN 在运行速度上比动态 RNN 快。动态 RNN 不会将 RNN 展开，而是利用循环，生成一个可以执行循环的图；动态 RNN 的 sequence_length 代表循环的次数，和图本身的拓扑结构没有关系，所以每个批次的 sequence_length 可以不同。动态 RNN 处理变长序列（sequence_length）的代码如下：

```
import tensorflow as tf
import numpy as np
tf.reset_default_graph()
# 创建输入数据
X = np.random.randn(2, 4, 5)
X[1,1:] = 0
# 查看输入数据
print(X)
# 指定变长序列长度
seq_lengths = [4, 1]
# 建立一个 LSTM 与 GRU 的 cell，比较输出的状态
cell = tf.contrib.rnn.BasicLSTMCell(num_units = 3, state_is_tuple = True)
gru = tf.contrib.rnn.GRUCell(3)
# 如果没有初始化状态，则必须指定 dtype
outputs, last_states = tf.nn.dynamic_rnn(cell,X, seq_lengths,dtype = tf. float64)
gruoutputs, grulast_states = tf.nn.dynamic_rnn(gru,X,seq_lengths,dtype = tf.float64)
sess = tf.InteractiveSession()
sess.run(tf.global_variables_initializer())
```

```
result,sta ,gruout,grusta = sess.run([outputs,last_states,gruoutputs,grulast_states])
# 对于全序列，输出正常长度的值
print("全序列：\n", result[0])
# 对于短序列，则为多余的序列长度补 0
print("短序列：\n", result[1])
# 在初始化中设置了 state_is_tuple 为 True，所以 LSTM 的状态为（状态，输出值）
print('LSTM 的状态：',len(sta),'\n',sta[1])
print('GRU 的短序列：\n',gruout[1])
# GRU 没有状态输出。其状态就是最终结果，因为批次为两个，所以输出为 2
print('GRU 的状态：',len(grusta),'\n',grusta[1])
```

这种变长序列在运算之后，对于短序列会在输出结果后面补 0，同时会把补 0 之前的最后输出放到状态里。例如，上面的代码执行后，会有如下输出：

```
X 的值：
 [[[-1.67472008   0.39560428 -0.66382574 -0.48884887   0.07852037]
   [ 0.50192123 -1.32087842 -0.54830985 -0.46012702   1.44183733]
   [-0.47012478 -0.12391193 -2.09113477 -1.13292239 -0.04844078]
   [-0.67329077 -0.21299568 -1.04504799 -0.58411      -0.39881151]]
 [[ 0.87658432   0.68397114 -1.65401375 -1.23066099   0.89122113]
   [ 0.           0.           0.           0.           0.        ]
   [ 0.           0.           0.           0.           0.        ]
   [ 0.           0.           0.           0.           0.        ]]]
全序列：
 [[ 0.13213679   0.12853287   0.21683098]
 [-0.0383209    0.17066095   0.00367011]
 [-0.10486086   0.09820866 -0.13422373]
 [-0.10592281   0.10355407 -0.04552111]]
短序列：
 [[-0.13823667 -0.06226821 -0.26105482]
 [ 0.           0.           0.        ]
 [ 0.           0.           0.        ]
 [ 0.           0.           0.        ]]
LSTM 的状态： 2
 [[-0.10592281   0.10355407 -0.04552111]
 [-0.13823667 -0.06226821 -0.26105482]]
GRU 的短序列：
 [[0.15394378   0.14817953   0.56915463]
 [0.           0.           0.        ]
 [0.           0.           0.        ]
 [0.           0.           0.        ]]
GRU 的状态： 2
 [0.15394378   0.14817953   0.56915463]
```

在代码中，X 为输入数据，维度为[batch_size,max_time,cell.output_size]，则批次值为 2，包含一个全序列样本与一个短序列样本，时间序列总数为 4。在输出的结果中，result[0]为全序列的结果输出，result[1]为短序列的结果输出。全序列与短序列两部分的输出均为 4 行 3 列的数组，对应 3 个 RNN 单元和全序列的长度 4。短序列长度为 1，其输出结果中会自动补 0。

动态 RNN 会将真实长度的最后输出放到状态里，直接从状态取值即可拿到结果。这里需要区分一下 LSTM 与 GRU 的状态取值方法。

LSTM 的状态：一般是一个元组（取决于 state_is_tuple 初始化时的参数设置），内容为（状态，输出值），取值时需要选择输出值对应的索引。

GRU 的状态：因为 GRU 本身没有状态输出，所以状态值即为输出值。如上面的代码通过打印 grusta[1]的值（最后一行），直接可以得到短序列的最终输出值并在屏幕上打印出来。

9.3.3 使用 RNN 对 MNIST 数据集分类

RNN 一般用来处理时序数据，但也可以完成图片分类，完成图片分类任务时，需要将图片数据转换成类似时序数据。如 MNIST 数据集中的一张 28 × 28 的手写数字图片，使用 RNN 进行分类时，可以将 28 × 28 的图片分成 28 行，每行对应一个时刻，如 t_1 时刻输入第一行，t_2 时刻输入第二行，每行均包含 28 个值，这样图片就可以作为时序数据输入 RNN。本节通过构建各种 RNN 实现对 MNIST 数据集分类，以加深读者对 RNN 的理解。

1．构建单层 LSTM 网络对 MNIST 数据集分类

构建单层 LSTM 网络对 MNIST 数据集分类代码如下：

```
# 单层 RNN 网络.py
import tensorflow as tf
# 导入 MINST 数据集
from tensorflow.examples.tutorials.mnist import input_data
mnist = input_data.read_data_sets("MNIST_data/", one_hot = True)
n_input = 28            # MNIST 数据集输入（图片形状：28 × 28）
n_steps = 28            # 序列个数
n_hidden = 128          # 隐藏层数量
n_classes = 10          # MNIST 数据集类别（0～9，共 10 类）
tf.reset_default_graph()
# x 为输入张量，维度为[batch_size,n_steps,n_input]
x = tf.placeholder("float", [None, n_steps, n_input])
y = tf.placeholder("float", [None, n_classes])
# 矩阵分解函数，x 为将被降维的张量，n_steps 为降维的长度，1 指定列为降维轴
# 输入 x 按列拆分，返回一个由 n_steps 个张量组成的列表，如 batch_size × 28 × 28 的输入拆成[(batch_
# size,28),(batch_size,28),...]
x1 = tf.unstack(x, n_steps, 1)
# lstm_cell 为单层 LSTM 网络，由几个隐藏层组成
lstm_cell = tf.contrib.rnn.LSTMCell(n_hidden, forget_bias = 1.0)
# 静态 RNN 函数传入的是一个张量列表，每一个元素都是一个(batch_size,n_input)大小的张量
# 返回静态单层 LSTM 单元的输出，以及 cell 状态
outputs, states = tf.contrib.rnn.static_rnn(lstm_cell, x1, dtype = tf.float32)
pred = tf.contrib.layers.fully_connected(outputs[-1],n_classes,activation_fn = None)
...
```

运行代码，输出如下：

```
Extracting MNIST_data/train-images-idx3-ubyte.gz
Extracting MNIST_data/train-labels-idx1-ubyte.gz
Extracting MNIST_data/t10k-images-idx3-ubyte.gz
```

```
Extracting MNIST_data/t10k-labels-idx1-ubyte.gz
Iter 1280, Minibatch Loss = 2.173914, Training Accuracy = 0.28125
Iter 2560, Minibatch Loss = 1.962621, Training Accuracy = 0.32031
Iter 3840, Minibatch Loss = 1.537390, Training Accuracy = 0.50000
...
Iter 97280, Minibatch Loss = 0.141868, Training Accuracy = 0.94531
Iter 98560, Minibatch Loss = 0.180559, Training Accuracy = 0.93750
Iter 99840, Minibatch Loss = 0.090186, Training Accuracy = 0.98438
 Finished!
Testing Accuracy: 0.9609375
```

2. 构建单层 GRU 网络对 MNIST 数据集分类

GRU 的实现与 LSTM 的几乎一样，只需将上一节代码中的 LSTMCell 函数换成 GRUCell 函数，去掉对应参数和返回值即可。构建单层 GRU 网络对 MNIST 数据集分类代码如下：

```
# 单层 RNN 网络.py
...
# 注释掉 LSTM 网络
# lstm_cell = tf.contrib.rnn.LSTMCell(n_hidden, forget_bias = 1.0)
# outputs, states = tf.contrib.rnn.static_rnn(lstm_cell, x1, dtype = tf.float32)
# 替换为 GRU 网络
gru = tf.contrib.rnn.GRUCell(n_hidden)
outputs = tf.contrib.rnn.static_rnn(gru, x1, dtype = tf.float32)
...
```

3. 构建动态单层 RNN 网络对 MNIST 数据集分类

本例中将静态 RNN 替换为动态 RNN 即可。构建动态单层 RNN 网络对 MNIST 数据集分类代码如下：

```
# 单层 RNN 网络.py
...
gru = tf.contrib.rnn.GRUCell(n_hidden)
# 注释掉上述单层 GRU 网络的静态 RNN,添加动态 RNN
# outputs = tf.contrib.rnn.static_rnn(gru, x1, dtype = tf.float32)
# 创建动态 RNN
# 动态 RNN 函数传入的是一个三维张量，[batch_size,n_steps,n_input]，输出也是这种形状
outputs,_   = tf.nn.dynamic_rnn(gru,x,dtype = tf.float32)
# 按照时序优先进行转置输出
outputs = tf.transpose(outputs, [1, 0, 2])
...
```

需要注意的是，动态 RNN 的输入不是经过 unstack 函数进行矩阵分解的 x1，而是三维张量 x；输出的 outputs 通过 transpose 函数进行了一次转置。

4. 构建静态多层 LSTM 对 MNIST 数据集分类

构建多层 RNN 时，需要使用 MultiRNNCell 类，而 MultiRNNCell 类的实例化需要通过单层的 cell 对象输入。构建多层 RNN 的流程为：首先创建单层的 cell，其次创建 MultiRNNCell 对象，之后可以通过静态或动态的 RNN 网络将网络组合起来。与静态单层 RNN 网络构建相比，仅仅需要将静态 RNN 中的 LSTMCell 替换为 MultiRNNCell 即可。

实现方法：基于“单层 RNN 网络.py”，注释掉 LSTMCell 部分，添加生成 MultiRNNCell 代码，并将 MultiRNNCell 传给静态 RNN。部分代码如下：

```
# 多层 RNN 网络.py
...
# BasicLSTMCell 隐藏层
# lstm_cell = tf.contrib.rnn.BasicLSTMCell(n_hidden, forget_bias = 1.0)
# 静态 RNN 函数传入的是一个张量列表，每个元素都是一个(batch_size,n_input)大小的张量
# 返回静态单层 LSTM 单元的输出，以及 cell 状态
# outputs, states = tf.contrib.rnn.static_rnn(lstm_cell, x1, dtype = tf.float32)
# 定义空列表
stacked_rnn = []
# 构建静态多层 LSTM
# 创建三个 LSTMCell，添加到列表中
for i in range(3):
    # 将 LSTMCell 添加到列表中
    stacked_rnn.append(tf.contrib.rnn.LSTMCell(n_hidden))
# 基于多个 LSTMCell 组成的列表构造 MultiRNNCell
mcell = tf.contrib.rnn.MultiRNNCell(stacked_rnn)
# 静态 RNN 函数传入的是一个张量列表，每个元素都是一个(batch_size,n_input)大小的张量
# 返回静态单层 LSTM 单元的输出，以及 cell 状态
outputs, states = tf.contrib.rnn.static_rnn(mcell, x1, dtype = tf.float32)
...
```

5．构建静态多层 RNN-LSTM 连接 GRU 对 MNIST 数据集分类

MultiRNNCell 类中的 cell 可以为不同的类型。本案例仅需要在静态多层 LSTM 对 MNIST 数据集分类代码的基础上，将创建 MultiRNNCell 时传入的列表中的 cell 替换为 LSTMCell 和 GRUCell，就完成了静态多层 RNN-LSTM 连接 GRU 网络。具体代码如下：

```
# 多层 RNN 网络.py
...
# 静态多层 LSTM
# 创建三个 LSTMCell，添加到列表中
# for i in range(3):
    # 将 LSTMCell 添加到列表中
# 基于多个 LSTMCell 组成的列表构造 MultiRNNCell
# mcell = tf.contrib.rnn.MultiRNNCell(stacked_rnn)
# 静态 RNN 函数传入的是一个张量列表，每个元素都是一个(batch_size,n_input)大小的张量
# 返回静态单层 LSTM 单元的输出，以及 cell 状态
# outputs, states = tf.contrib.rnn.static_rnn(mcell, x1, dtype = tf.float32)
# 静态多层 RNN-LSTM 连接 GRU
# 实例化 GRUCell
gru = tf.contrib.rnn.GRUCell(n_hidden*2)
# 实例化 LSTMCell
lstm_cell = tf.contrib.rnn.LSTMCell(n_hidden)
# 实例化 MultiRNNCell
mcell = tf.contrib.rnn.MultiRNNCell([lstm_cell,gru])
# 返回静态单层 LSTM 单元的输出，以及 cell 状态
```

```
outputs, states = tf.contrib.rnn.static_rnn(mcell, x1, dtype = tf.float32)
...
```

MultiRNNCell 实例化时，对列表中的 cell 类型不做要求，对 n_hidden 也无要求。如本例中，GRU 的神经元个数为 n_hidden × 2 个，LSTM 的神经元个数为 n_hidden 个。最终输出以最后一个节点为主，输出为一个具有 28 个元素的列表，每个元素为[batch_size，n_hidden × 2]。

6．构建动态多层 RNN 对 MNIST 数据集分类

与静态多层相比，动态多层需要使用 dynamic_rnn 函数，代码如下：

```
# 多层 RNN 网络.py
...
# 静态多层 RNN-LSTM 连接 GRU
# 实例化 GRUCell
# gru = tf.contrib.rnn.GRUCell(n_hidden*2)
# 实例化 LSTMCell
# lstm_cell = tf.contrib.rnn.LSTMCell(n_hidden)
# 实例化 MultiRNNCell
# mcell = tf.contrib.rnn.MultiRNNCell([lstm_cell,gru])
# 返回静态单层 LSTM 单元的输出，以及 cell 状态
# outputs, states = tf.contrib.rnn.static_rnn(mcell, x1, dtype = tf.float32)
# 构建动态多层 RNN
# 实例化 GRUCell
gru = tf.contrib.rnn.GRUCell(n_hidden*2)
# 实例化 LSTMCell
lstm_cell = tf.contrib.rnn.LSTMCell(n_hidden)
# 实例化 MultiRNNCell
mcell = tf.contrib.rnn.MultiRNNCell([lstm_cell,gru])
# 动态 RNN
outputs,states = tf.nn.dynamic_rnn(mcell,x,dtype = tf.float32)
# 按照时序优先进行转置输出
outputs = tf.transpose(outputs, [1, 0, 2])
...
```

7．构建动态单层双向 RNN 对 MNIST 数据集分类

前面介绍了四个双向 RNN 函数及其参数含义，而构建双向 RNN 网络的关键就在于选择合适的双向 RNN 函数并构建所需参数。创建动态单层双向 RNN 步骤为：建立两个正反向 cell 类 lstm_fw_cell、lstm_bw_cell，通过 bidirectional_dynamic_rnn 生成节点 outputs，由于 bidirectional_ dynamic_rnn 的输出结果与状态是分离的，所以需要手动将结果合并起来并进行转置。部分代码如下：

```
# 双向 RNN 网络.py
# -*- coding: utf-8 -*-
import tensorflow as tf
from tensorflow.contrib import rnn
# 导入 MINST 数据集
from tensorflow.examples.tutorials.mnist import input_data
mnist = input_data.read_data_sets("MNIST_data/", one_hot = True)
```

```
# 参数设置
learning_rate = 0.001
training_iters = 100000
batch_size = 128
display_step = 10
# 网络参数
n_input = 28              # MNIST 数据输入（图片形状：28 × 28）
n_steps = 28              # 时序总数
n_hidden = 128            # 隐藏层节点数
n_classes = 10            # MNIST 列别（0～9，共 10 类）
tf.reset_default_graph()
# 定义占位符
x = tf.placeholder("float", [None, n_steps, n_input])
y = tf.placeholder("float", [None, n_classes])
# 矩阵分解函数
x1 = tf.unstack(x, n_steps, 1)
# 正向 cell
lstm_fw_cell = rnn.BasicLSTMCell(n_hidden, forget_bias = 1.0)
# 反向 cell
lstm_bw_cell = rnn.BasicLSTMCell(n_hidden, forget_bias = 1.0)
# 生成动态双向 RNN
outputs, output_states = tf.nn.bidirectional_dynamic_rnn(lstm_fw_cell,lstm_bw_cell,x,dtype = tf.float32)
# 输出为 2 (?, 28, 128) (?, 28, 128)，?是通用标志，表示输入的值不是固定值
print(len(outputs),outputs[0].shape,outputs[1].shape)
# 拼接结果和状态
outputs = tf.concat(outputs, 2)
# 按照时序优先进行转置输出
outputs = tf.transpose(outputs, [1, 0, 2])
# 取最后一个时序的输出，然后经过全连接神经网络得到输出值
pred = tf.contrib.layers.fully_connected(outputs[-1],n_classes,activation_fn = None)
...
```

代码中 print 语句输出为“2 (?, 28, 128) (?, 28, 128)”，可以看出，outputs 中正向和反向是分开的。

8．构建静态单层双向 RNN 对 MNIST 数据集分类

构建静态单层双向 RNN 的步骤为：建立两个正反向 cell 类 lstm_fw_cell、lstm_bw_cell，并使用 static_bidirectional_rnn 函数生成节点 outputs。需要注意的是，static_bidirectional_rnn 的输入数据为矩阵分解后的 x1，bidirectional_dynamic_rnn 的输入数据为 x。相比动态双向 RNN，修改部分代码如下：

```
# 构建静态双向 RNN
# 正向 cell
lstm_fw_cell = rnn.BasicLSTMCell(n_hidden, forget_bias = 1.0)
# 反向 cell
lstm_bw_cell = rnn.BasicLSTMCell(n_hidden, forget_bias = 1.0)
# 调用 static_bidirectional_rnn 函数
outputs, _, _ = rnn.static_bidirectional_rnn(lstm_fw_cell, lstm_bw_cell, x1,dtype = tf.float32)
```

```
# 输出为 (?, 256) 28
print(outputs[0].shape,len(outputs))
...
```

代码中 print 语句输出为“2 (?, 28, 128) (?, 28, 128)”，可以看出，outputs 的形状是一个长度为 28 的列表，每个元素为[batch_size，2 × n_hidden]。

9. 构建静态多层双向 RNN 对 MNIST 数据集分类

本例与构建静态单层双向 RNN 代码比较相似，只需将 static_bidirectional_rnn 换成 stack_bidirectional_rnn，并将正向和反向中的 MultiRNNCell 用中括号括起来，这样就构建了正反各带有一层 RNN 的双向 RNN 网络。修改代码如下：

```
# 多层双向 RNN
# 正向 cell 和反向 cell
lstm_fw_cell = rnn.BasicLSTMCell(n_hidden, forget_bias = 1.0)
lstm_bw_cell = rnn.BasicLSTMCell(n_hidden, forget_bias = 1.0)
# 正向和反向列表
stacked_rnn = []
stacked_bw_rnn = []
# 填充正向和反向列表
for i in range(3):
    stacked_rnn.append(tf.contrib.rnn.LSTMCell(n_hidden))
    stacked_bw_rnn.append(tf.contrib.rnn.LSTMCell(n_hidden))
# 生成正向和反向的 MultiRNNCell
mcell = tf.contrib.rnn.MultiRNNCell(stacked_rnn)
mcell_bw = tf.contrib.rnn.MultiRNNCell(stacked_bw_rnn)
# 注意，[mcell],[mcell_bw]需要使用中括号
outputs, _, _ = rnn.stack_bidirectional_rnn([mcell],[mcell_bw], x1,dtype = tf.float32)
...
```

本例中，stack_bidirectional_rnn 只关心输入的 cell 类数量，而不会去识别输入的 cell 里面是否还包含多个 cell。因此使用 MultiRNNCell 时，必须将 MultiRNNCell 用中括号括起来，使其变为列表类型。

10. 构建动态多层双向 RNN 对 MNIST 数据集分类

将静态多层双向 RNN 代码中 stack_bidirectional_rnn 替换为 stack_bidirectional_dynamic_rnn，输入数据传入 x，对输出进行转置操作，即可完成构建动态多层双向 RNN 的代码修改。修改的代码如下：

```
# 动态多层双向 RNN
# 注意，[mcell],[mcell_bw]需要使用中括号，动态 RNN
outputs, _, _ = rnn.stack_bidirectional_dynamic_rnn([mcell],[mcell_bw], x,dtype = tf.float32)
# batch_size, max_time, layers_output]

outputs = tf.transpose(outputs, [1, 0, 2])
# print 输出为(?, 256) (28, ?, 256)
print(outputs[0].shape,outputs.shape)
...
```

9.3.4 RNN 的初始化

实例化 cell 时，需要传入一些初始化的参数，这些参数可以手动指定，也可以使用 TensorFlow 中封装的 cell 初始化的方法，使用方式如下。

1．初始化为 0

正向或反向的第一个 cell 传入时没有前一个序列输出值，这时就需要对其进行初始化。没有手动指定的情况下，系统会默认初始化为 0，也可以通过 zero_state 函数手动指定其初始化为 0，代码如下：

```
initial_state = lstm_cell.zero_state(batch_size, dtype)
# 在后续的 cell 实例化中，将 initial_state 传入即可
```

2．初始化为指定值

可以使用 LSTMStateTuple 函数完成初始化指定。LSTMStateTuple 函数是一种特殊的二元组数据类型，专门用于存储 LSTM 单元的 state_size,zero_state（c_state）和 output_state（h_state）的元组，该函数只有在 state_is_tuple = True 时才使用。

示例：

```
from tensorflow.contrib.rnn.python.ops.core_rnn_cell_impl import LSTMStateTuple
…
# c 是隐藏状态
c_state = …
# h 是输出
h_state = …
# c_state , h_state  都为张量
initial_state = LSTMStateTuple(c_state, h_state)
# 在后续的 cell 实例化中，将 initial_state 传入即可
```

9.3.5 RNN 的优化

本书前几章讲解了一些关于神经网络的优化方法，这些方法大多适用于 RNN，但有些方法的使用在 RNN 中是不同的，本节介绍 RNN 特有的两个优化方法的使用。

1．Dropout 功能

Dropout 是一种有效的正则化方法，可以有效防止过拟合。CNN 中 Dropout 的实现方式为：

```
def dropout(x, keep_prob, noise_shape = None, seed = None, name = None)
```

RNN 也有 Dropout 的实现方法，其实现方式与 CNN 不一样：

```
def rnn_cell.DropoutWrapper(rnn_cell, input_keep_prob = 1.0, output_keep_prob = 1.0)
```

使用举例：

```
lstm_cell = tf.nn.rnn_cell.DropoutWrapper(lstm_cell,output_keep_prob = 0.5)
```

RNN 中实现 Dropout 的方法中有 input_keep_prob 和 output_keep_prob 两个参数，分别为传入 cell 的保留率和输出 cell 的保留率。设置 input_keep_prob 可以确定保留输入神经元概率，设置 output_keep_prob 可以确定保留输出神经元概率。如果在测试阶段，这两个参数往往设置

为 1。

使用过程中，在一个 RNN 层后面加上一个 DropoutWrapper 是一种常见的用法，示例代码如下：

```
lstm_cell = tf.nn.rnn_cell.BasicLSTMCell(size,forget_bias = 0.0,state_is_tuple = True)
lstm_cell = tf.nn.rnn_cell.DropoutWrapper(lstm_cell,output_keep_prob = 0.5)
```

2．基于层的归一化

批量归一化和层归一化（Layer Normalization）是常用的解决输入分布改变问题的办法。在批量归一化中，每一层的输入只考虑当前批次样本（或批次样本的转化值）即可。在 RNN 中，每一层的输入除了考虑当前批次样本的转化值，还应考虑样本中上一个序列样本的输出值，其输入分布是动态变化的，无法应用批量归一化操作，一般使用层归一化。层归一化是对一个中间层的所有神经元进行归一化，使用层归一化的 RNN 可以有效地缓解标准 RNN 中的梯度爆炸或消失问题。

9.3.6 利用 BiRNN 实现语音识别

在神经网络之前，语音识别是基于语音学（Phonetics）的。其训练模型的语料中需要标注具体的文字，还要按照时间标注对应的音素，这需要大量的人工成本。神经网络出现之后，语音识别作为人工智能领域重要的研究方向，近几年发展迅猛，其中 RNN 的贡献尤为突出。RNN 设计的目的是使神经网络可以处理序列化的数据。本节利用 BiRNN（一种双向 RNN）实现语音识别。

1．语音识别背景

使用神经网络技术可以将语音识别变得简单，传统的语音识别方法需要将字符和音素对齐，这种要求会带来对齐规则不易制定与人工耗时长的问题。CTC 是一种可以让网络自动学会对齐的方法，是直接用音频序列来对应文字的，省去了语言模型，使语音识别技术与语言无关，即无论是中文、法文，还是地方语言，只要样本足够多，就可以对应语言的语音识别。

本节例子的代码主要包含两个文件：“yuyinutils.py”和“yuyinchall.py”。

- “yuyinutils.py”：放置语音识别相关的工具函数。
- “yuyinchall.py”：放置语音识别主体流程函数。

2．获取并整理样本

1）样本下载

本例中使用清华大学公开的 thchs30 语料库，thchs30 语料库包含三个部分，这里只列出了本节使用的两部分，语言模型部分不进行介绍。读者也可按照 thchs30 语料库的格式录制特定的音频，创建有特点的语料库。需要注意的是，录制音频时需要设置为单声道，或者将音频转成单声道。

2）样本读取

要实现样本读取功能，只需调用“yuyinutils.py”的 get_wavs_lables 函数即可。调用函数时，需指定语料库的音频和文字所在目录。具体代码如下：

```
# yuyinchall.py
# 导入模块
```

```
import numpy as np
import time
import tensorflow as tf
from tensorflow.python.ops import ctc_ops
from collections import Counter
# 加载工具类
yuyinutils = __import__("yuyinutils")
# 加载音频数据函数
get_wavs_lables = yuyinutils.get_wavs_lables
# 音频和文字文件路径
wav_path = 'data_thchs30/wav/train'
label_file = 'data_thchs30/doc/trans/train.word.txt'
# get_wavs_lables 函数返回音频和音频文字
wav_files, labels = get_wavs_lables(wav_path,label_file)
print(type(wav_files),type(labels))
print(wav_files[0], labels[0])
# data_thchs30/wav/train/A11/A11_0.WAV -> 绿 是 阳春 烟 景 大块 文章 的 底色 四月 的 林 峦
# 更是 绿 得 鲜活 秀媚 诗意 盎然
print("wav:",len(wav_files),"label",len(labels))
...
```

print 输出为：

```
<class 'list'> <class 'list'>
data_thchs30/wav/train/A11/A11_0.WAV 绿 是 阳春 烟 景 大块 文章 的 底色 四月 的 林 峦 更是
绿 得 鲜活 秀媚 诗意 盎然
wav: 8911 label 8911
```

输出语句表明，wav_files 为 list 列表，列表中的元素为音频文件的名称，音频文件对应的文字存放在 labels 列表里，一共 8911 个文件。get_wavs_lables 函数的定义如下：

```
# yuyinutils.py
import numpy as np
from python_speech_features import mfcc    # 需要安装 pip
import scipy.io.wavfile as wav
import os
# 读取 wav 文件对应的 label
def get_wavs_lables(wav_path, label_file):
    # 获得训练用的 wav 文件路径列表
    wav_files = []
    for (dirpath, dirnames, filenames) in os.walk(wav_path):
        for filename in filenames:
            if filename.endswith('.wav') or filename.endswith('.WAV'):
                filename_path = os.sep.join([dirpath, filename])
                if os.stat(filename_path).st_size < 240000:
                # 剔除一些小文件
                    continue
                wav_files.append(filename_path)
    labels_dict = {}
```

```
        # 获得训练用的音频文字
        with open(label_file, 'rb') as f:
            for label in f:
                label = label.strip(b'\n')
                label_id = label.split(b' ', 1)[0]   # 分割一次
                label_text = label.split(b' ', 1)[1]
                labels_dict[label_id.decode('ascii')] = label_text.decode('utf-8') # GB2312
        labels = []
        new_wav_files = []
        for wav_file in wav_files:
            wav_id = os.path.basename(wav_file).split('.')[0]
            if wav_id in labels_dict:
                labels.append(labels_dict[wav_id])
                new_wav_files.append(wav_file)
        # 返回值为音频文件路径和音频文字文件的列表
        return new_wav_files, labels
    ...
```

3）建立批次获取样本函数

在代码“yuyinchall.py”文件中，读取完 WAV 文件和 labels 后，可添加如下代码，对 labels 的字数进行统计。接着定义一个 next_batch 函数，该函数的作用是取一批次的样本数据进行训练。get_audio_and_transcriptch 函数将音频数据转成训练数据，其次使用 pad_sequences 函数完成该批次的音频数据对齐，再使用 sparse_tuple_from 函数将文本转成稀疏矩阵，这三个函数都在“yuyinutils.py”中。

```
# yuyinchall.py
...
# 加载工具类
sparse_tuple_to_texts_ch = yuyinutils.sparse_tuple_to_texts_ch
ndarray_to_text_ch = yuyinutils.ndarray_to_text_ch
get_audio_and_transcriptch = yuyinutils.get_audio_and_transcriptch
pad_sequences = yuyinutils.pad_sequences
sparse_tuple_from = yuyinutils.sparse_tuple_from
# 字表
all_words = []
for label in labels:
    # print(label)
    all_words + = [word for word in label]
counter = Counter(all_words)
words = sorted(counter)
words_size = len(words)
word_num_map = dict(zip(words, range(words_size)))
print('字表大小:', words_size)
n_input = 26      # 计算梅尔倒谱系数的个数
n_context = 9     # 对于每个时间点，要包含上下文样本的个数
batch_size = 8
# 取一批次的样本数据进行训练
```

```
    def next_batch(labels, start_idx = 0,batch_size = 1,wav_files = wav_files):
        filesize = len(labels)
        end_idx = min(filesize, start_idx + batch_size)
        idx_list = range(start_idx, end_idx)
        txt_labels = [labels[i] for i in idx_list]
        wav_files = [wav_files[i] for i in idx_list]
        (source, audio_len, target, transcript_len) = get_audio_and_transcriptch(None,wav_files, n_input,
n_context, word_num_map,txt_labels)
        start_idx + = batch_size
        # 验证 start_idx 不大于总可用样本大小
        if start_idx > = filesize:
            start_idx = -1
        # 将该批次的音频数据对齐，支持按最大截断或补 0
        source, source_lengths = pad_sequences(source)
        # sparse_tuple_from 函数用于将文本转成稀疏矩阵
        sparse_labels = sparse_tuple_from(target)
        return start_idx,source, source_lengths, sparse_labels
    # next_batch 函数
    next_idx,source,source_len,sparse_lab = next_batch(labels,0,batch_size)
    print(len(sparse_lab))          # 稀疏矩阵长度
    print(np.shape(source))
    # print(sparse_lab)
    t = sparse_tuple_to_texts_ch(sparse_lab,words)
    print(t[0])
    # source 为具体的样本，每条样本的内容为 19 个时间序列，包括：前 9（不够补空）+ 本身 + 后 9。
    # 每个时间序列有 26 个梅尔倒谱系数。第一条的样本是从第 10 个时间序列开始的
    ...
```

输出为：

```
字表大小: 2666
3
(8, 584, 494)
绿 是 阳春 烟 景 大块 文章 的 底色 四月 的 林 峦 更是 绿 得 鲜活 秀媚 诗意 盎然
```

整个样本集里涉及的字数有 2666 个，sparse_lab 为文字转化生成的稀疏矩阵，其长度为 3，音频数据补 0 对齐后的形状为（8，584，494），8 代表批大小，584 代表时序的总个数，494 是组合好的 MFCC 特征数。最后一行输出为 sparse_tuple_to_texts_ch 函数将稀疏矩阵向量 sparse_lab 中的第一个内容还原后的文字。函数 sparse_tuple_to_texts_ch 的定义在代码文件“yuyinutils.py”文件中。

4）安装 python_speech_features 工具

为了让机器识别音频数据，需要将数据从时域转换为频域，将语音数据转换为需要计算的 13 位或 26 位不同倒谱特征的梅尔倒谱系数（MFCC）。这一过程可以借助 Python 的 python_speech_features 库来实现。在联网状态下，打开 CMD 窗口，输入 pip 命令进行安装：

```
pip install python_speech_features
```

如果安装过程提示找不到对应的版本，可以更换清华镜像重新尝试。

5）提取音频数据 MFCC 特征

WAV 音频的样本数据经过 MFCC 转换，再通过 get_audio_and_transcriptch 函数将数据转换为时间（列）和频率特征系数（行）的矩阵，代码如下：

```
# yuyinutils.py
...
# 将数据转换为时间（列）和频率特征系数（行）的矩阵
def get_audio_and_transcriptch(txt_files, wav_files, n_input, n_context,word_num_map,txt_labels = None):
    audio = []
    audio_len = []
    transcript = []
    transcript_len = []
    if txt_files!  = None:
        txt_labels = txt_files
    # 遍历音频文件和文本
    for txt_obj, wav_file in zip(txt_labels, wav_files):
        # 输入音频，将其转换为 MFCC 特征值
        audio_data = audiofile_to_input_vector(wav_file, n_input, n_context)
        audio_data = audio_data.astype('float32')
        audio.append(audio_data)
        audio_len.append(np.int32(len(audio_data)))
        # load text transcription and convert to numerical array
        # 载入音频对应的文本
        target = []
        if txt_files! = None:
            # 将文本转化为向量
            # txt_obj 是文件
            target = get_ch_lable_v(txt_obj,word_num_map)
        else:
            target = get_ch_lable_v(None,word_num_map,txt_obj)
            # txt_obj 是 labels
        # target = text_to_char_array(target)
        transcript.append(target)
        transcript_len.append(len(target))
    audio = np.asarray(audio)
    audio_len = np.asarray(audio_len)
    transcript = np.asarray(transcript)
    transcript_len = np.asarray(transcript_len)
    return audio, audio_len, transcript, transcript_len
...
```

这部分代码遍历所有音频文件及文本，针对音频文件，调用 audiofile_to_input_vector 函数将其转换为 MFCC 特征码；针对文本，调用 get_ch_lable_v 函数将其转换为向量。

关于 audiofile_to_input_vector 函数的实现可参见文件“yuyinutils.py”，该函数的大致实现为首先将音频文件转换为 MFCC 特征码，其次对特征码中的每个时间序列的特征值进行扩展，将其扩展成前 9 个时间序列 MFCC + 当前 MFCC + 后 9 个时间序列，当前后时序

的序列不够 9 个时，为其补 0，将它补足 9 个。为了在训练中效果更好，最后会对其进行标准化处理。

注意：因为双向 RNN 的输出包含正、反向的结果，相当于把时间序列都扩大一倍，为了维持总时序不变，应对 orig_inputs 进行隔行取样。被忽略的那个序列可以用反向 RNN 生成的输出来代替，保证总的序列长度。具体代码如下：

```
# yuyinutils.py
...
# 将数据转换成 MFCC
def audiofile_to_input_vector(audio_filename, numcep, numcontext):
    # 加载音频文件
    fs, audio = wav.read(audio_filename)
    # 获得 MFCC 系数
    orig_inputs = mfcc(audio, samplerate = fs, numcep = numcep)
    # print(np.shape(orig_inputs))#(277, 26)
    # 隔行取样
    orig_inputs = orig_inputs[::2]#(139, 26)
    train_inputs = np.array([], np.float32)
    # 时间序列扩充后的数据
    train_inputs.resize((orig_inputs.shape[0], numcep + 2 * numcep * numcontext))
    # print(np.shape(train_inputs))#)(139, 494)
    empty_mfcc = np.array([])
    empty_mfcc.resize((numcep))
    # 准备输入数据。输入数据的格式由三部分安装顺序拼接而成，
    # 分为当前样本的前 9 个序列样本、当前样本序列、后 9 个序列样本
    time_slices = range(train_inputs.shape[0])              # 139 个切片
    context_past_min = time_slices[0] + numcontext
    context_future_max = time_slices[-1] - numcontext  # [9,1,2,...,137,129]
    # 完成补 0 操作
    for time_slice in time_slices:
        # 前 9 个补 0
        need_empty_past = max(0, (context_past_min - time_slice))
        empty_source_past = list(empty_mfcc for empty_slots in range(need_empty_past))
        data_source_past = orig_inputs[max(0, time_slice - numcontext):time_slice]
        assert(len(empty_source_past) + len(data_source_past) == numcontext)
        # 后 9 个补 0
        need_empty_future = max(0, (time_slice - context_future_max))
        empty_source_future = list(empty_mfcc for empty_slots in range(need_empty_future))
        data_source_future = orig_inputs[time_slice + 1:time_slice + numcontext + 1]
        assert(len(empty_source_future) + len(data_source_future) == numcontext)
        if need_empty_past:
            past = np.concatenate((empty_source_past, data_source_past))
        else:
            past = data_source_past
        if need_empty_future:
            future = np.concatenate((data_source_future, empty_source_future))
        else:
```

```
            future = data_source_future
        past = np.reshape(past, numcontext * numcep)
        now = orig_inputs[time_slice]
        future = np.reshape(future, numcontext * numcep)
        train_inputs[time_slice] = np.concatenate((past, now, future))
        assert(len(train_inputs[time_slice]) == numcep + 2 * numcep * numcontext)
    # 将数据使用正态分布标准化，减去均值然后再除以方差
    train_inputs = (train_inputs - np.mean(train_inputs)) / np.std(train_inputs)
    return train_inputs
...
```

orig_inputs 代表转化后的 MFCC，train_inputs 是将时间序列扩充后的数据，里面的 for 循环是进行补 0 操作，最后对 train_inputs 数据进行标准化处理后返回。

6）批次音频数据对齐

在模型训练环节中，输入数据按批次进行训练，这就要求每批次的音频数据的时序数是对齐的，pad_sequences 函数可以完成每批次数据的音频时序数对齐操作。pad_sequences 函数提供补 0 和截断两个操作，通过“post”和“pre”参数控制补 0（截断）的方向，“pre”代表前补 0（截断），“post”代表后补 0（截断）。具体代码如下：

```
# yuyinutils.py
...
# 实现批次音频对齐
def pad_sequences(sequences, maxlen = None, dtype = np.float32,
                  padding = 'post', truncating = 'post', value = 0.):
    lengths = np.asarray([len(s) for s in sequences], dtype = np.int64)
    nb_samples = len(sequences)
    if maxlen is None:
        maxlen = np.max(lengths)
    # 从第一个非空序列中获取样例形状
    # 检查下面主循环中的一致性
    sample_shape = tuple()
    for s in sequences:
        if len(s) > 0:
            sample_shape = np.asarray(s).shape[1:]
            break
    x = (np.ones((nb_samples, maxlen) + sample_shape) * value).astype(dtype)
    for idx, s in enumerate(sequences):
        # 判断序列为空
        if len(s) == 0:
            continue
        # 判断截断方向
        if truncating == 'pre':
            trunc = s[-maxlen:]
        elif truncating == 'post':
            trunc = s[:maxlen]
        else:
            raise ValueError('Truncating type "%s" not understood' % truncating)
```

```
        # 检测 trunc 形状
        trunc = np.asarray(trunc, dtype = dtype)
        if trunc.shape[1:] ! = sample_shape:
            raise ValueError('Shape of sample %s of sequence at position %s is different from expected
                                shape %s' % (trunc.shape[1:], idx, sample_shape))
        # 判断补 0 方向
        if padding == 'post':
            x[idx, :len(trunc)] = trunc
        elif padding == 'pre':
            x[idx, -len(trunc):] = trunc
        else:
            raise ValueError('Padding type "%s" not understood' % padding)
    return x, lengths
```

7）文字样本的转换

音频数据处理完后，还要处理音频对应的文本数据。机器学习中对文字的常用处理就是将其转换为向量，如词袋模型和 word2vec。本例中使用 get_ch_lable_v 函数将文字转换为向量，使用 get_ch_lable 函数完成读取文件操作（本例中不使用）。具体代码如下：

```
# yuyinutils.py
...
# 按照 word_num_map，将 txt_label 或文本转换为向量
def get_ch_lable_v(txt_file,word_num_map,txt_label = None):
    words_size = len(word_num_map)
    # 定义 lambda 表达式
    to_num = lambda word: word_num_map.get(word, words_size)
    if txt_file! = None:
        txt_label = get_ch_lable(txt_file)
        # print("txt_label",txt_label)
    # txt_label 向量化
    labels_vector = list(map(to_num, txt_label))
    # print("labels_vector",labels_vector)
    return labels_vector
# 读取文件，这里的文本文件为 GB2312 格式
def get_ch_lable(txt_file):
    labels= ""
    with open(txt_file, 'rb') as f:
        for label in f:
            # labels = label.decode('utf-8')
            labels = labels + label.decode('gb2312')
            # labels.append(label.decode('gb2312'))
    return   labels
...
```

8）密集矩阵转换成稀疏矩阵

这里编写一个密集矩阵转换成稀疏矩阵的函数，用于返回 tf.SparseTensor 所需的 indices、values 和 shape 三个参数（参数含义见代码注释），代码如下：

```
# yuyinutils.py
...
# 返回 SparseTensor 需要的参数值
def sparse_tuple_from(sequences, dtype = np.int32):

    indices = []
    values = []
    for n, seq in enumerate(sequences):
        indices.extend(zip([n] * len(seq), range(len(seq))))
        values.extend(seq)
    # 稀疏矩阵中非零值的索引
    indices = np.asarray(indices, dtype = np.int64)
    # indices 对应的元素值
    values = np.asarray(values, dtype = dtype)
    # 稀疏矩阵的维度
    shape = np.asarray([len(sequences), indices.max(0)[1] + 1], dtype = np.int64)
    # 返回 tf.SparseTensor 需要的参数值(indices = indices, values = values, shape = shape)
    return indices, values, shape
...
```

9）将字向量转换为文字

将字向量转换为文字主要包含 sparse_tuple_to_texts_ch 和 ndarray_to_text_ch 两个函数，这两个函数分别代表将稀疏矩阵和密集矩阵的字向量转换为文字。两个函数都需要传入字表 words，然后根据字表对应的索引，将字向量转换为文字。代码如下：

```
# yuyinutils.py
...
# 常量
SPACE_TOKEN = '<space>' # space 符号
SPACE_INDEX = 0    # space 索引
FIRST_INDEX = ord('a') - 1
# 依据字表 words，将稀疏矩阵的字向量转换为文字
def sparse_tuple_to_texts_ch(tuple,words):
    indices = tuple[0]
    values = tuple[1]
    results = [''] * tuple[2][0]
    for i in range(len(indices)):
        index = indices[i][0]
        c = values[i]
        c = ' ' 1+T c == SPACE_INDEX 1+T words[c]
        results[index] = results[index] + c
    return results
# 依据字表 words，将密集矩阵的字向量转换为文字
def ndarray_to_text_ch(value,words):
    results = ''
    for i in range(len(value)):
        results + = words[value[i]]
    return results.replace('`', ' ')
```

3．训练模型

处理样本后，开始搭建训练模型。具体搭建过程如下。

1）定义占位符

定义 input_tensor、targets、seq_length、keep_dropout，其中 input_tensor 为输入的音频数据，targets 为音频数据所对应的文本（一个稀疏矩阵的占位符），seq_length 为当前批次数据的序列长度，keep_dropout 为 Dropout 的参数。具体代码如下：

```
# yuyinchall.py
...
# shape = [batch_size, max_stepsize, n_input + (2 * n_input * n_context)]
# batch_size 和 max_stepsize 都是变长的，所以用 None 表示，n_input + (2 * n_input * n_context)表示 MFCC
# 特征码
input_tensor = tf.placeholder(tf.float32, [None, None, n_input + (2 * n_input * n_context)], name = 'input')
# 音频文本对应的稀疏矩阵，ctc_loss 计算时需要使用 sparse_placeholder 来生成 SparseTensor
targets = tf.sparse_placeholder(tf.int32, name = 'targets')
# 当前批次数据的序列长度
seq_length = tf.placeholder(tf.int32, [None], name = 'seq_length')
# Dropout 的参数
keep_dropout = tf.placeholder(tf.float32)
```

2）构建网络模型

定义 BiRNN_model 函数，封装双向 RNN 的网络结构，网络结构为 3 个 1024 节点的全连接层，加上一个双向 RNN 层以及两个全连接层。每层网络都带有 Dropout 层，使用的激活函数为截断值为 20 的 ReLU 函数，具体代码如下：

```
# yuyinchall.py
...
# 定义生成张量时所需的标准差
b_stddev = 0.046875
h_stddev = 0.046875
# 定义隐藏层节点个数
n_hidden = 1024
n_hidden_1 = 1024
n_hidden_2 = 1024
n_hidden_5 = 1024
n_cell_dim = 1024
n_hidden_3 = 2 * 1024
# Dropout 参数
keep_dropout_rate = 0.95
# ReLU 截断值
relu_clip = 20
# 定义 BiRNN 网络结构
def BiRNN_model( batch_x, seq_length, n_input, n_context,n_character ,keep_dropout):
    # batch_x_shape: [batch_size, n_steps, n_input + 2*n_input*n_context]
    batch_x_shape = tf.shape(batch_x)

    # 将输入转成时间序列优先
```

```
    batch_x = tf.transpose(batch_x, [1, 0, 2])
    # 再转成两维传入第 1 层
    # (n_steps*batch_size, n_input + 2*n_input*n_context)
    batch_x = tf.reshape(batch_x,[-1, n_input + 2 * n_input * n_context])

    # 第 1 层
    with tf.name_scope('fc1'):
        # 创建变量
        b1 = variable_on_cpu('b1', [n_hidden_1], tf.random_normal_initializer(stddev = b_stddev))
        h1 = variable_on_cpu('h1', [n_input + 2 * n_input * n_context, n_hidden_1],
                             tf.random_normal_initializer(stddev = h_stddev))
        # 使用 ReLU 激活函数
        layer_1 = tf.minimum(tf.nn.relu(tf.add(tf.matmul(batch_x, h1), b1)), relu_clip)
        # 对 layer_1 进行 dropout
        layer_1 = tf.nn.dropout(layer_1, keep_dropout)
    # 第 2 层
    with tf.name_scope('fc2'):
        # 创建变量
        b2 = variable_on_cpu('b2', [n_hidden_2], tf.random_normal_initializer(stddev = b_stddev))
        h2 = variable_on_cpu('h2', [n_hidden_1, n_hidden_2], tf.random_normal_initializer(stddev = h_stddev))
        # 使用 ReLU 激活函数
        layer_2 = tf.minimum(tf.nn.relu(tf.add(tf.matmul(layer_1, h2), b2)), relu_clip)
        # 对 layer_2 进行 Dropout
        layer_2 = tf.nn.dropout(layer_2, keep_dropout)
    # 第 3 层
    with tf.name_scope('fc3'):
        # 创建变量
        b3 = variable_on_cpu('b3', [n_hidden_3], tf.random_normal_initializer(stddev = b_stddev))
        h3 = variable_on_cpu('h3', [n_hidden_2, n_hidden_3], tf.random_normal_initializer(stddev = h_stddev))
        # 使用 ReLU 激活函数
        layer_3 = tf.minimum(tf.nn.relu(tf.add(tf.matmul(layer_2, h3), b3)), relu_clip)
        # 对 layer_3 进行 Dropout
        layer_3 = tf.nn.dropout(layer_3, keep_dropout)
        # 双向 RNN
    with tf.name_scope('lstm'):
        # 正向 cell
        lstm_fw_cell = tf.contrib.rnn.BasicLSTMCell(n_cell_dim, forget_bias = 1.0, state_is_tuple = True)
        lstm_fw_cell = tf.contrib.rnn.DropoutWrapper(lstm_fw_cell,input_keep_prob = keep_dropout)
        # 反向 cell
        lstm_bw_cell = tf.contrib.rnn.BasicLSTMCell(n_cell_dim, forget_bias = 1.0, state_is_tuple = True)
        lstm_bw_cell = tf.contrib.rnn.DropoutWrapper(lstm_bw_cell,input_keep_prob = keep_dropout)
        # 第 3 层为[n_steps, batch_size, 2*n_cell_dim]的数组
        layer_3 = tf.reshape(layer_3, [-1, batch_x_shape[0], n_hidden_3])
        # 双向动态 RNN
        outputs, output_states = tf.nn.bidirectional_dynamic_rnn(cell_fw = lstm_fw_cell,cell_bw = lstm_bw_
cell,inputs = layer_3,dtype = tf.float32,time_major = True,sequence_length = seq_length)
        # 连接正反向结果[n_steps, batch_size, 2*n_cell_dim]
```

```
            outputs = tf.concat(outputs, 2)
            # 转换 outputs 形状 [n_steps*batch_size, 2*n_cell_dim]

            outputs = tf.reshape(outputs, [-1, 2 * n_cell_dim])
        # 第 5 层
        with tf.name_scope('fc5'):
            b5 = variable_on_cpu('b5', [n_hidden_5], tf.random_normal_initializer(stddev = b_stddev))
            h5 = variable_on_cpu('h5', [(2 * n_cell_dim), n_hidden_5],
                                 tf.random_normal_initializer(stddev = h_stddev))
            layer_5 = tf.minimum(tf.nn.relu(tf.add(tf.matmul(outputs, h5), b5)), relu_clip)
            layer_5 = tf.nn.dropout(layer_5, keep_dropout)
        # 第 6 层
        with tf.name_scope('fc6'):
            # 全连接层用于 Softmax 分类
            b6 = variable_on_cpu('b6', [n_character], tf.random_normal_initializer(stddev = b_stddev))
            h6 = variable_on_cpu('h6', [n_hidden_5, n_character], tf.random_normal_initializer(stddev = h_stddev))
            layer_6 = tf.add(tf.matmul(layer_5, h6), b6)
        # 将二维[n_steps*batch_size, n_character]转成三维 time-major [n_steps, batch_size, n_character].
        layer_6 = tf.reshape(layer_6, [-1, batch_x_shape[0], n_character])
        # 输出形状：[n_steps, batch_size, n_character]
        return layer_6
    # 创建或获取变量
    def variable_on_cpu(name, shape, initializer):
        # 使用/cpu:0 设备进行操作，CPU 不区分设备号，统一为 0
        with tf.device('/cpu:0'):
            # 创建或获取变量，多用于共享变量
            var = tf.get_variable(name = name, shape = shape, initializer = initializer)
        return var
    ...
```

上面定义的网络结构中的形状要经过多次变化。首先，输入数据进入全连接层前，要转换为二维的张量；其次，全连接层连接 BiRNN 时，需要全连接的输出转换为三维的张量；最后，输出时再转回三维的张量。本例中 RNN 输出的 outputs 全部传给后面的全连接层，没有进行 outputs[-1]操作，这点与图片分类不同。

调用 BiRNN_model 函数，然后生成双向 RNN 网络，代码如下：

```
# yuyinchall.py
...
# 调用 BiRNN_model 函数
# logits 是最后一层的输出，会作为下一步损失函数的输入
logits = BiRNN_model( input_tensor, tf.to_int64(seq_length), n_input,n_context,words_size +1, keep_dropout)
...
```

3）定义损失函数

本例使用 ctc_loss 方法计算损失值，采用的是 AdamOptimizer 优化器。具体代码如下：

```
# yuyinchall.py
...
```

```
# 调用 ctc_loss
avg_loss = tf.reduce_mean(ctc_ops.ctc_loss(targets, logits, seq_length))
# 定义优化器，学习率为 0.001
learning_rate = 0.001
optimizer = tf.train.AdamOptimizer(learning_rate = learning_rate).minimize(avg_loss)
...
```

4）定义解码并评估模型节点

模型评估节点会输出当前批次的平均错误率。定义解码的节点与模型评估的节点具体代码如下：

```
# yuyinchall.py
...
# 定义解码命名空间
with tf.name_scope("decode"):
    # 对 logits 解码，生成 decoded
    decoded, log_prob = ctc_ops.ctc_beam_search_decoder( logits, seq_length, merge_repeated = False)
#  定义评估命名空间
with tf.name_scope("accuracy"):
    # decoded[0]和 targets 均为 SparseTensor 类型
    distance = tf.edit_distance( tf.cast(decoded[0], tf.int32), targets)
    # 计算标签错误率（准确性）
    ler = tf.reduce_mean(distance, name = 'label_error_rate')
...
```

5）建立会话并添加检查点处理

在模型正式训练前，还需要设置检查点，因为 TensorFlow 训练模型时会出现中断的情况，中断后再次训练需要重新开始，而检查点可以将训练过程的中间参数保留下来，这种在训练过程中保存模型被称为保存检查点。本例样本较大，运算时间较长，所以有必要为模型添加检查点功能。本部分代码先定义检查点类，指定检查点的路径，启动会话后，会在检查点的路径上查找是否有最后一次检查点，如果有，则载入到当前模型，并更新迭代次数。具体代码如下：

```
# yuyinchall.py
...
# 指定参数与检查点
epochs = 100
savedir = "log/yuyinchalltest/"
# 生成 saver，max_to_keep 为保存检查点的最大数量。新文件生成后，旧文件会被删除
saver = tf.train.Saver(max_to_keep = 1)
# 创建会话
sess = tf.Session()
# 若没有模型，则重新初始化
sess.run(tf.global_variables_initializer())
# 自动寻找最新的检查点
kpt = tf.train.latest_checkpoint(savedir)
print("kpt:",kpt)
startepo = 0
```

```
if kpt ! = None:
    saver.restore(sess, kpt)
    ind = kpt.find("-")
    startepo = int(kpt[ind + 1:])
    print(startepo)
...
```

6）迭代训练模型并输出解码结果

本部分代码先记录训练开始时间，启用循环，循环次数为样本集迭代次数；再启用循环，循环次数为每样本集的 batch 次数。每次循环包含获取 batch 数据、输入模型训练、输出过程信息等。具体代码如下：

```
# yuyinchall.py
...
# 准备运行训练步骤
section = '\n{0: = ^40}\n'
print(section.format('Run training epoch'))
# 训练开始时间
train_start = time.time()
# 样本集迭代次数
for epoch in range(epochs):
    epoch_start = time.time()
    if epoch<startepo:
        continue
    print("epoch start:",epoch,"total epochs = ",epochs)
    # 开始运行 batch，计算每 epoch 所需的 batch
    n_batches_per_epoch = int(np.ceil(len(labels) / batch_size))
    print("total loop ",n_batches_per_epoch,"in one epoch，",batch_size,"items in one loop")

    train_cost = 0
    train_ler = 0
    next_idx = 0
    # 执行的 batch 次数
    for batch in range(n_batches_per_epoch):
        # 取 batch_size 的数据
        next_idx,source,source_lengths,sparse_labels = \
            next_batch(labels,next_idx ,batch_size)
        feed = {input_tensor: source, targets: sparse_labels,seq_length: source_lengths,keep_dropout: keep_dropout_rate}

        # 计算 avg_loss 优化器
        batch_cost, _ = sess.run([avg_loss, optimizer], feed_dict = feed )
        train_cost + = batch_cost
        # 每完成 20 次 batch，将样本数据输入模型，输出过程信息和预测结果
        if (batch + 1)%20 == 0:
            print('loop:',batch, 'Train cost: ', train_cost/(batch + 1))
            feed2 = {input_tensor: source, targets: sparse_labels,seq_length: source_lengths,keep_dropout:1.0}
            d,train_ler = sess.run([decoded[0],ler], feed_dict = feed2)
```

```
                dense_decoded = tf.sparse_tensor_to_dense( d, default_value = -1).eval(session = sess)
                dense_labels = sparse_tuple_to_texts_ch(sparse_labels,words)

                counter = 0
                print('Label err rate: ', train_ler)
                for orig, decoded_arr in zip(dense_labels, dense_decoded):
                    # 转换成字符串
                    decoded_str = ndarray_to_text_ch(decoded_arr,words)
                    print(' file {}'.format( counter))
                    print('Original: {}'.format(orig))
                    print('Decoded:    {}'.format(decoded_str))
                    counter = counter + 1
                    break
        epoch_duration = time.time() - epoch_start
        log = 'Epoch {}/{}, train_cost: {:.3f}, train_ler: {:.3f}, time: {:.2f} sec'
        print(log.format(epoch ,epochs, train_cost,train_ler,epoch_duration))
        saver.save(sess, savedir + "yuyinch.cpkt", global_step = epoch)
    # 训练周期为当前时间减去开始时间
    train_duration = time.time() - train_start
    print('Training complete, total duration: {:.2f} min'.format(train_duration / 60))
    sess.close()
```

至此，BiRNN 实现语音识别的代码全部完成，整个训练需要进行 100 次的迭代，训练时间较长，需要数十小时才能完成。输出结果如下：

```
...
file 0
Original：这 碗 离 娘 饭 姑娘 再有 离 娘 痛楚 也 要 每样 都 吃 一点 才 算 循 规 遵 俗 的
Decoded：  这 碗 离 娘 饭 姑 有 离 娘 痛楚 也 要 每样 都 吃 一点 才 外算 循 规 遵 俗 的
loop: 99 Train cost：10.2984330373
Label err rate：  0.0269463
file 0
Epoch 99/100, train_cost: 1177.820, train_ler: 0.047, time: 707.10 sec
Training complete, total duration: 1200.10 min
```

通过输出结果可以看出，本案例运行时间约 1200min，错误率在 0.02 左右。训练完成后，使用训练好的模型作为后端，将 WAV 文件传入解码，就可以实现语音识别了。

9.4 本章小结

为了能更好地处理具有序列化特征的数据，本章介绍了 RNN 的原理及其基本结构。在训练 RNN 的过程中，有可能面临梯度消失的问题，对此我们又介绍了几种改进的 RNN，分别是 LSTM、改进的 LSTM、BiRNN 以及 CTC。最后，为了使读者能更好地掌握 RNN 的原理及优化的效果，还介绍了 MNIST 数据集分类与语言识别的实战项目供读者学习。

第 10 章　深度学习网络进阶

10.1　深层神经网络

前面章节介绍了几种常用的网络形态，它们在各自领域都发挥着很好的作用。本章将介绍深层神经网络，它的深度和网络组合形态都是深度学习的代表，是深度学习的主要知识。深层神经网络结合了各种网络的特点，使智能化达到最优，实现了人工智能的能力和要求。

10.1.1　深层神经网络介绍

这里先简单介绍有哪些经典的深层神经网络、它们的发展历史和模型特点，以便于后续内容的展开。

1．深层神经网络的发展起源

神经网络始于 20 世纪，是较早的人工智能算法，由于其未能解决随着层数的增加而带来的梯度消失的问题，而进入了萧条期。到了 21 世纪初期，随着深层神经网络的崛起，深度学习也发展起来，并在 2012 年的图像领域得到了发展：由 Alex Krizhevsky 开发的深度学习模型 AlexNet 在效果上非常突出，赢得了视觉领域 ILSVRC 竞赛的冠军。它使百万量级的 ImageNet 数据集，从传统 70%多的识别率提升到 80%多，将深度学习正式推上了舞台。随后，深层神经网络模型学习深度越来越深，准确率也越来越高，使得深度学习每年都刷榜 ILSVRC。目前对于同样的 ImageNet 数据集，深度学习模型的识别能力已经超过了人眼，错误率可低至 3.5%左右，低于人眼辨识 5.1%的错误率。

2012 年后，有以下几个著名的深度神经网络模型获得了 ILSVRC 竞赛冠军：

- 2012 年：AlexNet。
- 2013 年：VGG。
- 2014 年：GoogLeNet。
- 2015 年：ResNet。
- 2016 年：Inception-ResNet-v2。

由于深层神经网络学科进步神速，使得神经网络征服 ImageNet 的门槛越来越低，迫使 ILSVRC 竞赛于 2017 年后停办。但是，与此同时发展起来的 ICCV 竞赛中，深层神经网络在物体检测、物体分割等细分领域得到了更多的应用，并且很多家中国企业的名字出现在竞赛的冠军榜上，表明了中国在人工智能技术上赶超并引领着全球。

2．经典深层神经网络模型介绍

下面简要介绍几个深层神经网络冠军模型。

1）VGG 模型

VGG 是卷积神经网络模型，根据卷积层数不同等特点分别有 6 个配置，其中常用的有 VGG16 和 VGG19，是在 AlexNet 网络基础上分别将层数增加到了 16 和 19。该模型在 2014 年的 ILSVRC 竞赛中取得了优异的成绩，是较早的 ImageNet 图像分类和识别检测算法。

2）GoogLeNet 模型

GoogLeNet 创新地提出了 Inception 网络结构，构造出一种“基础神经元”结构，形成一种网中网（Network in Network，NIN）的结构。Inception 网络结构扩大了整个网络的宽度和深度，使得 GoogLeNet 的层数只有 22 层，网络的层数不仅比 VGG 小得多，还把网络运算的速度和精度提升了 2～3 倍。在 2014 年的 ILSVRC 竞赛中，GoogLeNet 模型取得了最佳成绩。

3）ResNet 模型

当 ResNet 的层数达到 152 时，网络会由于层次深而无法训练，但 ResNet 利用残差网络的方法解决了这一问题。它引入了一个学习残差函数 $F(x)=H(x)-x$，其中 $H(x)$ 是某一层原始的期望映射输出，x 是输入，运用了 Highway Network（公用网络）思想，这个思想允许信息高速无阻碍地通过深层神经网络的各层，这样有效地减缓了梯度的问题，使深层神经网络不再仅仅具有浅层神经网络的效果。

4）Inception-ResNet-v2 模型

Inception-ResNet-v2 是目前比较新的图像分类卷积神经网络模型，是早期发布的 Inception v3 模型的变体。其与 ResNet 结合而成，将深度和宽度融合到一起。它在当下的 ILSVRC 图像分类竞赛的基准测试中取得了顶尖准确率。

下面对当前比较前沿的三种网络结构 GoogLeNet、ResNet、Inception-ResNet-v2 进行详细的介绍。

10.1.2 GoogLeNet 模型

GoogLeNet 网络是在 LeNet 网络的基础上由 Google 的工程师研发的，主要解决了随着网络深度的提高而带来的以下三个问题：

- 参数过多，计算量庞大。
- 容易过拟合，网络学习能力差。
- 梯度下降，影响后续网络收敛。

GoogLeNet 采用 Inception 的结构模式，在 NIN 中用全局平均池化层（Averagepool）来代替全连接层的思想，从而达到优化网络结构的目的。相比于 AlexNet 和 VGG，GoogLeNet 网络的运算量大大减少，而且避免了过拟合。

下面将进一步学习 Inception 网络是如何通过较少的参数实现网络更深、更宽的发展的，并介绍 Inception 的不同模型——v1、v2、v3 和 v4，以便后续的运用。

1．GoogLeNet 模型结构原理

介绍 GoogLeNet 网络前，先了解 Inception 的前身理论：MLP 卷积层。

1）MLP 卷积层

从前面的 CNN 网络中了解到，通过增加输出通道数可以提高卷积层的表达能力，因为一个输出通道相当于一个滤波器，每一个滤波器过滤、提取一类特征，并且在同一个滤波器内共享参数。运用各种各样的滤波器，把原样本中尽可能多的潜在的特征提取出来，再通过池化和全连接得出估计值。随着输入层数据量变大和网络表达能力的提高，网络会出现参数多、运算慢、过拟合等问题。

MLP 卷积层（MLPConv）源于 2014 年 ICLR 发表的一篇论文《网中网》（*Network in Network*），其主要思想是利用形成的网中网结构提高网络表达能力，即在网络中再放一个多层的微型网络，此微型网络将高纬度的卷积运算变成低纬度的卷积运算，既简化了运算量，也在一定程度上优化、改良了传统网络。实验证明，在等同效果下，MLP 卷积层的网络参数变为原有 AlexNet 网络的 1/10。MLP 卷积层的具体结构如图 10-1 所示。

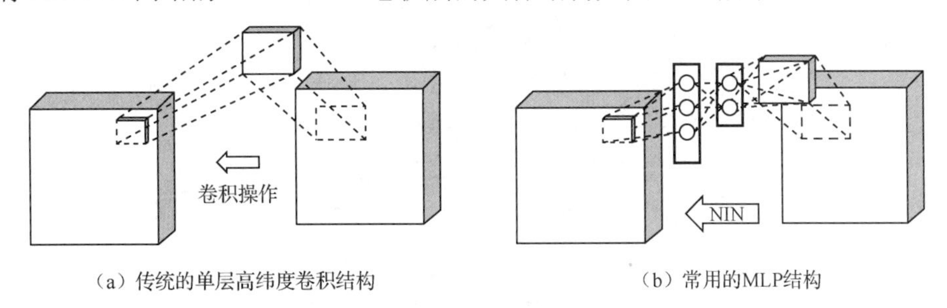

（a）传统的单层高纬度卷积结构　　（b）常用的MLP结构

图 10-1　MLP 卷积层的具体结构

图 10-1（a）为传统的单层高纬度卷积结构，而图 10-1（b）为常用的 MLP 结构。MLP 结构是一个三层全连接神经网络结构，它将传统的单层高纬度卷积等效成普通卷积，再连接 1∶1 的卷积和 ReLU 激活函数。虽然结构上网络的层数增加了，但是实现了降维运算，大大提高了网络的实现能力。

2）全局均值池化

全局均值池化发生在卷积处理之后，是用大小等同的滤波器在池化层中对特征进行平均化。该方法是对每个特征图进行整张图片全局均值池化，最终生成一个值。它代替了深层网络结构最后的全连接输出层，相当于每张特征图输出一个特征类别，进而得到估计值。

例如，在完成 1000 个分类任务时，最后一层的特征图为 1000 个，每个全局均值池化得到一个特征值，有 1000 个特征值对应的分类属性。在论文《网中网》中，设计了一个四层的 NIN 网络，每个微型网络都是卷积后再连接 1∶1 的卷积和 ReLU 激活函数，并在最后用全局均值池化代替全连接层分类，如图 10-2 所示。

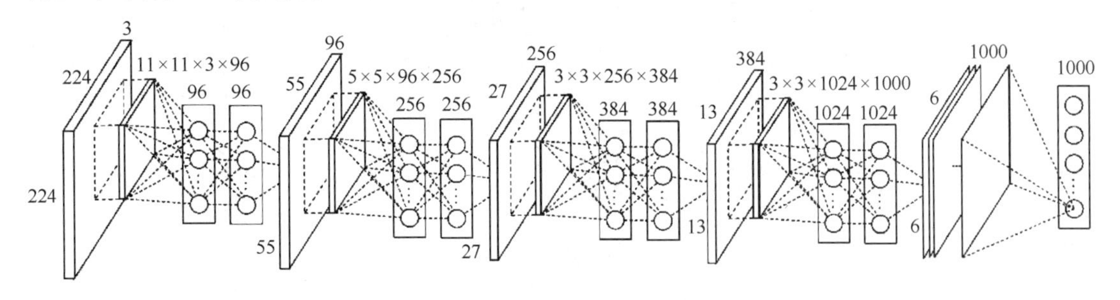

图 10-2　NIN 和全局均值池化

3）Inception 原始模型

在早期计算机视觉的研究中，受灵长类神经视觉系统的启发，可使用“不同尺寸”的 Gabor 滤波器处理“不同尺寸”的图片。Inception 借鉴了这种思想，用三种不同尺寸的卷积和一个最大池化处理图片，用类似 Multi-Scale（多尺度目标检测）的思想增加了网络对不同尺度的适应性，优化了网络效率，使得网络的深度和宽度可高效率地扩充，也提升了准确率且不致于过拟合。

GoogLeNet 网络采用的是 Inception 的结构模式，一个 Inception 封装成一个卷积单元，反复堆叠在一起形成更大的网络。而 Inception 结构又借鉴了 MLP 结构原理，将中间的全连接层换成了多通道卷积层，并且 Inception 比 MLP 卷积层更为稀疏。Inception 采用的是 1 × 1、

3 × 3、5 × 5 的卷积核对应的卷积操作和 3 × 3 的滤波器对应的池化操作“堆叠”在一起，既增加了网络的宽度，又增加了网络对尺度的适应性，如图 10-3 所示。

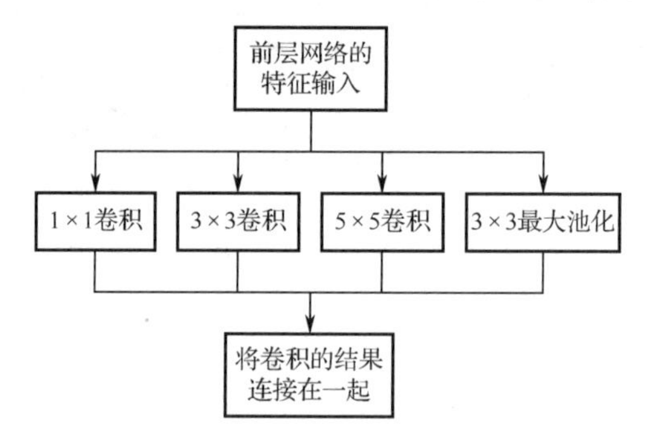

图 10-3　Inception 模型

2. GoogLeNet 的模型

1）Inception v1 模型

Inception v1 模型在原有的 Inception 模型的基础上进行了一些改良，其在 3 × 3 前、5 × 5 前、最大池化层后分别加上了 1 × 1 的卷积核，使得特征图厚度变小（其中 1 × 1 卷积主要用来降维），也减少了原来 Inception 模型中 3 × 3 和 5 × 5 的卷积核所需的计算量。Inception v1 模型的网络结构如图 10-4 所示。

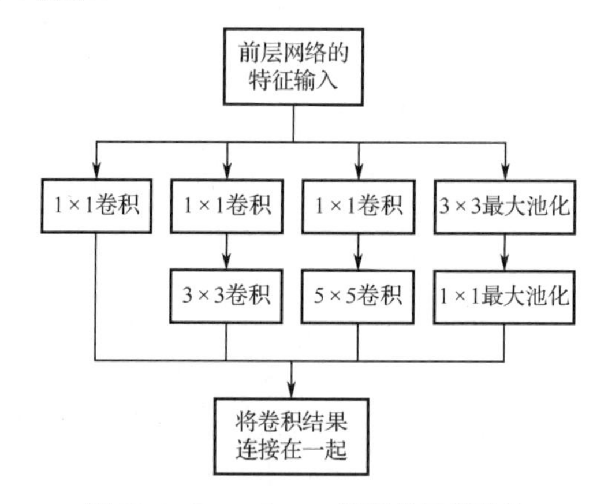

图 10-4　Inception v1 模型的网络结构

Inception v1 模型有 4 个分支：

- 第 1 个分支对输入仅进行 1 × 1 的卷积。1 × 1 的卷积可以跨通道组织信息，并同时可以实现输出通道升维和降维，是网络表达能力的运用，这也是 NIN 中提出的一个重要结构。
- 第 2 个分支先使用 1 × 1 卷积，再连接 3 × 3 卷积，虽进行了两次特征变换，但同时减少了运算量。
- 第 3 个分支先使用 1 × 1 卷积，再连接 5 × 5 卷积。与第 2 个分支类似，该分支也起到了减少运算量的目的。
- 第 4 个分支是进行 3 × 3 最大池化后，直接使用 1 × 1 卷积。

可以看出，4 个分支都使用了 1 × 1 卷积，这是因为 1 × 1 卷积的性价比很高，它在增加一层特征变换和非线性转化后又减少了计算量。每个分支生成同等高度和宽度的特征图，并在最后进行维度上的聚合操作（使用 tf.concat 函数在输出通道数的维度上聚合）。

2）Inception v2 模型

Inception v2 模型在 Inception v1 模型的基础上进行了改进，它学习了 VGG，用两个 3 × 3 的 Conv 替代 Inception 模块中的 5 × 5，这样既降低了参数数量，也提升了计算速度。此外，它在卷积之后加入了 BN 层，将输出进行归一化处理，减少了内部协变量的移动问题，也提高了训练的稳定性。Inception v2 模型的结构如图 10-5 所示。

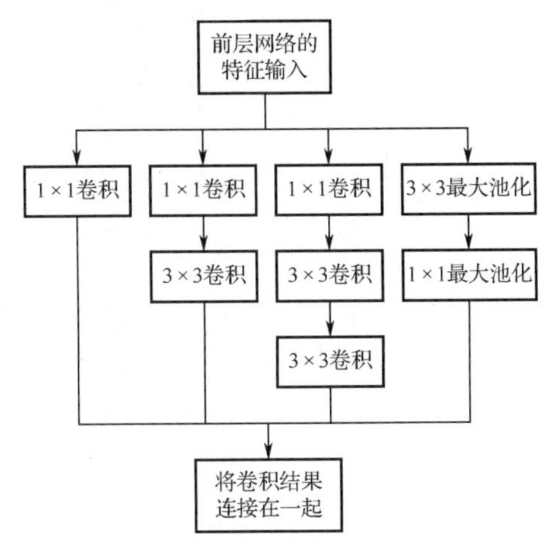

图 10-5　Inception v2 模型的结构

3）Inception v3 模型

Inception v3 模型引入一个“分解”的方法——将卷积核变得更小的方法，对原来的结构进行调整。这种做法基于线性代数的原理，如一个[n，n]的矩阵可以分解成矩阵[n，1] × 矩阵[1,n]，而 Inception v3 把卷积核分解成两个简单的卷积，如 7 × 7 分解成两个一维的卷积（1 × 7，7 × 1），3 × 3 分解成（1 × 3，3 × 1）。Inception v3 模型的结构如图 10-6 所示。

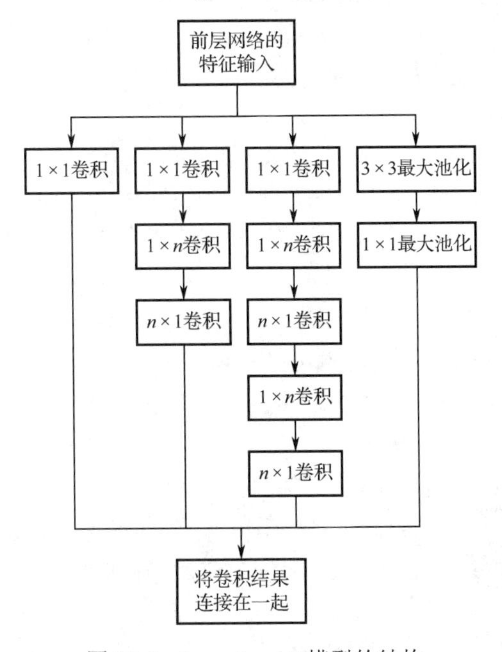

图 10-6　Inception v3 模型的结构

Inception v3 模型可以提高网络运算。例如，假设输入为 256 个特征，输出为 256 个，中间用 3 × 3 卷积的 Inception 结构，则总卷积计算量为 $256 \times 256 \times 3 \times 3 = 589\ 824$（近 60 万次运算）。但是如果减少卷积运算的特征数量，将 256 的输入卷积变为 64 个 1 × 1 的卷积，就可以变为 64 个特征，然后对这 64 个特征进行 3 × 3 卷积，再用 1 × 1 卷积把 64 维增维到 256 个特征，则各个运算量如下：

$$256 \times 64 \times 1 \times 1 = 16\ 000\text{s}$$
$$64 \times 64 \times 3 \times 3 = 36\ 000\text{s}$$
$$64 \times 256 \times 1 \times 1 = 16\ 000\text{s}$$

相加约 7 万的计算量，相比之前的 60 万大大降低了，约占原来的 1/10。此外，Inception v3 还有其他一些变化，如网络输入尺寸由 224 × 224 变为了 299 × 299，并增加了 35 × 35、17 × 17 和 8 × 8 等卷积模块。

4）Inception v4 模型

Inception v4 参考了残差连接（Residual Connection）技术，在 Inception 模块的基础上进行了结构的优化调整。Inception-ResNet-v2 网络是 Inception v3 和 ResNet 的结合，与 Inception v4 网络相比，二者在性能上差别不大；区别在于结构，Inception v4 在 Inception v3 的基础上进行改进，如把 Inception v3 的 4 个卷积模型变为 6 个卷积模块等，但没有使用残差连接。

下面介绍残差连接技术，通过掌握残差连接含义学习残差网络（ResNet）模型。

10.1.3 ResNet 模型

在深度学习领域中，网络越深学习能力越强，但同时也会带来过拟合和梯度消失的现象。为了防止训练误差越来越大，需要提高网络的反向传播能力。残差连接技术可以解决这一问题，它在标准前馈卷积网络中增加一个跳跃，把上两层的输出直接跳跃到该层输入，绕过了中间层的连接方式，补充由网络深度加深而带来的梯度消失的问题。ResNet 框架大大简化了模型网络的训练时间，并在 ILSVRC 2015 中取得了冠军。

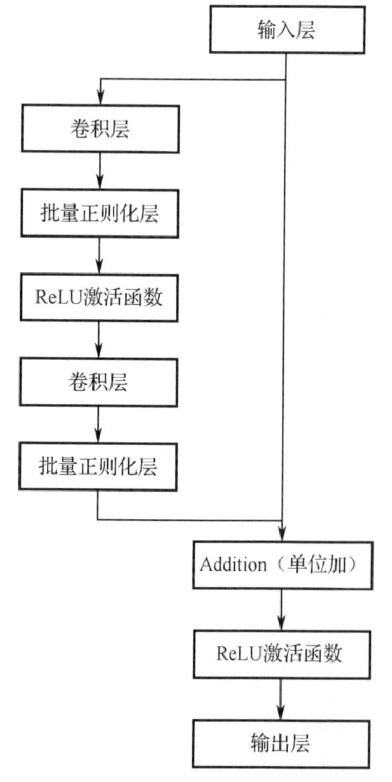

图 10-7 ResNet 的结构

1. ResNet 的结构

ResNet 的结构如图 10-7 所示。

ResNet 是经过两个神经层之后输出的 $H(x)$：

一路输出：$f(x) = \text{ReLU}(xw + b)$

两路合并输出：$H(x) = \text{ReLU}(f(x)w + b)$

2. ResNet 的原理

在 ResNet 中，从输入层到 Addition 之间并没有顺序传递，而是除从输入层经过若干神经层传递到 Addition 外（如图 10-7 左侧传输路线所示），还增加了直接从输入层到 Addition 的路径（如图 10-7 右侧传输路线所示）。这样做的好处是，将跳跃层直接传输过来的原始误差与之相加，弥补了正常的网络学习误差越来越差的情况，防止网络随深度增加而发生梯度消失。

上述方法除解决了梯度越传越小的问题外，残差连接在正向传递中还发挥着作用。正向跳跃连接的结构把原本智能串行传递的网络改成了可并行操作，解决了网络深度带来的种种问题，提高了网络性能。而 Inception v4 模型也参照了这种原理，没有使用残差连接，也改善了网络，得到了与 Inception-ResNet-v2 等效的效果。

10.1.4 Inception-ResNet-v2 模型

Inception-ResNet-v2 网络是 ILSVRC 2016 年的冠军网络，是在 Inception v3 的基础上，加入了 ResNet 的残差连接而来的。在网络复杂度相近的情况下，Inception-ResNet-v2 网络是略优于 Inception v4 的。此外，残差连接还可以在 Inception 结构中在不提高计算量的前提下提高网络准确率。实验证明，一个带有三个残差连接的 Inception 模型和一个 Inception v4 组合的网络，在 ImageNet 上得到了仅 3.08%的错误率。

10.1.5 TensorFlow 中图片分类模型库——slim

slim 是 TensorFlow 中一个重要的轻量化库，与前面所介绍的模块一样，它对很多 TensorFlow 函数进行了封装，仅使用 API 接口就可以轻松调度。slim 可用来构建、训练和评估复杂模型，对复杂的深层神经网络的构建起到了很大的帮助，并增加了复杂模型的可扩展性。

slim 有两大优点：①提供了紧凑的代码模型，简化了超参数的调整，增加了代码的可读性和维护性；②提供了大量写好的网络模型结构代码，简化了模型开发，一些经典的图片分类模型（如 ResNet、VGG、Inception-ResNet-v2）可开箱即用。

1．slim 库代码的获取与结构

1）获取 models 中 slim 模块代码

在使用 slim 之前，需要对其进行一些检测，具体流程如下。

（1）检验 slim 库的有效性。检验本地 TensorFlow 是否集成了 tf.contrib.slim 模块，如果集成了，则可进行下一步操作；否则，更换软件版本。验证命令如下：

```
python -c "import tensorflow.contrib.slim as slim;
eval = slim.evaluation.evaluate_once"
```

若没有任何错误，则可继续使用。

（2）下载 models 模块代码。slim 模块有效后，还需要对其代码进行下载，可在 GitHub 网站 tensorflow 项目下的 models/research 目录，复制或手动下载 slim 代码，并解压到本地 workspace 路径下（存放 TF 代码的具体路径）。输入下列命令检查代码是否生效：

```
cd $workspace/models/research/slim
python -c "from nets import cifarnet; mynet = cifarnet.cifarnet"
```

$workspace 为具体工作路径（如 d：\python），运行以上代码，若未出现错误，则表明 silm 模块的代码下载正确。

（3）导入 slim。上述操作完成后，对 slim 进行以下导入方可使用：

```
import tensorflow.contrib.slim as slim
```

2）models 中 slim 的目录结构

在 TensorFlow 相应版本下的 models 中的 slim 中一共有 5 个文件包：

- datasets：数据集处理模块，处理数据集相关的代码。
- deployment：为了可以同步或异步在 CPU 和多 GPU 实现分布训练，可通过创建 clone 方式实现跨机器的联合部署。
- nets：各种深层神经网络模型存放在该文件夹里。
- preprocessing：对各个网络的图片进行预处理。
- scripts：在 Shell 系统下运行网络模型的案例脚本。

其中，最常使用的是 datasets、nets 和 preprocessing。

（1）datasets：数据集相关代码是按数据集类型来使用的，主要支持的数据集有 CIFAR-10、Flowers、MNIST、ImageNet 等，并且这些数据集有与其同名的代码文件，可直接用该代码文件对数据集进行操作。可以把 datasets 理解为内存数据库，先索引到表，表下面有行和列。

以 ImageNet 数据集为例，从网上获取 ImageNet 标签的代码如下：

```
imagenet.create_readable_names_for_imagenet_labels()
```

执行代码后，返回与样本序列对应的 1000 个 ImageNet 类的分类标签名。

（2）nets 模块：前面学习的深层神经网络等模型，在 nets 文件夹下都能找到。它们都是使用 slim 库代码实现的，可打开代码对其进行建模学习，这也有助于搭建其他高效的模型。nets 文件结构如图 10-8 所示，该文件夹下每个网络模型都是以自己名字命名的。

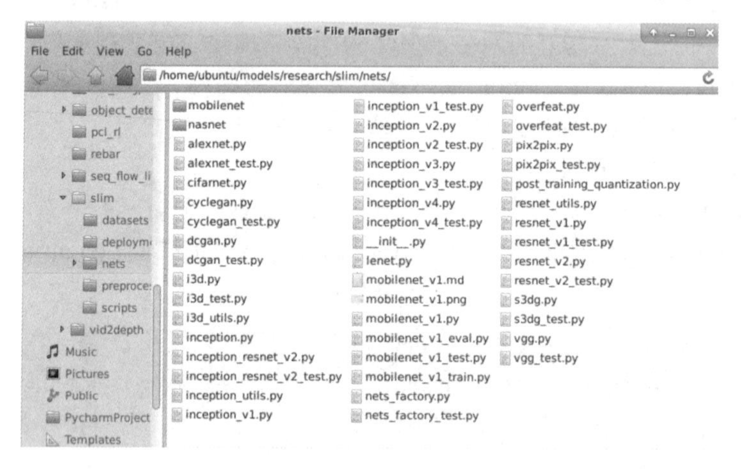

图 10-8　nets 文件结构

这里以 Inception-ResNet-v2 模型为例，学习模型中比较常用的函数接口，如表 10-1 所示。

表 10-1　slim 中 nets 的代码框架接口

操　作	说　明
Inception_resnet_v2.default_image_size	默认图片大小
Inception_resnet_v2.inception_resnet_v2	同名的网络结构函数，有两个输出：一个是辅助信息 AuxLogits（包含 summaries 或 losses，用于显示或分析），一个是预测结果 logits
Inception_resnet_v2arg_scope	空间名字的命名，在外层修改或使用模型时，可以使用与模型相同的命名空间
Inception_resnet_v2_base	为 Inception-ResNet-v2 模型的基本结构实现，输出该网络中最原始的数据，默认传到 Inception_resnet_v2.inception_resnet_v2 函数中，一般不会改动内部。当要使用自定义的输出层时，会传入自己的函数来替换 inception_resnet_v2. inception_resnet_v2

（3）preprocessing 模块：为了简化图片的预处理操作，slim 中包含 preprocessing 模块。该模块包含各个模型的预处理功能，是按照模型的名字来命名的。一类预处理函数放置一个文件夹，再与各个模型名字结合构成该模型下某种预处理功能，且每个代码文件函数结构大致相似。

例如，对传入图片进行模型尺寸转换并归一化，调用 inception_preprocessing 函数如下：

```
inception_preprocessing.preprocess_image
```

2．slim 库的运用

1）数据集处理

slim 作为一个图片分类库，可对 5 种数据集进行处理。slim 中集成的数据集信息如表 10-2 所示。

表 10-2　slim 中集成的数据集信息

数据集	训练大小	测试大小	分类个数	备注
Flowers	2500	2500	5	尺寸可变
CIFAR-10	60 × 1000	10 × 1000	10	32 × 32 彩色图
MNIST	60 × 1000	10 × 1000	10	28 × 28 灰度图
ImageNet	1.2 × 1000 × 1000	50 × 1000	1000	尺寸可变

slim 有两种方法对数据集进行处理，一种是采用模块里面自带的函数，对数据集直接进行下载操作；另一种是对数据集进行转换操作，把下载的标准的数据集直接转换为 TFRecord 格式的数据集。TFRecord 格式是 TensorFlow 自带格式，可使用 slim 的 data_reading 和 queueing_utilities 函数来读取 TFRecord 格式的数据集。

在 TensorFlow 中，TFRecord 格式与 TensorFlow 框架结合最紧密，是最值得推荐的数据集格式，它可满足海量样本数据集的处理。调用 TensorFlow 中的接口可直接访问 TFRecord 格式，采取多线程模式运行，边执行训练边读取数据，可提高主线训练效率。

因此，通常需要把下载的数据集转换为 TFRecord 格式，转换的命令需要指定“数据集”和“下载路径”。如下列命令所示，“数据集”为 Flowers，“下载路径”为 D:\tmp\data\flowers。具体命令为：

```
D:\python\research\models\slim>python download_and_convert_data.py--dataset_ name = flo
```

执行命令后，可看到如图 10-9 所示的结果。

可以看出，结果包含 5 个训练数据文件、5 个验证数据文件和一个标签文件（标签文件定义了整数标签和分类名称）。同理，可以按照这个方法下载 MNIST 和 CIFAR-10 数据集。如果需要下载 ImageNet 数据集，则需要在 image-net.org 中注册一个账号，然后再运行下载脚本。ImageNet 数据集大概有 500GB，因此需要留出足够大的硬盘空间，并且下载时间会很长。

如果要将其他数据集转换为 TFRecord 格式，可以参考上面的代码实现，这里不再展开介绍。

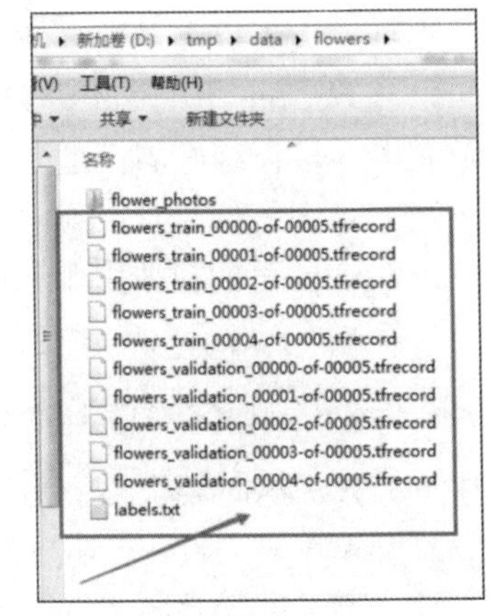

图 10-9　flowers 文件夹的 TFRecord 数据集

2）训练模型

本书提到的所有模型在 slim 都已实现，因此读者不需要清楚地知道模型代码的构造，只需要通过命令行方式即可实现训练、微调、测试等功能，非常高效、便捷。但是，对于不同的操作系统，slim 的使用有所区别：在 Linux 系统中，slim 采用 Shell 脚本，在 Scripts 文件下进行模型下载、训练、预训练、微调、测试等操作，操作简单；在 Windows 系统中，则需要在命令行下一条一条地复制并执行命令，命令如下所示，并在后续对命令的使用进行相关操作演示。

```
D:\python\research\models\slim>python train_image_classifier.py --train_dir = log/in3flower --dataset_name = flowers --dataset_split_name = train –dataset_dir = /tmp/data/flowers/flower_photosos --model_name = inception_v3
```

训练模型的步骤如下：

（1）从头训练。

首先，把训练模型的代码放在 slim 下的 train_image_classifier.py 文件里；下文采用 Flowers 数据集和 Inception v3 网络模型进行训练，命令中的参数如下：

- train_dir：生成模型的路径。
- dataset_name：数据集的名称。
- dataset_split_name：区分数据集中哪些是 validation 数据集，哪些是 train 数据集。
- dataset_dir：数据集的路径。
- model_name：模型名称。

上面列出的是主要参数，更多参数可仿照 Shell 脚本中的例子。train_image_classifier.py 文件包含了所有参数，也可以对该文件进行修改，增加定制所需参数。以上使用的是 Flowers 数据集，如果使用自己的数据集，则需要在 datasets 文件夹下增加一个.py 文件，同其他数据集一样，然后用 train_image_classifier.py 来运行。

注意：命令中的命名参数（如 dataset_name、dataset_split_name、model_name）要与代码中的命名一致。

（2）下载预训练模型。

预训练是在别人训练好的模型的基础上进行二次训练，以得到自己所需的模型，从而节省大量的时间。一些好的模型都是经过大量数据样本训练的。如果每次都从头开始训练，时间开销会很大，而预训练能很好地解决这个问题。它直接在已开发、训练好的模型上，按需求二次训练，大大提高了训练效率。

可以从 GitHub 上的 TensorFlow 项目下获取很多已经训练好的模型，用于预训练。GitHub 下存放有很多已训练好的模型，可按需求下载使用。

下载完预训练模型后，可根据步骤（1），在命令中添加一个参数——checkpoint_path。checkpoint_path 里的模型用于预训练模型过程中的参数初始化，新训练好的模型会被保存在另外一个参数——train_dir 指定的路径下。

```
--checkpoint_path = 模型的路径
```

注意：预训练时要求样本尺寸必须与原模型中的输入尺寸一致，预训练分类结果个数与原模型的要求也要一致。上述提到的可下载的模型，输出结果都要分成 1000 类；若不需要分这么多类，可以进行微调（fine-tuning）。

（3）微调。

微调能解决预训练模型固定的问题。如之前提到的用 Flowers 数据集进行训练，训练结果为1000个分类的预训练模型，若要把1000个结果输出换成10个结果输出，则可进行微调。微调的手段是使用自己的数据集，把原模型最后一层去掉，换成自己最终的分类层。具体指令参数如下：

- checkpoint_exclude_scopes：锁定预训练模型某一层权重不被载入。
- trainable_scopes：更新预训练模型某一层权重参数。该参数指定的模型层参数会更新，没有指定的参数将冻结保留。

例如，采用 Inception v3 模型进行微调，使其可以训练 Flowers 数据集。首先将从 GitHub 下载好的模型 inceptionv3.ckpt 放在当前目录的文件夹 inception_v3 内，其次通过命令 cd 进入 models\slim 文件夹下，最后运行下列命名：

```
D:\own\python\research\models\slim> python train_image_classifier.py --train_ dir = log/inception_v3/inception_v3.ckpt --checkpoint_exclude_scopes = InceptionV3/ Logits,Incept
```

上述命令通过微调使模型最后一层重新训练，以适应新的需求。其中，各参数作用如下：

- train_dir：用于模型载入，将权重初始化成模型里的值。
- checkpoint_exclude_scopes：限制模型最后一层不被初始化。

在微调中，还可以指定训练步数，防止模型一直训练下去，如下所示。很多其他参数的使用，可参看 train_image_classifier.py 的源码。

```
--max_number_of_steps = 50
```

注意：当报初始化失败的错误时，有可能显卡没有启动，需重启计算机。报错信息如下：

```
E c:\tf_jenkins\home\workspace\release-win\device\gpu\os\windows\tensorflow\ stream _NOT_INITIALIZED
2017-05-02 17:48:48.334466: E c:\tf_jenkins\home\workspace\release-win\ device\ gpu\o
2017-05-02 17:48:48.343454: E c:\tf_jenkins\home\workspace\release-win\ device\gpu\ oBAD_PARAM
```

（4）评估模型。

模型生成后，则需要对其进行评估。eval_image_classifier.py 文件是封装好的评估专用文件，以上面 Flowers 数据集微调 Inception v3 模型为例，评估模型命令如下：

```
python  eval_image_classifier.py--checkpoint_path = log/in3/model.ckpt-3416059--eval_dir = log/in3/model.ckpt-3416059--dataset_name = flowers--dataset_split_name = validation--dataset_dir = D:\own\python\flower_photosos--model_name = inception_v3
```

（5）打包模型。

已经训练好的模型可以打包到各个平台上进行使用，无论是 iOS、Android 还是 Linux 系列，可通过一个 bazel 开源工具来进行上传使用，感兴趣的读者可自行研究。

3．实例：利用 slim 读取 TFRecord 中的数据

本实例演示如何利用 slim 代码库函数读取 TFRecord 格式的数据，并显示出来。具体过程如下。

1）定义 slim 数据集，创建 provider

TFRecord 文件包含训练数据文件、验证数据文件以及标签文件，在训练文件 train 数据集与验证文件 validation 数据集中，选取一个数据集创建 provider 对象，就可以从 provider 中

读取数据了。代码如下：

```
import tensorflow as tf
from datasets import flowers
import pylab
slim = tf.contrib.slim
DATA_DIR = "D:/own/python/flower_photosos" # 指定 Flowers 数据集的路径
# 选择数据集 validation
dataset = flowers.get_split('validation', DATA_DIR)
# 创建一个 provider
provider = slim.dataset_data_provider.DatasetDataProvider(dataset)
# 通过 provider 的 get 函数获得一条样本数据
[image, label] = provider.get(['image', 'label'])
print(image.shape)
```

在创建 provider 之前，要先导入头文件，此时并没有读到真正的数据，只是通过 get 函数获得 image 与 label 两个张量，完成图的构建。要读取数据，还应通过会话启动队列线程。由于 provider 是使用 DatasetDataProvider 类的实例化实现的，所以有关 provider 的更多设置，在 DatasetDataProvider 类中可以查看得到。DatasetDataProvider 类定义如下：

```
class DatasetDataProvider(data_provider.DataProvider):
  def __init__(self,
               dataset,
               num_readers = 1,
               reader_kwargs = None,
               shuffle = True,
               num_epochs = None,
               common_queue_capacity = 256,
               common_queue_min = 128,
               record_key = 'record_key',
               seed = None,
               scope = None):
```

上述参数中，dataset 是必选参数，读出的数据指定传入这里；其他参数一般为默认参数，如指定几个并行读取器来读取数据 num_readers、是否打乱顺序 shuffle、指定数据源读取的循环次数 num_epochs（None 表示无限循环）、队列大小 common_queue_capacity 等。

注意：如果在训练中需要按批次读取大量的样本，还要配合使用 tf.train.batch。tf.train.batch 对读取的图片大小是有固定要求的，所以在传入时要按规定大小进行图片调整。

2）*启用会话读取数据*

在初始化模型的参数后，需要通过 tf.train.start_queue_runners 启动队列线程，线程里面有一个专门负责从磁盘读取图片数据的线程，并通过 run 来运行图节点 image 与 label 而获得真实的数据。启用会话读取数据代码如下：

```
sess = tf.InteractiveSession()
tf.global_variables_initializer().run()
# 启动队列
tf.train.start_queue_runners()
# 获取数据
```

```
image_batch, label_batch = sess.run([image, label])
# 显示
print(label_batch)
pylab.imshow(image_batch)
pylab.show()
```

运行上述代码，输出的图片如图 10-10 所示。

注意：在读取数据样本时，尤其是大量数据样本时，采用 TFRecord 格式中的线程方式读取是一种比较常规的方法。这样做避免了像 MNIST 数据集读取那样，没有线程调度，直接一次性读入内存，造成系统内存的耗尽，影响计算性能。另外，除 TFRecord 方式外，filenames 同样可异步读取文件，并最终按批次随机抽取指定样本数量，输入至模型进行参数的更新。

图 10-10　TFRecord 例子

10.1.6　slim 深度网络模型实战图像识别

本节利用 slim 已经训练好的模型来解决实际问题，使用已经在 ImageNet 数据集上训练好的 Inception-ResNet-v2 模型进行图片分类实战。其主要思路是把训练好的 Inception-ResNet-v2 加载到会话中，然后调用 slim 中的 inception_resnet_v2 函数进行预测输出。

1．项目准备

为方便后续 models 中 slim 模块的导入，需要把 slim 加入 Python 的搜索路径中。具体操作是把 models\research\slim 目录复制到 Python 安装目录下，然后在 Python 安装目录下的 Lib\site-packages 目录中新建一个文件 slim_models.pth。用文本格式打开该文件，并添加 slim 目录的位置，代码如下：

```
D:/ProgramData/Anaconda3/envs/py36/slim
```

至此，slim 就添加到了 Python 的库搜索路径中。

由于 slim 模块中的 imagenet.py 文件的 URL 不正确，导致后面代码不能正常运行，所以需要修改 imagenet.py 文件，该文件的路径是 slim\datasets\imagenet.py。打开该文件并找到如下代码：

```
base_url = './tensorflow/models/master/research/inception/inception/data/'
```

注释掉这行代码，并添加如下代码：

```
base_url = './tensorflow/models/master/research/slim/datasets/'
```

在 PyCharm 中新建工程 PicClass，工程目录根据需要确定，本实例的工程目录为 D:\Code\python。PicClass 工程新建后的目录结构如图 10-11 所示。

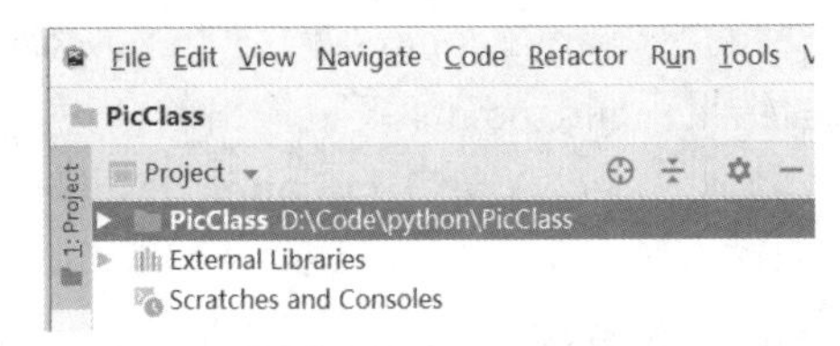

图 10-11　PicClass 工程新建后的目录结构

下载 Inception-ResNet-v2 模型，打开 slim 网页，拖动页面找到 Pretrained Models，然后单击 inception_resnet_v2_201608_30.tar.gz 进行下载。下载完成后解压，把解压出来的文件放到项目工程目录下。最后准备两张需要进行识别的图片，也放到工程目录下。

在工程目录下新建一个 inception_resnet_v2_class.py 文件，在这个文件中将使用 Inception-ResNet-v2 模型进行图片分类。新建后的目录结构如图 10-12 所示。

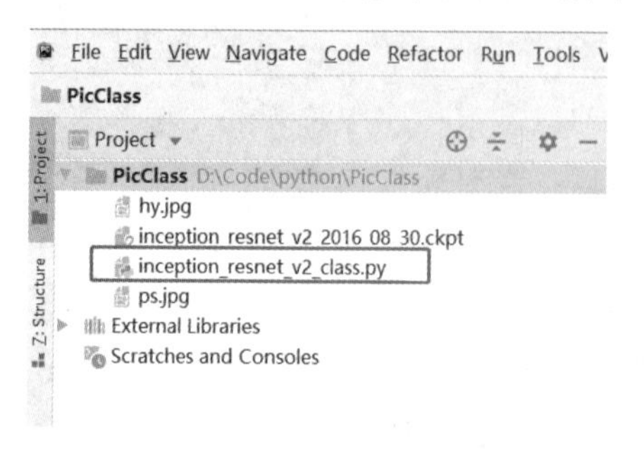

图 10-12　新建后的目录结构

至此，项目准备工作已经完成，随后可以开始代码编写工作。

2．引入头文件，模型准备

由于 slim 的深层神经网络都在 nets 包下，因此需要从这个包中导入 inception；还需要导入 datasets 中的 imagenet 模块，用于对 imagenet 数据进行处理；最后导入其他辅助性包，用于对图片进行展示和处理。导入文件的代码如下：

```
import tensorflow as tf
from tensorflow.contrib import slim
from nets import inception
from datasets import imagenet
from PIL import Image
from matplotlib import pyplot as plt
import numpy as np
tf.reset_default_graph()
# 获取 inception_resnet_v2 处理图片的默认尺寸
image_size = inception.inception_resnet_v2.default_image_size
# 得到 imagenet 分类的标签名称
names = imagenet.create_readable_names_for_imagenet_labels()
# Inception-ResNet-v2 模型 checkpoint 文件路径
checkpoint_file = './inception_resnet_v2_2016_08_30.ckpt'
# 测试的图片
sample_images = ['hy.jpg', 'ps.jpg']
```

3．载入模型

首先，获取模型参数的变量空间 arg_scope，定义同变量空间下的输出节点变量。logits 表示从深层神经网络中输出的结果；end_points 表示输出的全集，包含 logits 以及 logits 经过 Softmax 运算后的预测结果，具体内容可以参考 inception_resne_v2 函数的使用。之后，使用 Saver 加载模型。具体代码如下：

```
# 定义输入图片的形状大小，None 根据实际图片的张数确定，图片大小 image_size × image_size, 3 表
```

```
示 RGB 三色
    input_imgs = tf.placeholder(tf.float32, [None, image_size, image_size, 3])
    # 获取 Inception-ResNet-v2 模型的变量空间
    arg_scope = inception.inception_resnet_v2_arg_scope()
    # 在变量空间中定义输出节点
    with slim.arg_scope(arg_scope):
        logits, end_points = inception.inception_resnet_v2(input_imgs, is_training = False)
    # 加载模型
    sess = tf.Session()
    saver = tf.train.Saver()
    saver.restore(sess, checkpoint_file)
```

4．识别输入的图片

循环迭代 sample_images 中指定的图片。首先把图片大小转换成 image_size × image_size，其次调用 NumPy 的 reshape 进行形状调整，调整为[-1，image_size，image_size，3]的矩阵。由于 Inception-ResNet-v2 模型需要归一化处理，所以把上述矩阵先除以 255，然后乘以 2，最后减去 1，就能把矩阵的值控制在[-1，1]之间。最后，把归一化的图片数据输入 Inception-ResNet-v2 模型中进行识别。具体代码如下：

```
    for image in sample_images:
        reimg = Image.open(image).resize((image_size, image_size))
        reimg = np.array(reimg)
        reimg = reimg.reshape(-1, image_size, image_size, 3)
        # 创建一个一行两列的画布，p1 代表第一列的绘制区域，p2 代表第二列的绘制区域
        plt.figure()
        p1 = plt.subplot(121)
        p2 = plt.subplot(122)
        # 显示原始图片
        p1.imshow(reimg[0])
        p1.axis('off')
        p1.set_title('organization image')
        # 归一化处理，并显示归一化后的图片
        reimg_norm = 2 * (reimg / 255.0) - 1.0
        p2.imshow(reimg_norm[0])
        p2.axis('off')
        p2.set_title('input image')
        plt.show()
        # 运行模型，进行图片识别
        predict_values, logit_values = sess.run([end_points['Predictions'], logits], feed_dict = {input_imgs:
reimg_norm})
        print(np.max(predict_values), np.max(logit_values))
        print(np.argmax(predict_values), np.argmax(logit_values), names[np.argmax(logit_values)])
```

第一张图片的预测结果和运行结果（见图 10-13）如下。

```
    0.650035 9.529545
    621 621 laptop, laptop computer
```

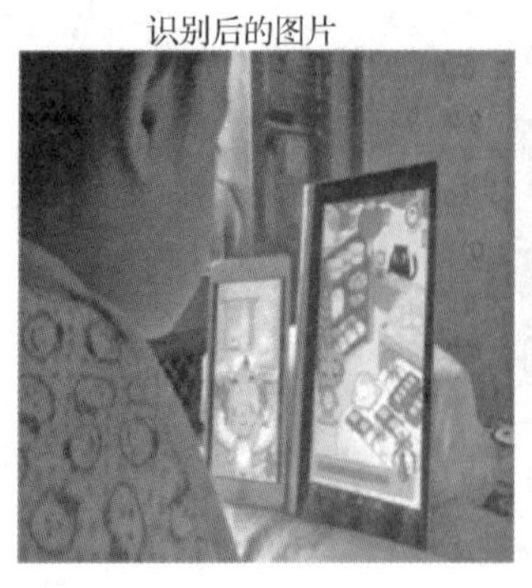

图 10-13　第一张图片的运行结果

可以看到，这个图片被识别出来是平板电脑。第二张图片运行代码后，预测结果如下：

```
0.538446 9.441677
349 349 ram, tup
```

第二张图片的运行结果如图 10-14 所示。

图 10-14　第二张图片的运行结果

可以看到，这张图片被识别出有羊，也预测成功了。

10.1.7　实物检测模型库

Object Detection API 是 Google 开放的物体识别系统，一方面服务于 Google 自身产品和服务，另一方面可以被应用于各项外部研究。该系统在 2016 年 10 月的 COCO 识别挑战中位列第一名。它支持当前最优秀的实物检测模型，能够在单个图片中识别和定位多个目标。

Object Detection API 也包含在 models 中，其所处目录和 slim 的目录同级，都在 models/research 下。类似于 slim，Object Detection API 也包含了很多优秀的实物检测模型：

- 具有 MobileNets 的 SSD（Single Shot Multibox Detector，一种使用单个深层神经网络来检测图像中目标的方法）。
- 具有 Inception v2 的 SSD。
- 具有 Resnet 101 的 R-FCN（Region-Based Fully Convolutional Network，基于区域的全卷积网络）。
- 具有 Resnet 101 的 Faster RCNN。
- 带有 Inception-ResNet-v2 的 Faster RCNN。

以上模型的冻结权重都可以直接加载使用，都是在 COCO 数据集上训练的。由于 SSD 模型使用了轻量化的 MobileNets，所以该模型在移动设备上也可以运行。而 Faster RCNN 则需要更多的计算资源，但是它的准确率更高。

COCO 数据集是实物检测领域最权威的数据集，由微软发布。该数据集中的图像主要从复杂的生活场景中截取而来，使用语句分割对图像中的目标进行位置标定。图像包括 91 类目标，328 000 个影像和 2 500 000 个标签。目前为止，有语义分割的最大数据集提供的类别有 80 类，有超过 33 万张图片，其中 20 万张有标注，整个数据集中个体的数目超过 150 万个。

10.1.8 实物检测领域的相关模型

除上述模型外，还有一些其他优秀的实物检测模型。

1. R-CNN 模型

R-CNN 模型是一种基于卷积神经网络进行特征区域匹配的实物检测模型，该模型是深度学习进行实物检查的开山之作。R-CNN 是从有限的特征区域里面，进行特征分析匹配。具体步骤如下：

（1）对输入的图片，通过选择性搜索，筛选出 2 000 个候选区域。

（2）利用 CNN 对这些子图进行特征提取，即将这些子图缩放到 227 × 227，然后进行卷积操作。

（3）利用 SVM 算法对提取出来的特征向量进行分类识别。

R-CNN 对利用 SVM 算法得到的分类结果的每一类都进行 SVM 训练，并为每个特征区域的 SVM 输出打分，最终会决定是否保留这个区域特征。

2. SPP-Net 模型

R-CNN 的最大瓶颈是 2 000 个候选区域都要经过一次 CNN，速度非常慢。Kaiming He 提出了一种优化算法，即基于金字塔池化的优化算法，这种算法的最大改进之处在于只需要输入原图一次，就可以得到每个候选区域的特征。

在 R-CNN 中，候选区域需要经过变形缩放，来适应 CNN 输入空间，而空间金字塔池化（Spatial Pyramid Pooling，SPP）不再关心输入图片的尺寸。其通过在卷积层和全连接层之间加入空间金字塔池化结构代替 R-CNN 算法，在输入卷积神经网络前对各个候选区域进行剪裁、缩放操作使其图像子块尺寸一致。空间金字塔池化结构有效地避免了 R-CNN 算法对图像区域剪裁、缩放操作导致的图像物体剪裁不全以及形状扭曲等问题，也解决了卷积神经网络对图像重复特征提取的问题，大大提高了产生候选框的速度，且节省了计算成本。

3. Fast RCNN 模型

Fast RCNN 是在 SPP-Net 模型的基础上优化而来的，其主网络是 VGG16，并且将 SPP 层替换成了 RoI 池化层（RoI Pooling Layer），也不再使用 R-CNN 中的 SVM 分类算法，而改用了 Softmax 分类和边框回归（Bounding Box）联合训练的方式，实现了整体网络的端到端的训练。

RoI 池化层可以说是 SPP 的简化版。SPP 是一种多尺度池化，而 RoI 池化层使用 $M \times N$ 的网格，将每个候选区域均匀分成 $M \times N$ 块，并对每个块进行最大池化（Max Pooling），从而将特征图上大小不一的候选区域转变为大小统一的特征向量，送入下一层。

Fast RCNN 保留了 VGG16 第 5 层池化网络之前的网络，之后接上 RoI 池化层，再对全连接层进行 Softmax 分类，最终形成完整的网络。Fast RCNN 的整体结构可以简单描述为：13 个卷积层＋4 个池化层＋1 个 RoI 层＋2 个 FC 层＋2 个平级层（SoftmaxLoss 层和 SmoothL1Loss 层）。

在 Fast RCNN 的基础上增加一个 RPN（Region Proposal Network），该网络的作用是对候选框进行筛选，所以整个网络结构会变成“RPN＋Fast RCNN”的形式。

RPN 候选框提取网络，可提取出可能包含目标的候选区域。使用 $n \times n$ 的滑块窗口在原图像上扫描，把每个扫描出来的区域映射到一个低维向量，如 256 维；最后将这个低维向量送到两个全连接层，即边框分类层（Box-Classification Layer，CLS）和边框回归层（Box-Regression Layer，REG）。对于每个位置，CLS 从 256 维特征中输出属于前景和背景的概率，REG 从 256 维特征中输出 4 个平移缩放参数（区域图像坐标 x，y 和区域图像长宽）。

4．YOLO 模型

使用滑动窗口时，RPN 网络很容易把背景区域检测成目标。YOLO（You Only Look Once）使用全新的训练模式来筛选候选区域，即使用整图训练模式，可以一次性预测多个候选区域的位置和类别。

YOLO 将图像分割成 $S \times S$ 的网格，如果检测到某个物体的中心点在某个网格里，则使用该网格对物体进行检测，并划分出 n 个边框回归对象。边框回归是能够把物体框起来的一个边界，其由物体中心点坐标（x, y）、宽高（w, h）以及置信度这 5 部分来表达。其中，前 4 个能够确定位置，而置信度能反映边框回归对实物对象的真实预测情况，它是该区域属于特定类别的概率和物体真实区域与预测区域重叠度的乘积。

YOLO v1 把输入的图像分割成 7×7 的网格，经过卷积层后，输出一个 $7 \times 7 \times 30$ 的特征值。7×7 就是分割的 49 个网格，30 可以理解为 $5 + 5 + 20$。5 表示 x, y, w, h（根据这个网格确定的回归边框）以及一个置信度，所以有 5 个维度；一个网格可以预测出两个边框回归，一个横向的，一个纵向的，所以是 $5 + 5$；YOLO v1 能够检测出 20 种类别的物体，这个网格内的物体属于这些类别的概率，分别用 20 个数字表示出来，所以最终的维度就是 $5 + 5 + 20$。

对于这些特征值的损失值计算并没有使用常用的平均差的方法，这是由于大多数的网格并不包含物体，使用平均差会导致位置误差正常、而分类误差稀疏的情况。

5．SSD 模型

YOLO 的缺陷主要表现在两方面：

- 每个网格预测的物体个数是指定的，容易造成遗漏。
- 对物体尺度敏感，物体尺度变化大的泛化能力差。

而 SSD 是在 YOLO 的基础上演化而来的，其加入了 RPN，能够在不同卷积层输出不同尺度的卷积特征值，这样就能够在不同的尺度上划分中心点，从而弥补上述两种缺陷。

6．YOLO2 模型

YOLO2 是 YOLO 的升级版本，它去掉了网格与类别的预测绑定，使用了一种称为锚框（Anchor Box）的模式。YOLO2 在结构方面也进行了一些优化调整：删除了全连接层和最后一个池化层，使得最后的卷积层可以有更高的分辨率；增加了归一化算法，且去掉了 Dropout，实验证明，YOLO2 可以提高 2%的 mAP（mean Average Precision，为目标检测中衡量识别精度的指标）。YOLO2 继续使用了基于 GoogLeNet 的自定制网络，还使用了很多 Inception 中的新技术。

10.1.9 NASNet 控制器

NASNet 是 Google AutoML 项目的产物。AutoML 是一项致力于自动化设计深度学习网络结构的项目，最终目标是计算机设计出来的深度学习结构能够媲美人类专家设计出来的网络结构。NASNet 作为 AutoML 的成果，目前在 CIFAR-10、ImageNet 分类以及 COCO 实物检测上的运行性能优于现有的开源模型。

NASNet 有两种类型的网络层：正常层和还原层。图 10-15 是 Google AI Blog 公布的 NASNet 的结构。

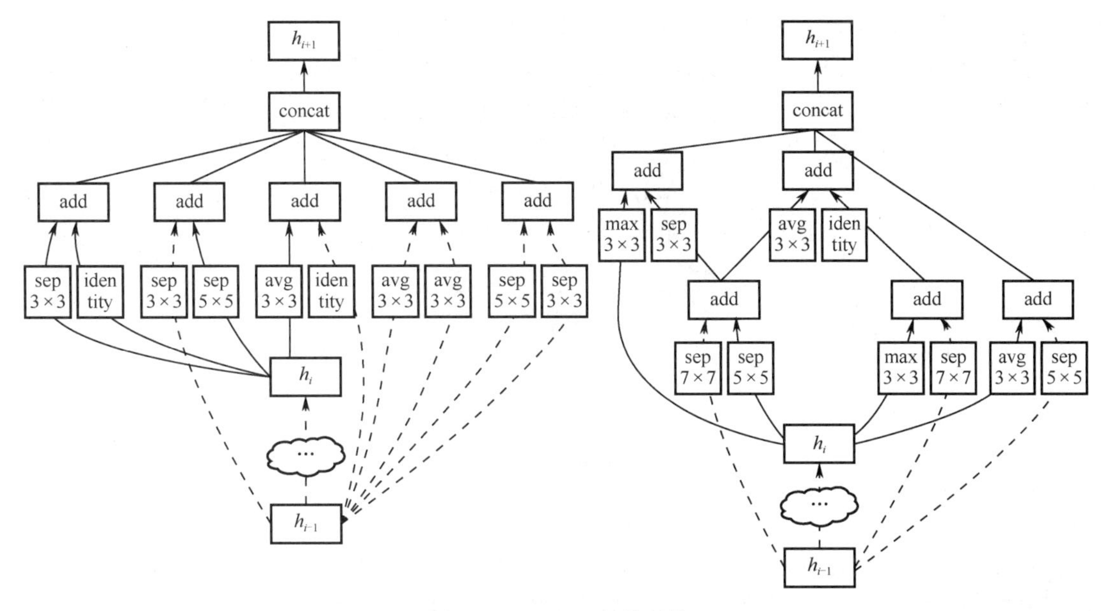

图 10-15　NASNet 的结构

根据 NASNet 初始化的规模不同，TensorFlow 提供了两种版本的 NASNet：large NASNet 和 mobile NASNet。前者可以实现最高的准确率，但是计算量庞大，只能用于后端服务器；后者追求在较低计算量的前提下，能够有较高的准确率。目前 mobile NASNet 的准确率是 large NASNet 的 74%，但 mobile NASNet 能够在一般的移动设备上运行，增加了普及率。如果要使用 NASNet 对图片进行分类，可参考 TensorFlow-Slim NASNet-A。

10.2　生成对抗神经网络

生成对抗神经网络（GAN）是蒙特利尔大学教授伊恩・古德费洛和其他研究人员（包括约舒亚・本吉奥）在 2014 年 6 月提出的一种新型神经网络结构。GAN 基于对抗性训练的理念，主要由两个相互竞争的神经网络组成，这种竞争有助于 GAN 模仿任何数据分布。GAN 模仿数据的能力是无限的，因为一旦成功训练对抗神经网络，GAN 就能够创作艺术品、歌曲、图像，甚至视频等数据。

10.2.1　什么是 GAN

生成对抗神经网络是两个神经网络的组合，一个神经网络用于生成模拟数据，称为生成器；另一个神经网络用于判断传递的数据是真实的还是模拟的，称为判别器。生成器试图欺骗判别器，判别器则努力不被生成器欺骗。模型经过交替优化训练，两种模型都能得到提升。二者关系形成对抗，因此整个系统被称为生成对抗神经网络。GAN 主要由生成模型

（Generator）和判别模型（Discriminator）两部分构成。

- 生成模型：一个深层神经网络，其接收一个随机的噪声 z（随机数），可根据真实的训练数据产生相同分布的样本。
- 判别模型：一个深层神经网络，主要用于判断输入是真实数据样本还是生成模型生成的数据样本。它的输入参数是 x，x 代表一张图片，输出 $D(x)$代表 x 为真实图片的概率，为 1 代表 100%是真实的图片，为 0 代表是生成模型生成的图片。

训练过程中，生成模型 G 的目标是尽量生成真实的数据去欺骗判别模型 D，而 D 的目标是尽量区分开 G 生成的数据和真实的数据，这样 G 和 D 就构成了一个动态的"博弈过程"。在最理想的状态下，G 可以生成足以"以假乱真"的数据 $G(z)$。对于 D 来说，它难以判定 G 生成的数据是不是真实的，因此 $D(G(z)) = 0.5$，即 D 对于 G 生成的数据鉴别结果为正确率和错误率各占 50%。GAN 的网络结构如图 10-16 所示。

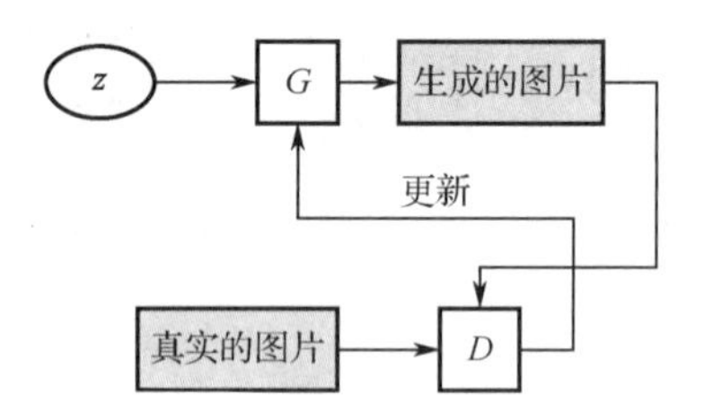

图 10-16　GAN 的网络结构

判别模型属于监督学习神经网络的范畴，而生成模型是通过最终训练得到的，并且生成的模拟数据是最接近真实数据的深层神经网络。GAN 的特点如下：

- 相较于传统的深度模型，GAN 存在两个不同的网络，而不是单一的网络，且采用对抗训练方式。
- GAN 中生成模型 G 的梯度更新信息来自判别模型 D，而不是来自数据样本。
- GAN 采用的是一种无监督的学习方式训练，可以被广泛用在无监督学习和半监督学习领域。
- GAN 更适合产生图片模拟数据，不适合产生文本模拟数据。

对于 GAN 的训练过程，根据 GAN 生成模型和判别模型的结构不同，会有不同的训练方法。无论什么方法，其原理是一样的，即在迭代训练的优化过程中进行两个网络的优化，有的会在一个优化步骤中对两个网络优化，有的会对两个网络采取不同的优化步骤。

10.2.2　各种不同的 GAN

1．DCGAN——基于卷积的 GAN

DCGAN 全称为 Deep Convolutional Generative Adversarial Network，即深度卷积生成对抗神经网络。其基本原理和 GAN 是一样的，只是把 CNN 的技术用于 GAN 中，生成模型网络在生成数据时，使用反卷积的重构技术来重构原始图片，而判别模型网络用卷积技术来识别图片特征，进而做出判别。DCGAN 的生成模型和判别模型采用四层的网络结构。DCGAN 生成模型网络的结构如图 10-17 所示。

在 DCGAN 生成模型网络中，首先输入 1 × 100 的向量，其次经过一个全连接层的学习，将向量重构（Reshape）为一个 4 × 4 × 1024 的张量，再经过 4 个反卷积网络，生成 64 × 64 的图片。DCGAN 生成模型网络各层的配置如表 10-3 所示。

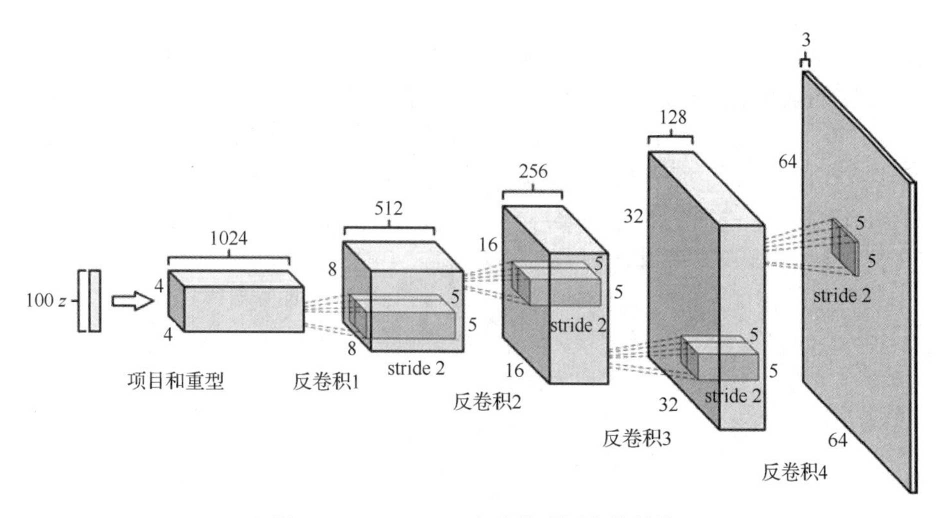

图 10-17　DCGAN 生成模型网络的结构

表 10-3　DCGAN 生成模型网络各层的配置

生成模型反卷积层	输入输出图片分辨率	输入输出图片通道数
Deconv1	4 × 4 / 8 × 8	512 / 256
Deconv2	8 × 8 / 16 × 16	256 / 128
Deconv3	16 × 16 / 32 × 32	128 / 64
Deconv4	32 × 32 / 64 × 64	64 / 3

DCGAN 判别模型为常规的卷积神经网 CNN，输入 64 × 64 大小的图片，经过 4 次卷积运算，图片分辨率降低到 4 × 4 大小。DCGAN 判别模型网络各层的配置如表 10-4 所示。

表 10-4　DCGAN 判别模型网络各层的配置

判别模型卷积层	输入输出图片分辨率	输入输出图片通道数
Conv1	64 × 64 / 32 × 32	3 / 64
Conv2	32 × 32 / 16 × 16	64 / 128
Conv3	16 × 16 / 8 × 8	128 / 256
Conv4	8 × 8 / 4 × 4	256 / 512

生成模型和判别模型的损失函数采用 Sigmoid 函数。DCGAN 中的卷积神经网络也有其自身的特点：

- 生成模型中取消所有的池化层，使用反卷积并且步长大于等于 2 进行采样。
- 判别模型中加入 stride 的卷积代替池化层。
- 去掉了全连接层，使网络变为全卷积网络。
- 生成模型中使用 ReLU 作为激活函数，最后一层使用 Tanh 作为激活函数。
- 判别模型中使用 Leaky ReLUs 作为激活函数。

2．InfoGAN——通过控制输入层控制生成器结果的 GAN

InfoGAN 是一种把信息论与 GAN 相融合的神经网络，能够使网络具有信息解读功能。GAN 的生成模型在构建模拟数据样本时使用了任意的噪声 z，并从低维的噪声数据 z 中还原出高维的模拟数据样本。这说明噪声 z 中含有与数据样本相同的特征，但是噪声 z 中的特征数据与无用的数据部分高度地纠缠在一起，从而无法知道哪些是有用特征数据。InfoGAN 是 GAN 模型的一种改进，它成功地使生成模型学到了可解释的特征数据，有效地避免了普通 GAN 网络存在的无约束、不可控、噪声信号 z 很难解释等问题。

InfoGAN 将输入生成模型的随机噪声分成两部分：一部分是随机噪声 z，另一部分是由若干隐变量拼接而成的 c，c 可以是先验的概率分布，可以离散也可以连续，用来代表生成模拟数据的不同特征。例如，对于 MNIST 数据集，c 包含离散部分和连续部分，离散部分是取值为 0～9 的离散随机变量（表示数字），连续部分可以是两个连续型随机变量（分别表示倾斜度和粗细度）。InfoGAN 的基本结构如图 10-18 所示。

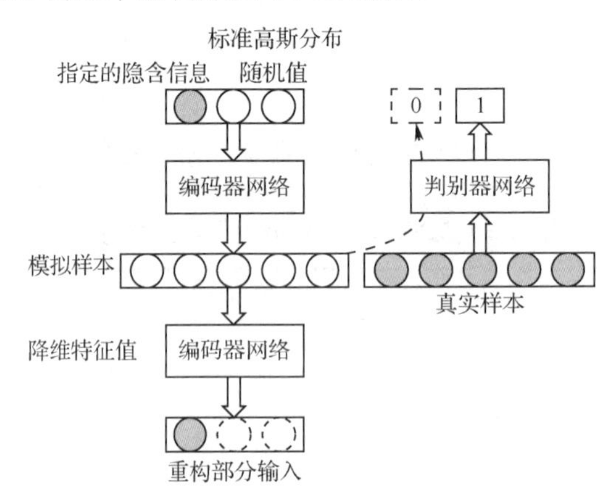

图 10-18　InfoGAN 的基本结构

由编码器网络生成的模拟数据传入判别器网络，与真实数据样本一起进行真假判别，并根据判断的结果更新编码器网络和判别器网络，从而使生成的数据与真实数据接近。生成的模拟数据还要经过解码器网络生成新的隐变量 c，新的隐变量 c 再一次作为编码器网络的输入，使得再次生成的模拟数据特性与真实数据更加接近。

InfoGAN 有一个延伸的内容——带有辅助分类信息的 GAN，即 AC-GAN。AC-GAN 是在判别器中输出相应的分类概率，然后增加输出的分类与真实分类的损失计算，使生成的模拟数据与其所属的类别一一对应。类别信息可以作为 InfoGAN 中的潜在信息，只不过这部分信息可以使用半监督方式来学习。AC-GAN 的损失函数就是将 loss_cr 加入 loss_c 中。

3．AEGAN——基于自编码器的 GAN

自编码（Auto-Encoder，AE）网络是非监督学习领域中的一种，可以自动从无标注的数据中学习特征，是一种以重构输入信号为目标的神经网络。它可以给出比原始数据更好的特征描述，具有较强的特征学习能力。在深度学习中，常用自编码网络生成的特征来取代原始数据，以得到更好的结果。

自编码器是经典的生成模型的方法，其结构如图 10-19 所示。

自编码器主要分为两个网络：

● 编码（Encoder）网络，负责从 x 到 z，用 E 表示。

● 解码（Decoder）网络，负责从 z 到 x，用 G 表示（因为它和 GAN 中的生成模型网络都是从 z 到 x）。

自编码器和 GAN 的区别在于，自编码器中没有更先进的判别模型，其优化目标是使 x 和

$G(E(x))$ 尽量在像素上接近。AEGAN 是 GAN 与自编码器的组合。将 GAN 的生成模型中的解码器替换为自编码器中的解码网络，就实现了一个基本的 AEGAN 对抗网络。基于 InfoGAN 网络的 AEGAN 网络结构如图 10-20 所示。

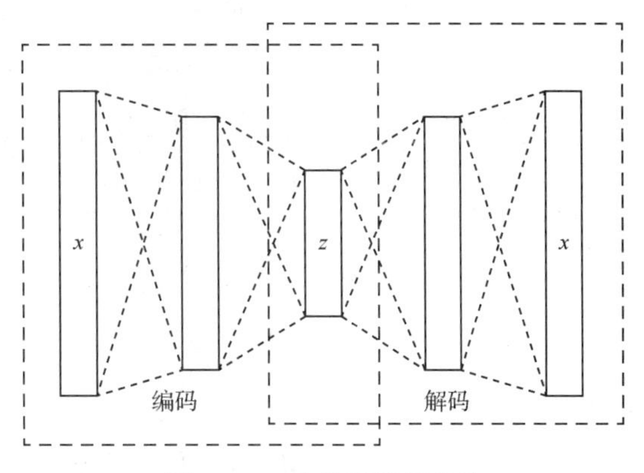

图 10-19　自编码器的结构

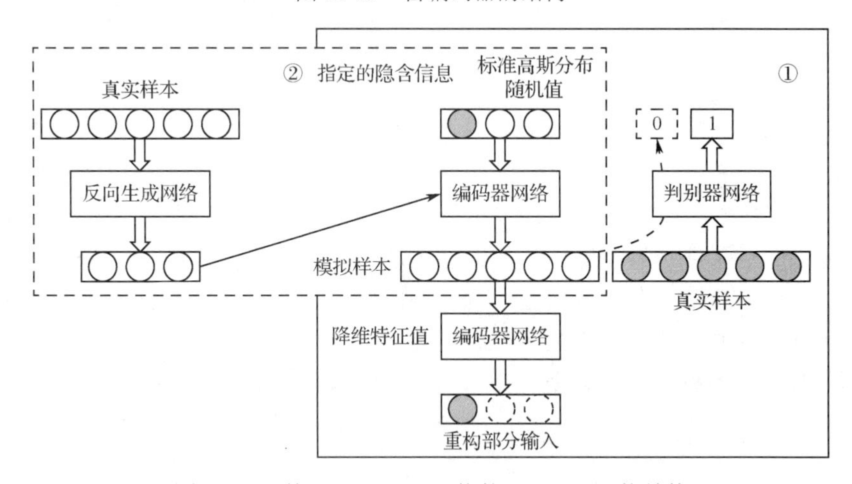

图 10-20　基于 InfoGAN 网络的 AEGAN 网络结构

图 10-20 展示了一个在 InfoGAN 网络（如①所示）上嫁接一个自编码网络，原本的自编码网络的编码器在这里被称为反向生成网络，它的解码器就是 InfoGAN 的编码器网络（如②所示）。AEGAN 网络训练分为两步：

- 用传统的方式训练一个 InfoGAN。
- 固定 InfoGAN 网络，利用自编码网络来训练反向生成网络，这样得到的反向生成网络具有高维到低维映射的能力。

AEGAN 的原理与基本 GAN 网络随机生成噪声数据 z 不同，它是先固定复杂样本分布作为网络输入，再慢慢调整网络输出去匹配标准高斯分布。

4．SRGAN——基于超分辨率重建的 GAN

SRGAN 属于 GAN 理论在超分辨率（Super-Resolution，SR）重建方面的应用。

1）SR 技术

SR 技术是对低分辨率图像进行重建，生成相应的高分辨率图像，此项技术在监控、卫星、医学影像、图片恢复等领域都有广泛应用。目前 SR 技术分为两类：

（1）从多张低分辨率图像重建出高分辨率图像。

（2）从单张低分辨率图像重建出高分辨率图像。

基于深度学习的 SR 主要是基于单张超分辨率图像（Single Image Super-Resolution，SISR）的重建方法。

SISR 是一个逆问题，对于一个低分辨率图像，可能存在许多与之相关，但又有区别的高分辨率图像与之对应。因此，在重构高分辨率图像时会利用一个先验信息对图像进行规范化约束。在传统的方法中，这个先验信息可以通过若干成对出现的低-高分辨率图像的实例中学到，如图像像素点的色度信息与位置信息等。为了使模型更好地学习并利用这些信息，基于深度学习的 SR 通过神经网络实现了从低分辨率图像到高分辨率图像的端到端的映射过程，进而实现超分辨率重建功能。

2）深度学习中的 SR 方法

GAN 未出现前，对低分辨率图像进行高分辨率重建的过程，是以 SRCNN（超分辨率卷积神经网络）、DRCN（深度递归卷积网络）为主的 SR 方法。该方法的主要思想是扩大低分辨率图像的像素，再通过卷积方式进行训练，并对真实分辨率图像的损失值进行优化，最终生成模型。在这个过程中，我们总结了很多参数经验，如在 SRCNN 中使用 3 层步长为 1 的同卷积层（9 × 9 的 64 输出、1 × 1 的 32 输出、5 × 5 的 3 输出），输出效果会更好，而 ESPCN（像素卷积神经网络）更加高效。ESPCN 的核心理念是亚像素卷积层，即在原有的低像素图像上进行卷积操作，输出一个含有多特征图的结果，使总像素点和高分辨率图像像素点总和是一致的，然后再将低分辨率图像合成高分辨率图像。例如，需要将低分辨率图像的像素扩大 2 倍，可直接对原图进行卷积操作，最终输出放大倍数的平方（2 × 2）个特征图。以灰度图为例，将 4 幅图中的第一个像素取出作为重构图中的 4 个像素，依次类推，在重构图中的每个 2 × 2 区域都是由这 4 幅图对应位置的像素组成，最终形成形状为[batch_size,2 × W, 2 × H,1]大小的高分辨率图像。这个变换被称为亚像素卷积（Sub-pixel Convolution），如图 10-21 所示。

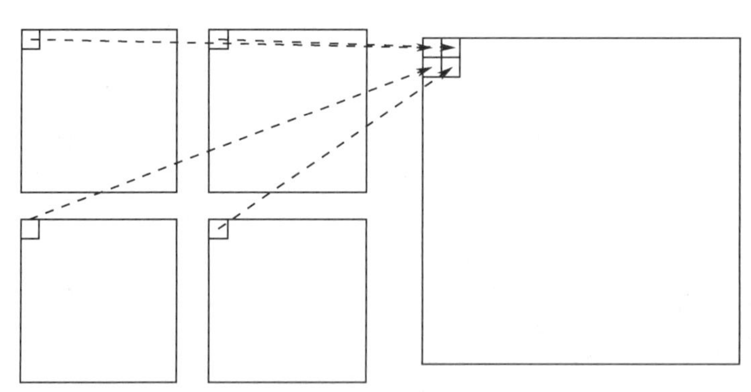

图 10-21　ESPCN 图例

3）SRGAN

SRGAN（超分辨率生成对抗网络）的中心思想是使重建后的高分辨率图像和真实的高分辨率图像在低层次的像素值、高层次的抽象特征和整体概念和风格上都非常接近。可以使用判别器对整体概念和风格进行评估，判断一幅图像是真实图像还是由算法生成的图像。如果判别器无法区分，则由算法生成的图像就达到了对超分辨率修复成功的效果。

输入图片自身内容方面的损失值与来自对抗神经网络的损失值一起组成了最终的损失值。其中，对于来自输入图片自身内容产生的损失值包括两部分，一部分是基于像素点的平方差，另一部分是基于特征空间的平方差。基于特征空间特征的提取使用了 VGG 网络。

10.2.3 GAN 实践

1. 构建 InfoGAN 网络，生成 MNIST 模拟数据集

本例演示在 MNIST 数据集上使用 InfoGAN 网络模型生成模拟数据，并且加入分类标签信息实现 AC-GAN 网络。其中的判别模型和生成模型都是用卷积网络来实现的，相当于在 DCGAN 基础上的 InfoGAN 例子。

该实例使用 InfoGAN 网络学习 MNIST 数据特征，生成以假乱真的 MNIST 模拟数据样本，并发现内部潜在的特征信息，具体步骤如下。

1）引入头文件并加载 MNIST 数据

MNIST 的原始数据放在本地磁盘当前目录的“MNIST_data/”下，代码如下：

```
import numpy as np
import tensorflow as tf
import matplotlib.pyplot as plt
from scipy.stats import norm
import tensorflow.contrib.slim as slim
from tensorflow.examples.tutorials.mnist import input_data
# 加载 MNIST 数据集
mnist = input_data.read_data_sets("MNIST_data/")
```

2）构造默认张量图，定义生成模型与判别模型

生成模型中使用反卷积函数来生成图像。通过“两个全连接 + 两个反卷积”模拟数据样本的生成，并且每一层都有批量归一化处理。代码如下：

```
# 构造默认张量图
tf.reset_default_graph()
# 定义 InfoGAN 的生成模型
def generator(x):
    reuse = len([t for t in tf.global_variables() if t.name.startswith('generator')]) > 0
    # print (x.get_shape())
    with tf.variable_scope('generator', reuse = reuse):
        # 建立全连接层
        x = slim.fully_connected(x, 1024)
        # 对输入噪声数据，采用激活函数 ReLU 进行批量归一化处理
        x = slim.batch_norm(x, activation_fn = tf.nn.relu)
        # 建立第二个全连接层
        x = slim.fully_connected(x, 7*7*128)
        # 对输出数据采用激活函数 ReLU 进行批量归一化处理
        x = slim.batch_norm(x, activation_fn = tf.nn.relu)
        x = tf.reshape(x, [-1, 7, 7, 128])
        # 进行第一次反卷积操作
        x = slim.conv2d_transpose(x, 64, kernel_size = [4,4], stride = 2, activation_fn = None)
        # 批量归一化处理
```

```
            x = slim.batch_norm(x, activation_fn = tf.nn.relu)
            # 进行第二次反卷积操作
            z = slim.conv2d_transpose(x, 1, kernel_size = [4, 4], stride = 2, activation_fn = tf.nn.sigmoid)
        return z
```

判别模型采用常用的卷积神经网络对模拟生成图像和真实图像进行判别，网络结构采用“两个卷积 + 两个全连接”结构。代码如下：

```
    # 构造 leaky_relu 激活函数
    def leaky_relu(x):
        return tf.where(tf.greater(x, 0), x, 0.01 * x)
    # 定义 InfoGAN 的判别模型，判别模型是常用的卷积神经网络
    def discriminator(x, num_classes = 10, num_cont = 2):
        reuse = len([t for t in tf.global_variables() if t.name.startswith('discriminator')]) > 0
        with tf.variable_scope('discriminator', reuse = reuse):
            x = tf.reshape(x, shape = [-1, 28, 28, 1])
            # 构造两层卷积层
            x = slim.conv2d(x, num_outputs = 64, kernel_size = [4,4], stride = 2, activation_fn = leaky_relu)
            x = slim.conv2d(x, num_outputs = 128, kernel_size = [4,4], stride = 2, activation_fn = leaky_relu)
            x = slim.flatten(x)
            # 构造两层全连接层
            shared_tensor = slim.fully_connected(x, num_outputs = 1024, activation_fn = leaky_relu)
            recog_shared = slim.fully_connected(shared_tensor, num_outputs = 128, activation_fn = leaky_relu)
            disc = slim.fully_connected(shared_tensor, num_outputs = 1, activation_fn = None)
            disc = tf.squeeze(disc, -1)
            # 构造全连接输出层，第一个全连接用于判别类型，第二个全连接用于判别隐信息
            recog_cat = slim.fully_connected(recog_shared, num_outputs = num_classes, activation_fn = None)
            recog_cont = slim.fully_connected(recog_shared, num_outputs = num_cont, activation_fn = tf.nn.
sigmoid)
        return disc, recog_cat, recog_cont
```

3）定义 InfoGAN 网络

定义整个 InfoGAN 的噪声维度为 38，噪声数据输入节点为 z_rand；隐含信息变量维度为 2，隐变量输入节点为 z_con，二者都是符合标准高斯分布的随机数。将它们与 one-hot 转换后的标签连接在一起放到生成器中。对应代码如下：

```
    batch_size = 10    # 获取样本的批次大小 10
    # 10 个分类数量
    classes_dim = 10
    # 隐含信息变量维度为 2
    con_dim = 2
    # 噪声维度为 38
    rand_dim = 38
    n_input = 784
    x = tf.placeholder(tf.float32, [None, n_input])
    y = tf.placeholder(tf.int32, [None])
    # 生成符合标准高斯分布的隐变量随机数
    z_con = tf.random_normal((batch_size, con_dim))
```

```
# 生成符合标准高斯分布的噪声数据随机数
z_rand = tf.random_normal((batch_size, rand_dim))
# 将标签进行 one-hot 转换并与隐变量与噪声数据连接
z = tf.concat(axis = 1, values =  [tf.one_hot(y, depth = classes_dim), z_con, z_rand])# 50 列
gen = generator(z)
genout= tf.squeeze(gen, -1)
```

定义一个值全为 0 的数组 y_fake 和一个值全为 1 的数组 y_real，并将 x 与生成的模拟数据 gen 放到判别模型中，得到对应的输出。代码如下：

```
# 判别模型的真标签
y_real = tf.ones(batch_size)
# 判别模型的假标签
y_fake = tf.zeros(batch_size)
# 判别模型对真实数据与模拟数据进行判断
disc_real, class_real, _ = discriminator(x)
disc_fake, class_fake, con_fake = discriminator(gen)
pred_class = tf.argmax(class_fake, dimension = 1)
```

判别模型中，判别结果的损失函数有两个：真实输入的结果与模拟输入的结果，两者取平均生成 loss_d，生成模型的损失函数为自己输出的模拟数据，定义为 loss_g。然后定义整个网络中共有的损失函数：真实的标签与输入真实样本判别出的标签损失、真实的标签与输入模拟样本判别出的标签损失、隐含信息的重构误差。最后创建两个 AdamOptimizer 优化器，将这些损失值放入对应的优化器中。具体代码如下：

```
# 判别模型的损失函数
loss_d_r = tf.reduce_mean(tf.nn.sigmoid_cross_entropy_with_logits(logits = disc_real, labels = y_real))
loss_d_f = tf.reduce_mean(tf.nn.sigmoid_cross_entropy_with_logits(logits = disc_fake, labels = y_fake))
loss_d = (loss_d_r + loss_d_f) / 2
# 生成模型的损失函数
loss_g = tf.reduce_mean(tf.nn.sigmoid_cross_entropy_with_logits(logits = disc_fake, labels = y_real))
# 真实的标签与输入模拟样本判别出的标签损失
loss_cf = tf.reduce_mean(tf.nn.sparse_softmax_cross_entropy_with_logits(logits = class_fake, labels = y))
# 真实的标签与输入真实样本判别出的标签损失
loss_cr = tf.reduce_mean(tf.nn.sparse_softmax_cross_entropy_with_logits(logits = class_real, labels = y))
# 误差取平均
loss_c = (loss_cf + loss_cr) / 2
# 隐含信息的重构误差
loss_con = tf.reduce_mean(tf.square(con_fake-z_con))
# 获得各个网络中各自的训练参数
t_vars = tf.trainable_variables()
d_vars = [var for var in t_vars if 'discriminator' in var.name]
g_vars = [var for var in t_vars if 'generator' in var.name]

disc_global_step = tf.Variable(0, trainable = False)
gen_global_step = tf.Variable(0, trainable = False)
# 创建 AdamOptimizer 优化器，根据损失值优化网络参数
train_disc = tf.train.AdamOptimizer(0.0001).minimize(loss_d + loss_c + loss_con, var_list = d_vars, global_
```

```
step = disc_global_step)
    train_gen = tf.train.AdamOptimizer(0.001).minimize(loss_g + loss_c + loss_con, var_list = g_vars, global_
step = gen_global_step)
```

AC-GAN 就是将 loss_cr 加入 loss_c 中。如果没有 loss_cr，令 loss_c = loss_cf，虽不影响网络生成模拟数据，但会损失真实分类与模拟数据间的对应关系。

4）训练与测试

训练部分主要考虑构建会话单元，在训练循环中使用 run 来运行前面构建的两个优化器，而测试网络的收敛性则可通过使用 loss_d 和 loss_g 的 eval 来完成。具体代码如下：

```
training_epochs = 1
display_step = 1
# 建立会话单元
with tf.Session() as sess:
    # 初始化网络中的变量
    sess.run(tf.global_variables_initializer())
    for epoch in range(training_epochs):
        avg_cost = 0.
        total_batch = int(mnist.train.num_examples/batch_size)
        # 遍历全部数据集
        for i in range(total_batch):
            batch_xs, batch_ys = mnist.train.next_batch(batch_size)
            # 取数据
            feeds = {x: batch_xs, y: batch_ys}
            # 通过会话 sess 调用损失计算与优化器，优化网络参数
            l_disc, _, l_d_step = sess.run([loss_d, train_disc, disc_global_step],feeds)
            l_gen, _, l_g_step = sess.run([loss_g, train_gen, gen_global_step],feeds)
        # 显示训练中的详细信息
        if epoch % display_step == 0:
            print("Epoch:", '%04d' % (epoch + 1), "cost = ", "{:.9f} ".format(l_disc),l_gen)
    print("完成!")
    # 测试网络参数结果并输出
    print ("Result:", loss_d.eval({x: mnist.test.images[:batch_size],y:mnist.test.labels[:batch_size]})
                            , loss_g.eval({x: mnist.test.images[:batch_size],y:mnist.test.labels[:batch_size]}))
```

InfoGAN 网络的运行结果如下所示：

```
Epoch: 0001 cost = 0.534566522    0.77635765
完成!
Result: 0.50328386 0.97781026
```

从 InfoGAN 网络的运行结果可以看出，判别模型的误差在 0.50 左右，基本可以认为对真假数据无法分辨。

5）可视化

可视化主要是指 InfoGAN 网络运行 MNIST 数据集的结果呈现，主要有两个部分：原样本与对应的模拟数据图像和利用隐含信息生成的模拟样本图像。InfoGAN 网络可视化代码如下：

```
# 根据真实图像模拟生成图像，并展示
```

```
    show_num = 10
    gensimple,d_class,inputx,inputy,con_out = sess.run(
            [genout,pred_class,x,y,con_fake], feed_dict = {x: mnist.test.images[:batch_size],y: mnist.test.labels
[:batch_size]})
        f, a = plt.subplots(2, 10, figsize = (10, 2))
        for i in range(show_num):
            a[0][i].imshow(np.reshape(inputx[i], (28, 28)))
            a[1][i].imshow(np.reshape(gensimple[i], (28, 28)))
            print("d_class",d_class[i],"inputy",inputy[i],"con_out",con_out[i])
        plt.draw()
        plt.show()
        # 利用生成模型生成模拟图像并展示
        my_con = tf.placeholder(tf.float32, [batch_size,2])
        myz = tf.concat(axis = 1, values = [tf.one_hot(y, depth = classes_dim), my_con, z_rand])
        mygen = generator(myz)
        mygenout = tf.squeeze(mygen, -1)
        my_con1 = np.ones([10,2])
        a = np.linspace(0.0001, 0.99999, 10)
        y_input = np.ones([10])
        figure = np.zeros((28 * 10, 28 * 10))
        my_rand = tf.random_normal((10, rand_dim))
        for i in range(10):
            for j in range(10):
                my_con1[j][0] = a[i]
                my_con1[j][1] = a[j]
                y_input[j] = j
            mygenoutv =   sess.run(mygenout,feed_dict = {y:y_input,my_con:my_con1})
            for jj in range(10):
                digit = mygenoutv[jj].reshape(28, 28)
                figure[i * 28: (i + 1) * 28,
                       jj * 28: (jj + 1) * 28] = digit
        plt.figure(figsize = (10, 10))
        plt.imshow(figure, cmap = 'Greys_r')
        plt.show()
```

运行结果如下：

```
d_class 7 inputy 7 con_out [4.6624273e-02 7.8707933e-05]
d_class 2 inputy 2 con_out [0.01572856 0.99631727]
d_class 1 inputy 1 con_out [0.00936872 0.00050005]
d_class 0 inputy 0 con_out [0.69867146 0.00087583]
d_class 4 inputy 4 con_out [0.03106463 0.4140397 ]
d_class 1 inputy 1 con_out [0.9604014   0.01501203]
d_class 4 inputy 4 con_out [0.99215627 0.04727075]
d_class 9 inputy 9 con_out [0.4569907   0.05592918]
d_class 5 inputy 5 con_out [0.00349674 0.9190745 ]
d_class 9 inputy 9 con_out [1.8598088e-05 4.0165864e-02]
```

可视化结果如图 10-22 所示。

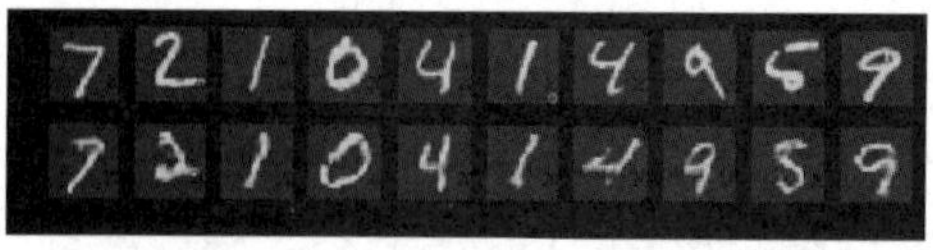

图 10-22　InfoGAN 网络的可视化结果

图 10-22 所示的可视化结果的第一行是真实图像数据，第二行是通过生成模型生成的模拟图像数据。可以看出，隐含信息中某些维度具有非常显著的语义信息。例如，第二个元素“2”的位置维度数值很大，表现出来就是倾斜很大，同样，第 5 个元素“4”会看上去粗一些。显然，InfoGAN 网络模型已经学到了 MNIST 数据集的重要特征信息。图 10-23 是 InfoGAN 网络模型通过更改隐含信息生成的模拟图片数据。

图 10-23　InfoGAN 网络生成的模拟图像数据

2．实例：使用 SRGAN 实现 Flowers 数据集的超分辨率修复

本例中将 Flowers 数据集中的图像转为低分辨率，通过使用 SRGAN 网络将其还原成高分辨率，并与其他复原函数的生成结果进行比较，具体步骤如下。

1）引入头文件，图片预处理

引入 slim 中的 VGG 网络头文件。对 x_smalls 变量进行归一化处理后得到了 x_smalls2，代码如下：

```
import tensorflow as tf
import time
import os
import numpy as np
import matplotlib.pyplot as plt
from nets import vgg
images, labels = tf.train.batch([distorted_image, label], batch_ size = batch_size)
print(images.shape)
images = tf.cast(images,tf.float32)
x_smalls = tf.image.resize_bicubic(images,[np.int32(height/4), np. int32(width/4)]) # 变为原来的 1/16
x_smalls2 = x_smalls/127.5-1 # 将输入样本进行归一化处理
```

图中的像素都在 0～255 间，在除以 255/2 后，值会在 0～2 间，再减去 1，就得到了 x_smalls2。

2）构建生成器

具体代码如下：

```
def gen(x_smalls2 ):
    net = slim.conv2d(x_smalls2, 64, 5,activation_fn = leaky_relu)
    block = []
    for i in range(16):
        block.append(residual_block(block[-1] if i else net,i))
    conv2 = slim.conv2d(block[-1], 64, 3,activation_fn = leaky_relu, normalizer_fn = slim.batch_norm)
    sum1 = tf.add(conv2,net)
    conv3 = slim.conv2d(sum1, 256, 3,activation_fn = None)
    ps1 = tf.depth_to_space(conv3,2)
    relu2 = leaky_relu(ps1)
    conv4 = slim.conv2d(relu2, 256, 3,activation_fn = None)
    ps2 = tf.depth_to_space(conv4,2) # 再放大两倍
    relu3 = leaky_relu(ps2)
    y_predt = slim.conv2d(relu3, 3, 3,activation_fn = None) # 输出
    return y_predt
```

3）处理 VGG 的预输入

为了得到生成器基于内容的损失值，可将生成的图像与真实图像分别输入 VGG 网络以获得它们的特征，然后在特征空间上计算损失值。所以先将低分辨率图像作为输入放进生成器 gen 函数中，得到生成图像 resnetimg，并将图像还原成 0～255 区间的正常像素值。同时准备好生成器的训练参数 gen_var_list，为后面优化器使用做准备。

使用 VGG 模型时，必须在输入之前对图像做 RGB 均值的预处理。先定义处理 RGB 均值的函数，然后做具体变换。代码如下：

```
def rgbmeanfun(rgb):
    _R_MEAN = 123.68
    _G_MEAN = 116.78
    _B_MEAN = 103.94
    print("build model started")
    # 将 RGB 转化成 BGR
    red, green, blue = tf.split(axis = 3, num_or_size_splits = 3, value = rgb)
    rgbmean = tf.concat(axis = 3, values = [red - _R_MEAN,green -_G_MEAN, blue - _B_MEAN,])
    return rgbmean
resnetimg = gen(x_smalls2)
result = (resnetimg + 1) * 127.5
gen_var_list = tf.get_collection(tf.GraphKeys.TRAINABLE_VARIABLES)
y_pred = tf.maximum(result,0)
y_pred = tf.minimum(y_pred,255)
dbatch = tf.concat([images,result],0)
rgbmean = rgbmeanfun(dbatch)
```

4）计算 VGG 特征空间的损失值

VGG 中的前 5 个卷积层用于特征提取，所以在使用时，只取其第 5 个卷积层的输出节点即可。

如何能拿到模型中的指定节点呢？可以通过 slim 中 nets 文件夹下对应的 VGG 源码找到对应节点的名称。这里使用了一个更简单的方法：直接在 models\slim\nets 文件夹下打开“vgg_test.py”文件，找到 testEndPoints 函数，其内容如下：

```
    def testEndPoints(self):
        batch_size = 5
        height, width = 224, 224
        num_classes = 1000
        with self.test_session():
            inputs = tf.random_uniform((batch_size,height, width, 3)) _, end_points = vgg.vgg_19(inputs,
num_classes)
            expected_names = [
                'vgg_19/conv1/conv1_1',
                'vgg_19/conv1/conv1_2',
                'vgg_19/pool1',
                'vgg_19/conv2/conv2_1',
                'vgg_19/conv2/conv2_2',
                'vgg_19/pool2',
                'vgg_19/conv3/conv3_1',
                'vgg_19/conv3/conv3_2',
                'vgg_19/conv3/conv3_3',
                'vgg_19/conv3/conv3_4',
                'vgg_19/pool3',
                'vgg_19/conv4/conv4_1',
                'vgg_19/conv4/conv4_2',
                'vgg_19/conv4/conv4_3',
                'vgg_19/conv4/conv4_4',
                'vgg_19/pool4',
                'vgg_19/conv5/conv5_1',
                'vgg_19/conv5/conv5_2',
                'vgg_19/conv5/conv5_3',
                'vgg_19/conv5/conv5_4',
                'vgg_19/pool5',
                'vgg_19/fc6',
                'vgg_19/fc7',
                'vgg_19/fc8'
            ]
            self.assertSetEqual(set(end_points.keys()), set(expected_names))
```

如上代码'vgg_19/conv5/conv5_4'就是本例中想要的节点，复制该字符串并放到本例代码中：

```
# VGG 特征值
_, end_points = vgg.vgg_19(rgbmean, num_classes = 1000,is_training = False,spatial_squeeze = False)
conv54 = end_points['vgg_19/conv5/conv5_4']
print("vgg.conv5_4",conv54.shape)
fmap = tf.split(conv54,2)
content_loss = tf.losses.mean_squared_error(fmap[0],fmap[1])
```

由于前面通过 concat 将两个图像放一起来处理，所以得到结果后还要使用 split 将其分开，再通过平方差算出基于特征空间的特征值。

5）构建判别器

判别器主要是通过一系列卷积层组合起来所构成的，最终使用两个全连接层实现映射到一维的输出结果。具体代码如下：

```
def Discriminator(dbatch, name = "Discriminator"):
    with tf.variable_scope(name):
        net = slim.conv2d(dbatch, 64, 1,activation_fn = leaky_relu)

        ochannels = [64,128,128,256,256,512,512]
        stride = [2,1]
        for i in range(7):
            net = slim.conv2d(net, ochannels[i], 3,stride = stride [i%2],activation_fn = leaky_relu, normalizer_
fn = slim. batch_norm,scope = 'block' + str(i))
        dense1 = slim.fully_connected(net, 1024, activation_ fn = leaky_relu)
        dense2 = slim.fully_connected(dense1, 1, activation_ fn = tf.nn.sigmoid)
        return dense2
```

6）计算损失值，定义优化器

将判别器的结果裁开，分别得到真实图像与生成图像判别的结果，以 LSGAN 的方式计算生成器与判别器的损失值，在生成器损失值中加入基于特征空间的损失值。获得判别器训练参数 disc_var_list 后，可使用 AdamOptimizer 优化损失值。具体代码如下：

```
disc = Discriminator(dbatch)
D_x,D_G_z = tf.split(tf.squeeze(disc),2)
adv_loss = tf.reduce_mean(tf.square(D_G_z-1.0))
gen_loss = (adv_loss + content_loss)
disc_loss = (tf.reduce_mean(tf.square(D_x-1.0) + tf.square(D_G_z)))
disc_var_list = tf.get_collection(tf.GraphKeys.TRAINABLE_VARIABLES)
print("len-----",len(disc_var_list),len(gen_var_list))
for x in gen_var_list:
    disc_var_list.remove(x)
learn_rate = 0.001
global_step = tf.Variable(0,trainable = 0,name = 'global_step')
gen_train_step = tf.train.AdamOptimizer(learn_rate).minimize (gen_loss,global_step,gen_var_list)
disc_train_step = tf.train.AdamOptimizer(learn_rate).minimize (disc_loss,global_step,disc_var_list)
```

7）指定准备载入的预训练模型路径

这里需要配置三个检查点路径，第一个是本程序的 SRGAN 检查点文件，第二个是 srResNet 检查点文件，最后一个是 VGG 模型文件。具体代码如下：

```
# 残差网络检查点文件相关定义
flags = 'b' + str(batch_size) + '_r' + str(np.int32(height/4)) + '_r' + str (learn_rate) + 'rsgan'
save_path = 'save/srgan_' + flags
if not os.path.exists(save_path):
    os.mkdir(save_path)
saver = tf.train.Saver(max_to_keep = 1)        # 生成 saver
srResNet_path = './save/tf_b16_h64.0_r0.001_res/'
srResNetloader = tf.train.Saver(var_list = gen_var_list)   # 生成 saver
```

```
# VGG 检查点
checkpoints_dir = 'vgg_19_2016_08_28'
init_fn = slim.assign_from_checkpoint_fn(
    os.path.join(checkpoints_dir, 'vgg_19.ckpt'),
    slim.get_model_variables('vgg_19'))
```

8）启动会话，从检查点恢复变量

```
log_steps = 100
training_epochs = 16000
with tf.Session() as sess:
    sess.run(tf.global_variables_initializer())
    init_fn(sess)
    kpt = tf.train.latest_checkpoint(srResNet_path)
    print("srResNet_path",kpt,srResNet_path)
    startepo = 0
    if kpt! = None:
        srResNetloader.restore(sess, kpt)
        ind = kpt.find("-")
        startepo = int(kpt[ind + 1:])
        print("srResNetloader global_step = ",global_step.eval(),startepo)
    kpt = tf.train.latest_checkpoint(save_path)
    print("srgan",kpt)
    startepo = 0
    if kpt! = None:
        saver.restore(sess, kpt)
        ind = kpt.find("-")
        startepo = int(kpt[ind + 1:])
        print("global_step = ",global_step.eval(),startepo)
```

9）启动带协调器的队列线程，开始训练

本案例中参数较多，模型较大，迭代时间较长，所以需要加入检查点。这里涉及检查点保存的粒度，如间隔太短，则频繁地写文件会减慢训练速度；如间隔太长，中途如发生意外暂停会浪费一部分训练时间。因此，可以通过 try 的方式在异常捕获时再保存一次检查点，这样就可以把中途的训练结果保存下来。具体代码如下：

```
coord = tf.train.Coordinator()
    threads = tf.train.start_queue_runners(sess, coord)
    try:
        def train(endpoint,gen_step,disc_step):
            while global_step.eval() < = endpoint:
                if((global_step.eval()/2)%log_steps == 0):     # 一次走两步
                    d_batch = dbatch.eval()
                    mse,psnr = batch_mse_psnr(d_batch)
                    ssim = batch_ssim(d_batch)
                    s = time.strftime('%Y-%m-%d %H:%M:%S:',time.localtime (time.time())) + 'step = ' +
str  (global_step.eval()) + '  mse = ' + str(mse) + '  psnr = ' + str(psnr) + '  ssim = ' + str  (ssim) + '  gen_loss = ' + str
(gen_loss.eval()) + ' disc_ loss = ' + str(disc_loss.eval())
```

```
                    print(s)
                    f = open('info.train_' + flags,'a')
                    f.write(s + '\n')
                    f.close()
                    saver.save(sess, save_path + "/srgan.cpkt", global_step = global_step.eval())
                    sess.run(disc_step)
                    sess.run(gen_step)
        train(training_epochs,gen_train_step,disc_train_step)
        print('训练完成')
        # 显示部分同 resEspcn 例子（残差网络下的代码内容），代码省略
    except tf.errors.OutOfRangeError:
            print('Done training -- epoch limit reached')
    except KeyboardInterrupt:
            print("Ending Training...")
        saver.save(sess, save_path + "/srgan.cpkt", global_step = global_step.eval())
    finally:
            coord.request_stop()
    coord.join(threads)
```

运行代码结果如图 10-24 所示。

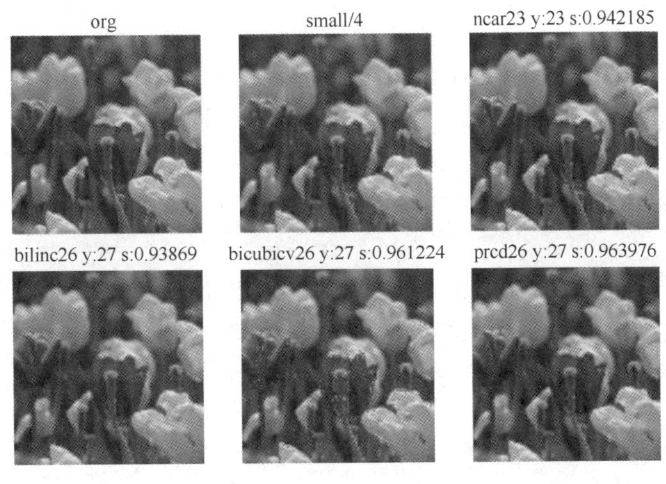

图 10-24　SRGAN 例子结果

模型生成结果为图 10-24 中的最后一张，每张图片上都有其评分值。可以看到，SRGAN 得到的 PSNR（峰值信噪比）和 SSIM（结构相似性）评价值不是最高的。但是肉眼可见还是清晰很多，并且通过有关机构对其进行 MOS（Mean Opinion Score）的评价也表明，SRGAN 生成的高分辨率图像看起来更真实。

10.2.4　GAN 网络的高级接口 TFGAN

TFGAN 是一个训练和评估生成式对抗网络（GAN）的轻量级库。

TFGAN 也是基于估算器开发的一种 GANEstimator 类来进行模型训练的应用接口。TFGAN 通过很多已经集成的技巧（Tricks）来稳定和提升 GAN 网络的训练效果。同时，TFGAN 也集成了对 GAN 训练步骤的监视和可视化操作，以及训练后的模型评估操作，为开发者节

省了大量的编码和调参时间。

TFGAN 接口为开发者将 GAN 网络模型的标准步骤进行了组件封装，使得开发者在开发 GAN 网络时，按步骤选择不同的组件拼接起来即可。

TFGAN 接口中规范的 GAN 网络开发步骤如下：

（1）指定网络的输入。

（2）使用 GANModel 函数来设置生成器和判别器模型。

（3）使用 GANLoss 函数来指定损失值。

（4）使用 GANTrainOps 函数来创建训练操作。

（5）运行训练操作。

开发者也可以将 TFGAN 中已经实现了的损失值和惩罚处理（包括推土机距离损失、梯度惩罚、互信息惩罚等），集成到原生的 GAN 网络或是其他框架中。在实际应用中，使用 TFGAN 高级接口，可以起到事半功倍的效果，因此强烈推荐读者使用 TFGAN 高级接口。

更多关于 TFGAN 的信息可在 GitHub 官方项目中查看。

10.3 本章小结

本章介绍了深层神经网络的各种经典模型，包括 GoogLeNet、ResNet 残差网络、Inception-ResNet-v2 等模型。接着介绍了 TensorFlow 中一个重要的轻量化库——slim，并给出了一个图像识别实战案例，以加深读者对该库的理解与使用。此外，本章还介绍了基于 R-CNN、SPP-Net、Fast RCNN、YOLO、SSD、YOLO2 等模型的实物检测模型库。最后，介绍了生成对抗神经网络的基本定义及相关的模型，并对 MNIST 数据集构建 InfoGAN 网络，以演示对抗神经网络模型的建立流程，以及运用 SRGAN 模型对 Flowers 数据集实现超分辨率修复。